黏弹性输水管道水锤特性与安全防护研究

张小莹　著

中国建筑工业出版社

图书在版编目（CIP）数据

黏弹性输水管道水锤特性与安全防护研究 / 张小莹著. -- 北京 ：中国建筑工业出版社，2024. 8. -- ISBN 978-7-112-30147-8

Ⅰ. TV672

中国国家版本馆 CIP 数据核字第 20241P9S13 号

责任编辑：杨　允　梁瀛元
责任校对：张　颖

黏弹性输水管道水锤特性与安全防护研究
张小莹　著
*
中国建筑工业出版社出版、发行(北京海淀三里河路 9 号)
各地新华书店、建筑书店经销
北京红光制版公司制版
建工社（河北）印刷有限公司印刷
*
开本：787 毫米×960 毫米　1/16　印张：12　字数：219 千字
2024 年 8 月第一版　　2024 年 8 月第一次印刷
定价：**59.00** 元
ISBN 978-7-112-30147-8
(43054)

前　言

新疆属于典型的干旱地区，水资源空间、时间分布极不均匀，整体分布呈现“北疆大于南疆，山区大于平原”的特点。在实施水资源合理配置开发利用的背景下，不同规模的引、调水工程大量兴起，长距离、多管材、大口径管道在工程中广泛应用。2005 年建成的北疆小洼槽倒虹吸工程采用夹砂玻璃钢（FRPM）管道，管径 3.1m，是当时亚洲最大的 FRPM 管道工程；三个泉倒虹吸采用预应力钢筒混凝土（PCCP）管道，管径 2.8m，双排平行铺设，是我国综合难度最大的 PCCP 工程；2008 年建成的罗布泊钾盐外部输水工程输水管线长达 240km，采用了钢管和玻璃钢夹砂管组合方案，管道所处的高矿化度和风蚀等恶劣地质环境世界罕见。

这些工程的建设运行为新疆水资源的合理调配及经济社会的发展起到了巨大的推动作用。但随着各类输水工程的实施，管道运行的安全问题也愈发凸显，运行过程中可能会由于各类阀、泵操作不当等原因使得管道内引发巨大水锤压力，导致“爆管”“吸瘪”等事故频发，如新疆克拉玛依大农业工程钢管出现负压吸瘪事故，塔城城乡引水工程出现玻璃钢管爆管事故等。即使许多工程在设计阶段进行了严格的论证和反复优化，但由于各种不确定因素，水锤事故仍时有发生。随着科学技术的发展，水锤防护措施应运而生，目前常见的主要包括空气阀、调压塔、空气罐等，通过合理选择和配置水锤防护装置，可以有效地减小水锤压力以确保管道系统的稳定运行。

提高水安全保障能力对输水管材提出了更高的要求，有机高分子材料管道具有造价低、自重轻、耐腐蚀、抗震性能好等优点，近年来被逐渐应用于长距离输水工程中，截至目前我国输水管道中已有 35%左右的金属管道被有机材料管道所代替，常见的有 HDPE 管、PVC 管、PE 管、PP 管等。这些有机高分子管道的力学特性具有显著的黏弹性特征，需要综合弹性和黏性力学行为，对输水管道瞬变流开展研究，但目前研究者多对钢管等金属管道（弹性材料）进行水力过渡过程的研究，对于有机高分子黏弹性输水管道瞬变流激励性响应的研究还不完善，因此本书以黏弹性管道有机玻璃管为研究对象，利用试验、数值等方法探讨产生的水锤效应，以期为同仁开展相关研究作参考。

本书共分为7章，第1章主要综述水锤效应的研究现状，提出了研究目标及主要技术路线。第2章阐述水锤效应的基本理论。第3章开展黏弹性管道直接水锤试验研究。第4章采用水锤效应理论对输水隧洞水力及水气过渡过程进行研究。第5章开展关阀水锤规律及空气阀优化数值模拟研究。第6章开展了管道特性对水锤特性影响的数值模拟研究。第7章为主要成果与展望。研究成果对长距离输水管道优化设计理论和安全运行具有一定的参考价值。

本书主要由新疆农业大学张小莹副教授撰写，课题组研究生边少康、王义淞、雷玲通、朱杰、王超、张佳明等同学协助对部分内容进行了校稿，在此特别感谢。在研究、撰写过程中也受到诸多同事、朋友的关怀指导，在此不一一列举。由于作者经验、经历、水平有限，书中的疏忽和不足之处难以避免，敬请同行和读者批评指正。在本书撰写工作中，引用了国内外大量的研究成果，在此向有关作者致谢！

本书由以下项目联合资助：

1. 2023年第二批天山英才培养计划青年托举人才项目（2023TSYCQNTJ0014）。

2. 新疆维吾尔自治区中央引导地方科技发展资金项目：北疆供水一期工程安全高效运行保障关键技术研究与应用（ZYYD2024CG20）。

目　　录

第1章　绪　　论

1.1　研究背景及研究意义

无论是长距离供水工程还是水电站枢纽工程，当阀门突然启闭或水泵发生事故停泵又或水轮机出力发生突然变化时，输水、供水管道内的流速会产生急剧变化，流态从一种恒定状态过渡到另一种恒定状态；而这种状态的变化并非在某一瞬间完成，总会经历一个过程，这种过程叫做水力过渡过程。正是在此种过渡过程中，由于系统管道处于非恒定状态，会对泵站及电站产生较大的水锤压力，造成系统破坏，一旦系统遭到破坏后果将不堪设想。输水工程线路长、流量大、支路多、沿线的地形地质情况复杂，管路控制附件众多，系统中常含有较多水泵、阀门等装置，水锤防护及水力瞬变控制相对复杂，操作难度较高。由于供水管线起伏较大，运行工况多变，易导致管道某些部位出现截留气团（囊）现象，控制不力时将引起水流冲击截留气团，进而诱发喷水、噪声、管道振动等不利情况，甚至产生过高的压力引起管道破裂，导致“爆管”“吸瘪”等事故频发，俗称“水锤效应”（图 1-1）。如新疆克拉玛依大农业工程钢管出现负压吸瘪事故，塔城城乡引水工程出现玻璃钢管爆管事故等，事故的发生造成了重大的国民经济损失。许多工程虽然在设计阶段进行了严格的论证和反复的优化，但由于各种不确

(a) 吸瘪

(b) 爆管

图 1-1　典型长距离输水管道发生的水力瞬变（水锤）效应

定因素，水锤事故仍时有发生。随着科学技术的发展，水锤防控方式被广泛研究，目前有效降低水锤压力的主要方式是延迟阀门的关闭时间或合理选择水锤防护装置。

近年来，提高水安全保障能力对输水管材提出了更高的要求，由于有机高分子材料管道具有造价低、自重轻、耐腐蚀、抗震性好等优点被逐渐应用于长距离输水工程中，输水管道中已有35%左右的金属管道被有机材料管道所代替，常见的有 HDPE 管、PVC 管、PE 管、PP 管等，如图 1-2 所示。有机高分子管道具有显著的黏弹性特征，综合呈现弹性和黏性力学行为，故也称此类管道为黏弹性管道。对输水管道瞬变流的研究中，研究者们多对钢管等金属管道（弹性材料）进行水力过渡过程的研究，对于瞬变流激励性响应特征不同于弹性管道的黏弹性输水管道的瞬变效应的研究还有待深入。黏弹性管道由于自身特性，其水力瞬变机理较复杂，与传统弹性管道过渡过程存在较大的差别，传统的水锤压力的计算理论是否仍适用于黏弹性管道尚未可知。

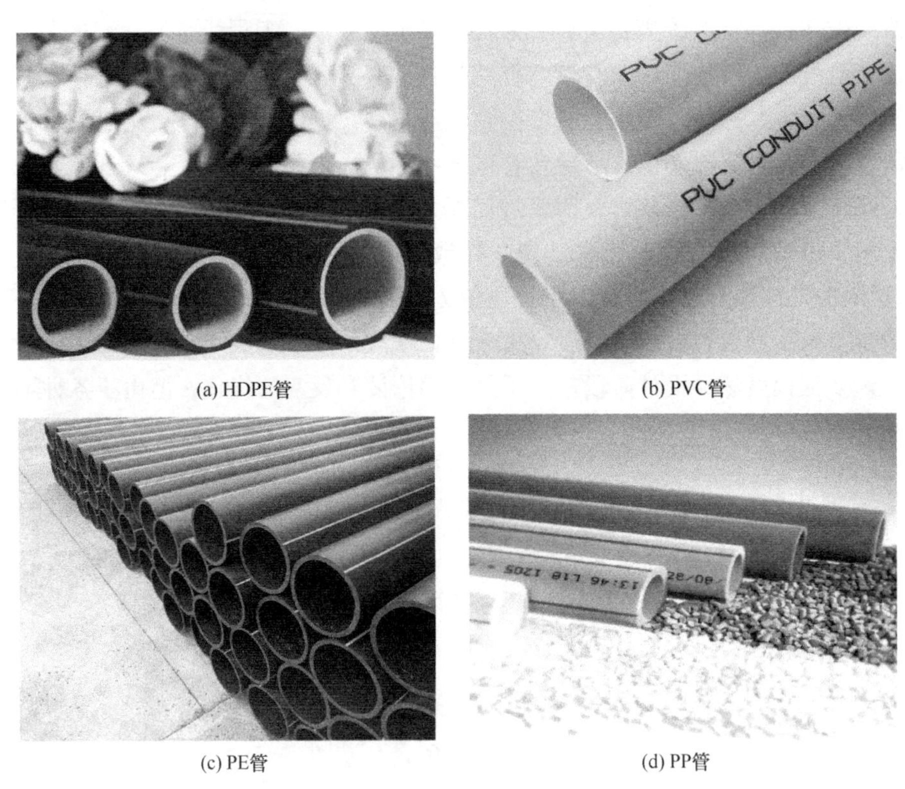

(a) HDPE管　(b) PVC管

(c) PE管　(d) PP管

图 1-2　常见的有机高分子材料管道

鉴于此，对黏弹性输水管道瞬变压力特性进行试验研究，阐明黏弹性管道中水锤压力的变化规律及产生机理，在此基础上对重力流开阀关阀过程产生的水力过渡过程及有效的水锤安全防护措施开展数值模拟仿真计算，研究成果对完善长距离输水工程优化设计理论和安全运行具有重要的理论意义和工程实用价值。

1.2 国内外研究现状

1.2.1 瞬变流理论进展

瞬变流是指水力系统或水流中出现的突发性、瞬时性的流动变化。这种流动变化可能是由于突发的水力条件改变、系统操作变化、设备启停、管道阀门调节等因素引起的。瞬变流通常具有短暂的持续时间和较高的流速或流量变化率。瞬变流可能对水力系统的稳定性和设备运行产生影响。

国外学者对于瞬变流的研究起始于 19 世纪，在波传播研究的基础上，开始了对水力过渡过程的早期研究。1858 年，意大利工程师 Menabrea[1] 通过对管道中的水锤波动进行研究，结合管壁弹性、水体的可压缩性以及能量分析法，推导出了管道内的水锤波速公式，为弹性水锤理论奠定了基础，成为研究水锤现象的先驱。1898 年，俄国的 Joukowsky[2] 对不同管道进行了大量的水锤试验研究，推导出了著名的瞬时水锤定律，针对直接水锤给出了速度变化和压力升高的 Joukowsky 公式。1898 年，美国工程师 Frizell[3] 推导出了水锤压力与波速和流速变化的公式，并研究了水锤波反射以及管道分叉对水锤波速的影响。1913 年，意大利工程师 Allievi[4] 在 Joukowsky 的研究基础上，进一步完善了水锤计算理论，给出了阀门匀速关闭时的水压变化过程线，用于指导实际工程。早期的水锤计算方法有解析法、图解法、有限差分法等。在 1960 年以后，随着计算机技术的快速发展，基于电子计算机的数值模拟计算方法逐渐发展，包括特征线法（MOC）、波特性法（WPM）、有限体积法等。1967 年，Streeter 和 Victor[5] 出版了专著 *Hydraulic Transients*，书中详细介绍了瞬变流的定义和变化机理，对特征线法及其求解方法进行了详细的阐述，给出了防护设备及相关水力过渡过程理论的推导公式，并运用计算机语言将其编写结合计算机进行模拟计算。1979 年，加拿大的 Chaudhry 发表专著介绍有压管道的水力过渡计算方法、电算程序、压力管道中的水柱分离与共振；日本的秋元德三[6] 详细研究了水击与压力脉动，国际水力研究协会（IAHR）在 1978 年成立了断流水锤研究小组，并于

2000年出版《伴有水柱分离的水力过渡过程综合报告书》，详细论述了20年来对断流水锤研究的成果。以上学者对于水锤现象的大量研究为后人的研究及学科发展奠定了坚实的理论基础。

我国水锤研究起步较晚，20世纪80年代，在国外水锤研究高速发展的影响下，国内学者王树人[7]编写了《水击理论与水击计算》，是我国首个系统阐述水锤问题的学者。书中加强了水锤基本理论的描述以及基本方程的推导，对水锤的各种计算方法进行了介绍，并附加了电算法相应的计算程序，奠定了我国对于水锤研究的理论基础。随着《瞬变流》[8]和《实用水力过渡过程》[9]这两本著作被清华大学学者翻译，丰富了我国在水锤研究中的参考资料，促进了越来越多的学者对该领域进行研究。之后，刘竹溪、刘光临、金锥等[10-11]专家学者相继出版了著作《泵站水锤及其防护》及《停泵水锤及其防护》。这些著作对我国早期的水锤研究起到了极大的促进作用，仍是目前科研和教学过程中重要的参考文献。

1.2.2 关阀水锤

由于长距离管道投资高、建设难度大和周期长，一旦发生破坏性水锤事故，将对社会造成严重影响。在长距离供水系统中，重力流输水工程是一种利用自然重力进行水的输送和供应的水利工程。重力流输水工程具有运行成本较低、输水工程中不需要使用电泵等设备、系统运行稳定可靠等优点，被广泛应用于实际工程。

对于长距离重力流输水工程，运行管路沿途分流、开阀、关阀都会使得管道内流速发生改变，引起管道内部压力变化，易产生较大正负水锤压力，因此国内外学者对其进行了广泛的研究。

国外学者对关阀水锤进行了相关研究，Ikeo[12]对双阀门管道系统中的关阀水锤进行了研究，发现双阀管路比单阀管路的水锤压力要小，且不同阀门位置和设置间距所产生的水锤压力也会不同。Lohrasbi[13]对关阀水锤现象和数学模型进行了阐述，基于特征线法对关阀水锤进行了数值模拟，发现了关阀速度越快、动量变化越快、水锤压力越大，缓慢关闭阀门可有效缓解水锤压力的升高。Bergant[14]通过对一大型管道试验平台的两个阀门意外同时关闭造成的瞬态事件进行分析，指出两个阀门的意外同时关闭会导致管道下游的水锤压力大幅升高，从而造成管道破裂发生泄漏，说明了阀门关闭不当会对管道系统的安全运行造成严重影响。Liou[15]研究发现管道中阀门关闭导致瞬变流时，摩擦会减弱水锤波前的振幅，导致管道内产生填充现象，并给出了导致阀门关闭时最大压力的管路填究的计算公式。Karadžić[16]进行了末端关阀水锤的试验研究。试验结果表明，当两个阀门在不同时间关闭时，第一个阀门会产生压力波，这个压力波会逐渐衰减。当第二个阀门关闭时，第二个压力波会与第一个压力波叠加并相互抵消。

近20年来，国内对于重力流输水系统中的水锤问题进行了相关研究。党志良[17]对重力流输水管道系统因地形落差所产生的水头压力超过管道的允许承压能力时，出于经济考虑，选用管材材料并降低工程造价，采用了减压池减压措施，实现分区输水。张健[18]针对长距离供水工程中的关阀水锤特性进行了分析研究，推导出了考虑摩阻的输水系统直接水锤公式，对间接水锤公式进行了修正，为折线关阀规律的设计提供了理论依据。李建宇[19]对两边高、中间低、起伏变化较大的重力流输水工程进行了关阀水锤及防护措施的研究，得出了进气、排气阀快进缓排的传统布置方式不具备普适性，应结合具体实际情况具体分析的结论。莫旭颖等[20]分析了不同关阀规律对管道末端水锤的影响，得出了末端阀门的关闭会产生较大的末端水锤，阀门最优关闭时仍会产生较大的末端水锤的结论。张雷、王焰康、袁林、孙巍等[21-24]人针对重力流输水末端关阀水锤进行了大量研究，计算分析了不同阀门关闭规律对长距离重力流输水管道的水锤规律影响，得出了末端阀门两阶段关闭可有效降低水锤压力的结论。王政平[25]基于特征线法建立了重力流输水工程水力过渡过程数值模型，利用B-Spline插值、Spline插值和Bezier插值方法得到光滑的变速率关阀曲线，研究结果表明，使用Bezier插值方法得到的变速率关阀曲线最优。黄源[26]基于粒子群算法对输配水管网系统中的多阶段关阀曲线进行了优化，实现了关阀水锤过程中压力波动的降低。陈亚飞[27]通过物理模型试验测量了3s关阀下的水锤压力，得出了阀前压力先增大后降低，阀后压力先降低后增大，阀前正压和阀后负压产生的合力会对阀门本身产生冲击，造成阀门破坏的结论。张小莹[28]针对有机玻璃管道进行了关阀水锤试验，从有机玻璃管道这类黏弹性材料的本构关系分析了关阀时间对黏弹性材料直接水锤的影响机理。杨瑞虎[29]对气液两相流工况下的关阀水锤进行了试验研究，试验结果表明了相比不含气的工况，气液两相流工况关阀水锤升压会更为严重，而且管道全线最小压力处于负压断流状态。闫晓彤[30]通过理论分析提出了含有支线的重力流末端调流阀在相继关阀工况下，在某同一位置发生干涉相长时可产生最大水锤升压，并给出了各支线阀门开始关闭时间的计算公式。郭子琪[31]通过计算流体动力学（CFD）和动网格技术模拟了阀门调节方式，得出了先快后慢的关阀方式在一定的快关关闭量范围内对水锤有抑制作用，快关关闭量过大时水锤压力过大的结论。

国内外学者对关阀水锤进行了大量的研究，提高了关阀水锤理论的研究深度，但是在实际输水工程中，依然存在关阀水锤问题造成的管道爆管、破裂等事故。尤其对于长距离、多起伏、重力流输水工程而言，因为存在多个管道凸起点，易产生水柱分离，导致发生弥合水锤危害。因此对于此类工程的水力过渡过程，末端阀门关闭规律应结合具体工程进行单独分析。

1.2.3 水锤防护措施研究进展

在长距离、多起伏、重力流输水工程中阀门关闭不当会导致管道产生过大正压，多起伏的管路特点易在管道中产生气穴，发生液柱分离现象，继而产生更为严重的断流弥合水锤。对于输水工程中的水锤防护，国内外学者进行了大量研究，其中，对于负压的防护措施主要有空气阀、单向调压塔、空气罐等[32-35]，采用恰当的阀门关闭规律、空气罐、双向调压塔、水击泄放阀等也可对正压过高进行防护[36-39]。

De Martino[40]提出了一种基于弹性假设的简化方法来设计带有节流装置的空气腔室，通过使用节流装置，可以减小所需的空气腔室容积，从而提高其效果。Ammar[41]对霍巴—达曼环线输水工程进行了水锤分析，发现首先通过优化系统设置和操作来降低水锤压力，同时在管路中安装减压阀和空气阀，可以有效控制水锤升压。Moghaddas[42]首次在管道优化设计中使用自适应遗传算法和罚函数，将气泡体积、进气阀数量、进气阀位置和进气阀类型作为决策变量，通过优化方法一次性确定四个决策变量。刘梅清[43]对空气阀的应用条件进行了数值模拟研究，发现在仅存在单个水柱分离的位置设置空气阀后可起到较好的防护效果。刘志勇、刘竹青、李小周、徐放等[44-47]基于特征线法对空气阀水锤防护特性进行了研究，分析了空气阀不同进排气口径、流入流出流量系数水锤防护效果的差异，结果表明快进缓排式的空气阀可以显著降低管道内负压，降低断流弥合水锤升压。

Bergant 等[48]引入了单向调压塔作为输水工程中的水锤控制装置，研究了单向调压塔的防护特性，证明了单向调压塔能够有效地控制管道中的水锤压力。Stephenson[49]提出使用单向调压塔可有效降低管道中的水锤负压，并提出了一种简化的计算方法用来确定调压塔的尺寸大小。Zhao[50]对多起伏的输水工程中的负压问题进行了研究，提出使用两个单向调压塔的防护方案可有效防止多起伏管道系统的严重负压。刘光临[51-52]基于实际工程对调压塔进行了相关研究，提出调压塔宜设置在管道进水侧，以防止管道压力的急剧变化。蒋劲[53]提出在管道凸起点设置单向调压塔比空气阀更能避免水柱分离的产生。齐敦哲[54]结合工程实例，基于遗传算法对复合式空气阀和单向调压塔的水锤防护效果进行了比较。

以往对于空气罐的研究主要集中在优化空气罐的气体质量和容积，Sun[55]使用顺序二次规划法对长距离输水工程中空气罐的设置进行了优化设计，研究了空气罐与管道之间的不同连接方式，从而对罐体的体积进行了优化设计。张健等[56]提出了一种近似的分析方法来确定输水工程中空气罐的大小，该方法基于管道系统的工程参数和安全条件。Rezaei[57]对关于泵送输水管道中的水力瞬变进行了案例分析和数值模拟，研究了飞轮、空气罐、止回阀单独和联合防护应用，发现联合防护能够防止过大的水锤压力。Miao[58]提出将空气罐和阀门关闭规律结合起来，用于减小长距离供水系统中空气罐容器的体积。冉红[59]基于PIPENET软件分析了有压输水系统中立式空气罐参数的变化对水锤防护效果的影响。张白云[60]基于PIPENET软件对输水系统中设置空气罐防护方案进行了分析，研究了不同进出口阻力系数对水锤防护效果的影响。汪顺生[61]基于Bentley Hamer软件研究了气囊式空气罐及罐体的体积和预设压力对实际工程的水锤防护效果。杨玉思[62]提出对于长距离多起伏的输水工程应将空气阀作为基本的防护措施，再联合调压塔、超压泄压阀和缓闭式止回阀可对这类长距离输水管道多处断流弥合水锤的防护取得良好的效果。

综上所述，国内外学者对于水锤基本理论及水锤防护设备的研究已经较为成熟，但从研究结果来看，其重点主要聚焦于优化特定工况或特定防护设施。对于不同的实际输水工程，其防护方案需要根据实际工程的特点具体分析计算，因地制宜地设计防护方案。对于长距离、多起伏、重力流输水工程而言，单独的防护措施可能无法取得较好的防护效果，应对防护措施的联合防护方案进行分析研究。

1.3 研究目标

围绕长距离输水管道水锤特性及安全防护需求，基于瞬变流理论，利用系统试验、理论分析、数值模拟、实践验证等多种方法，研究黏弹性管道瞬变流效应引起的水锤作用机理和安全防控措施。以期实现以下研究目标：

(1) 探求有机玻璃管类黏弹性材料水力瞬变特性演变规律，揭示影响黏弹性管道水力瞬变效应的各参数的影响机理。

（2）实现管道水力参数与水动力学响应特性的数学模型构建，对管道有压及无压状态下水力特性进行仿真计算，构建管道不同流态对瞬变流作用的影响控制理论。

（3）建立长距离输水管道水力仿真数值方法，得到管线起伏较大布置时的最优关阀规律，对比改变管道性质与不同水锤防护措施的防护效果，探讨不同水锤防护条件下的压力瞬变机制。

1.4 主要研究内容

1. 典型黏弹性管道水锤压力特性试验研究

通过试验研究和理论分析相结合的方法对黏弹性管道中的直接水锤变化规律进行研究，对 6 组不同流速下有机玻璃管快速关阀产生的直接水锤的压力、波速及周期等水力特性进行测量，对相同流速不同关阀时间下的直接水锤压力大小进行对比，得到阀门关闭时间及初始开度对黏弹性管道直接水锤压力的影响规律。建立阀门不同开度的三维数学模型，运用 FLUENT 软件对不同开度的阀门进行了三维流场的数值模拟。

2. 输水管道有压及无压状态下过渡过程数值仿真研究

根据水锤基本理论建立引水隧洞岩塞爆破时水力过渡过程数学模型，将爆破过程等效为水力过渡的开阀过程，采用特征线法对国内某一岩塞爆破工程进行了输水管道有压及无压状态水力过渡过程的仿真模拟计算，提出合理的水锤防护措施来保证爆破后管道及下游建筑物的安全运行。将模拟结果与实际工程实测数据进行了对比，验证了数值模拟的可靠性。

3. 长距离重力流管道关阀特性优化及防护方案研究

为了有效防护长距离重力流输水管道中可能发生的严重水锤问题，对某实际工程建立水力过渡过程计算模型，模拟计算不同关阀方式（直线关闭、二阶段关闭）对水锤压力变化的影响，提出不同类型空气阀、空气罐等防护措施的最优布置位置及数量，对比不同防护方案的防护效果，确定最优防护方案。通过数值模拟方法分析了管道的管径与材料对重力流关阀水锤的影响，提出通过改变管道性质与不同防护设备组合布置的防护方案以减小防护设备的体积及数量的方案。

第 2 章　有压管道水锤效应基本理论

有压管道内产生的水力过渡过程现象，需要借助动力学原理结合管道材料的力学特性来进行分析。因此本章首先阐述水锤效应及传播过程，然后介绍瞬变流水力过渡过程分析的基础，说明直接水锤、间接水锤的计算方式，进一步推导非恒定流控制方程（运动方程、连续性方程），建立起有压管道水锤效应分析理论体系。

2.1　水锤效应的定义

在泵站或水电站的有压管道中，通常用阀门来调节流量，在阀门关闭或开启的过程中，有压管道中任一断面的水流运动要素随时间发生变化，因而形成管道的非恒定流动。管道非恒定流动在工程中经常遇到，如停电时水泵突然停止运行，又如水电站运行过程中由于电力系统负荷的改变，使得导水叶或阀门迅速启闭等。这种管道阀门突然关闭或开启，使得有压管道中的流速发生急剧的变化，同时引起管内液体压强大幅度波动，产生迅速的交替升降现象，这种交替升降的压强作用在管壁、阀门或其他管路元件上，就像用锤子敲击一样，故称为水锤或水击。此时管道内的流速会产生急剧变化，流态从一种恒定状态过渡到另一种恒定状态，而这种状态的变化并非在某一瞬间完成，总会经历一个过程，这种过程叫做水力过渡过程或过渡过程。水锤引起的压强升降可达管道正常工作压强的几十倍甚至几百倍，因而可能导致管道系统的强烈振动、噪声和空化，甚至使管道严重变形或爆裂。在发生水锤时，一方面液体质点的运动要素随空间位置和时间变化，即对于一维问题：$v=v(s,t)$，$p=p(s,t)$，由于增加了时间 t 这一独立变量，使得问题更加复杂；另一方面，由于水锤引起的有压管道中流速和压强的急剧变化，致使液体和管道边壁产生弹簧般的压缩和膨胀，液体和管壁将受到很大的压力作用，因此必须考虑液体的压缩性和管壁的弹性。

在泵站和水电站的设计中，常常需要进行水锤压强的计算，以确定管道中的最大压强和最小压强，防止和减弱水锤对管道系统的破坏。最大压强值是压力管道、水轮机蜗壳和机组强度设计的依据，而最小压强则是布置引水管道、校核引水系统是否发生真空现象以及检查尾水管内真空度大小的依据。所以，必须进行水锤计算，以便确定可能出现的最大和最小的水锤压强，并研究防止和削弱水锤作用的适当措施。为减小水锤影响的强度和范围，常在引水系统中设置调压井。对于压力引水管道较长的水电站，常在引水系统中修建调压室。

2.2 水锤传播过程

现以等直径的简单管道中的水锤波传播过程为例[63]，来分析阀门突然关闭时所产生的水锤现象。

图 2-1 为一简单管路，上游从水库引水，末端安装一可调节流量的阀门，其管长为 L，管径为 d，截面积为 A。恒定流时管内流速为 v_0，压强为 p_0。为分析方便，忽略水头损失 h_w 和流速水头 $\alpha_0 v_0^2/(2g)$。此时管道的测压管水头线与静水头线 M-M 重合。下面以阀门突然完全关闭为例，分析水锤波沿管道发展、传播和消失的过程。

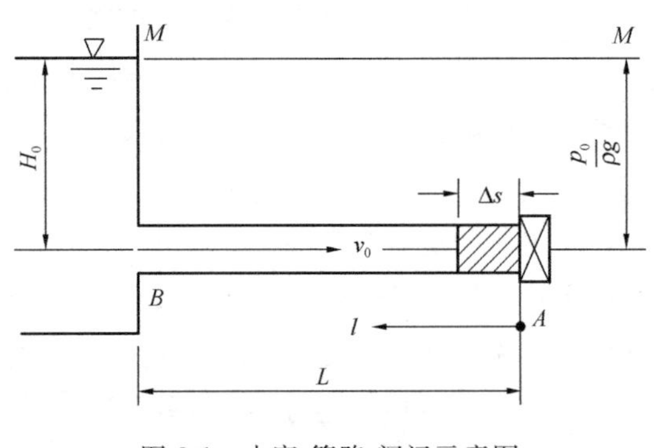

图 2-1　水库-管路-阀门示意图

当 $t=0$ 时阀门完全关闭，此时紧邻阀门处 Δs 的微小水体首先停止流动，流速由 v_0 变为 0，由于是逆行波，由 $\Delta H = c/g \times (v_0 - v)$ 确定压强的增、减趋势。此时初始速度为 v_0，终了速度 $v=0$，所以 ΔH 为正值，即压强增大了 ΔH。同时该微段水体受到压缩，密度增大，管壁膨胀。此微段上游流动未受到阀门关闭的影响，仍以 v_0 的速度继续向下游流动。接着紧靠 Δs 微小流段上游的另一微段水体重复 Δs 微小流段的过程，并一段一段地依次以波速 c 向上游传播。当 $t=L/c$ 时，这一水锤波传播到管道进口断面 B 处，此时全管道流速为 0，压强增加 Δp，密度增大，管壁膨胀。从 $t=0$ 到 $t=L/c$ 这一时段称为水锤波传播的第一阶段。这一阶段水锤波的特征是流速减小、压强增大、波的传播方向与恒定流时的方向相反，故称为增压逆波。这一阶段的特征如图 2-2（a）所示。

在第一阶段末，即 $t=L/c$ 时，水锤波传播到管道进口断面 B 处。因水库很大，这时 B 断面左侧水位不变，边界压强保持为 p_0；B 断面右侧边界压强为

$p_0+\Delta p$。在此压差作用下，首先使紧邻 B 断面右侧一微段静止水体以流速 v_0 向水库方向流动。由于产生的是顺行波，应由 $\Delta H=-c/g\times(v_0-v)$ 确定压强的增、减趋势。此时的初始速度为 $v_0=0$，终了速度 $v=-v_0$，所以 ΔH 为负值，即压强降低了 ΔH 。此时整个管道的压强又恢复到恒定流时的压强 p_0，密度及管壁恢复原状。紧接着紧靠此微段下游的另一微段水体受此影响，重复刚才的过程，并一段一段地依次以波速 c 向阀门方向传播。当 $t=2L/c$ 时，水锤波传播到阀门 A 处，这时全管道水体以流速 v_0 向水库方向流动。压强恢复到恒定流时的压强 p_0，密度及管壁恢复原状。从 $t=L/c$ 到 $t=2L/c$ 这一时段称为水锤波传播的第二阶段。这一阶段水锤波的特征是流速减小为 $-v_0$、压强降低、波的传播方向与恒定流时的方向相同，故称为降压顺波。它就是第一阶段中增压逆波的反射波。这一阶段的特征如图 2-2（b）所示，在 $0<t<2L/c$ 时段，称为水锤波的首相或第一相。从阀门关闭开始，水锤波在管道中传播一个来回的时间为 $2L/c$，称为“相”，用 T_r 表示，即

$$T_r=2L/c \tag{2-1}$$

在第二阶段末，即 $t=2L/c$ 时，管中全部水流有一反向流速 v_0，在紧靠阀门处的液体，因阀门完全关闭，紧邻阀门 A 处的水体有脱离阀门的趋势。根据连续性原理可知，这是不可能的。于是紧邻阀门 A 处一微段水体首先被迫停止下来，流速由 $-v_0$ 变为 0。压强的变化趋势由逆行波公式 $\Delta H=c/g\times(v_0-v)$ 确定，此时的初始速度为 $-v_0$，终了速度 $v=0$，所以 ΔH 为负值，即压强降低了 ΔH，并使管道中的水体膨胀，密度减小，管壁收缩。同前面两个阶段一样，向上游每一微段的水体传播此影响，重复刚才的过程，一直到水库进口 B 断面处。当 $t=3L/c$ 时，水锤波传播到水库进口 B 处，此时全管流速为 0，压强降低了 ΔH，密度减小，管壁收缩。从 $t=2L/c$ 到 $t=3L/c$ 这一阶段称为水锤波传播的第三阶段。在这一阶段中，水锤波使流速由 $-v_0$ 变为 0，压强减小，波的传播方向与恒定流时的方向相反，故称为降压逆波。它是第二阶段中降压顺波的反射波。这一阶段的特征如图 2-2（c）所示。

在第三阶段末，即 $t=3L/c$ 时，水锤波传播到管道进口断面 B 处。这时，由于 B 断面左侧水库很大，水位不变，边界压强保持为 p_0；B 断面右侧边界压强为 $p_0-\Delta p$。在此压差作用下，首先使紧邻 B 断面右侧一微段静止水体以流速 v_0 向阀门方向流动。由于产生的是顺行波，水锤压强由 $\Delta H=-c/g\times(v_0-v)$ 确定增、减趋势。此时的初始速度为 $v_0=0$，终了速度 $v=v_0$，所以 ΔH 为正值，

即压强增大了 ΔH。此时，水体的密度、管壁均得到了恢复。紧接着紧靠此微段下游的另一微段水体受此影响，重复刚才的过程。并一段一段地依次以波速 c 向阀门方向传播。当 $t=4L/c$ 时，水锤波传播到阀门 A 处，这时全管道水体以流速 v_0 向阀门方向流动。压强恢复到恒定流时的压强 p_0，密度及管壁恢复原状。从 $t=3L/c$ 到 $t=4L/c$ 这一时段称为水锤波传播的第四阶段。这一阶段水锤波的特征是流速增加为 v_0、压强增大、波的传播方向与恒定流时的方向相同，故称为增压顺波。它是第三阶段中降压逆波的反射波。这一阶段的特征如图 2-2（d）所示。

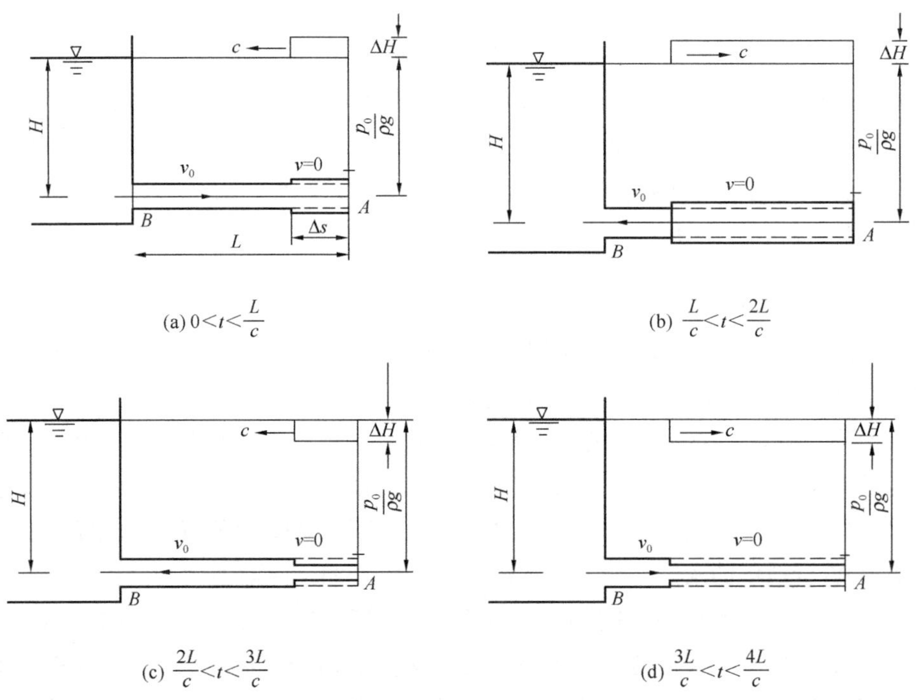

图 2-2　压力波的传播与反射

从 $t=2L/c$ 到 $t=4L/c$，水锤波由阀门 A 开始经水库进口反射后又返回阀门处，水锤波又经历了一相，此相称为末相或第二相。首相与末相之和称为水锤波的一个周期，这是因为 $t=4L/c$ 时全管道的水流状态与 $t=0$ 时的水流状态完全相同。如果阀门还是关闭的，则水锤波的传播将重复以上四个阶段。周而复始地继续进行下去。当然，实际上由于水流阻力的存在，水锤波不可能无休止地传播下去，而是逐渐衰弱，最后消失，形成新的恒定流状态，如图 2-3 所示。因此，水锤波运动过程只是阀门关闭后的一段时间内的非恒定流流动，是一种暂时的过渡状态。所以，又将水锤过程称为水力暂态过程，或水力瞬变过程。水锤波传播的四个阶段的物理特性简要地总结于表 2-1 中，这样有助于深化理解水锤波的传播。

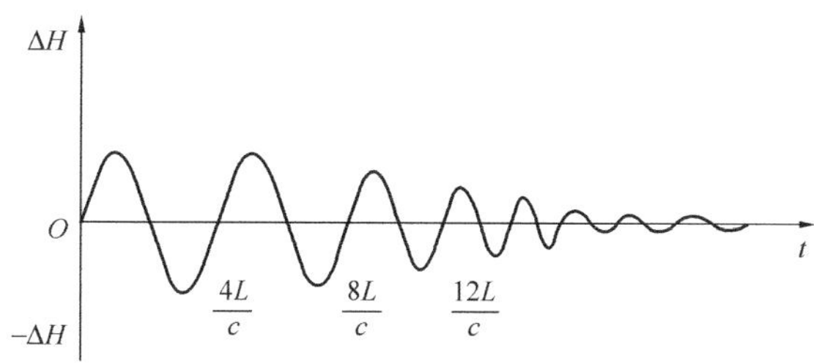

图 2-3　阀门处压力变化过程

水锤波传播的物理特性　　**表 2-1**

阶段	时段	流速变化	水流方向	压强变化	水锤波传播方向	运动状态	液体、管壁状态
1	$0<t<\frac{L}{c}$	$v_0\to 0$	水库→阀门	增大 Δp	阀门→水库	减速增压	液体压缩管壁膨胀
2	$\frac{L}{c}<t<\frac{2L}{c}$	$0\to -v_0$	阀门→水库	恢复原状	水库→阀门	减速减压	恢复原状
3	$\frac{2L}{c}<t<\frac{3L}{c}$	$-v_0\to 0$	阀门→水库	降低 Δp	阀门→水库	增速减压	液体膨胀管壁收缩
4	$\frac{3L}{c}<t<\frac{4L}{c}$	$0\to v_0$	水库→阀门	恢复原状	水库→阀门	增速增压	恢复原状

由上述讨论可以得出水锤波具有以下特征：

在阀门突然完全关闭的情况下，阀门断面处只产生一个单独的水锤波，这个波在水库断面发生等值异号反射，即入射波和反射波绝对值相等，符号相反。若入射波是增压波，反射波则为降压波，反之亦然；在阀门断面则发生等值同号反射，即若入射波是增压波，反射波也是增压波，反之亦然。只有水锤波传播所到之处，压强才会发生变化。水锤发展的整个过程就是该水锤波传播和反射的过程。管道任一断面在任一时刻的水锤压强即为通过该断面的水锤顺波和逆波叠加的结果。

图 2-4（a）、（b）、（c）分别给出了阀门断面 A 处、管中某断面处和水库进口 B 处的水锤压强增量随时间的变化过程。由图可见，阀门断面压强最先提高

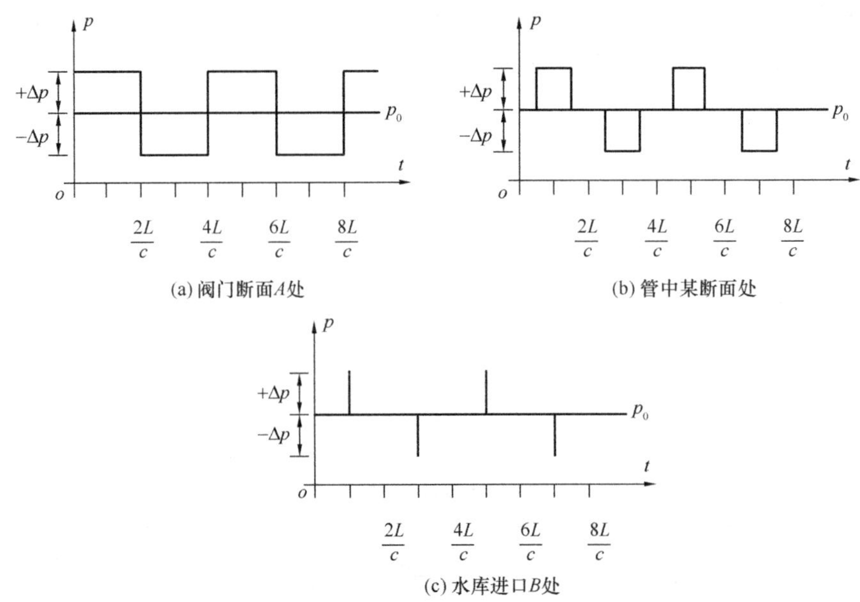

图 2-4 压强增量随时间变化

和降低，持续时间最长，变幅最大。管道进口断面的压强提高或降低都发生在瞬间。至于管道的任一中间断面，其压强的变幅和持续的时间介于两者之间。可见阀门处的水锤最为严重，而且总是在每相之末变幅最大。

为方便分析问题，上述讨论是在假定阀门突然完全关闭情况下进行的。实际上，阀门的关闭不可能在瞬间完成，总是需要一定的时间。因此，可把整个关闭过程看成是一系列微小瞬时关闭的总和。这时，每一个微小关闭都产生一个相应的水锤波，如图 2-5 所示，每一个水锤波又各自依次按上述四个阶段循环发展。因此，和突然完全关闭情况不同，即不是一个水锤波，而是一系列发生在不同时

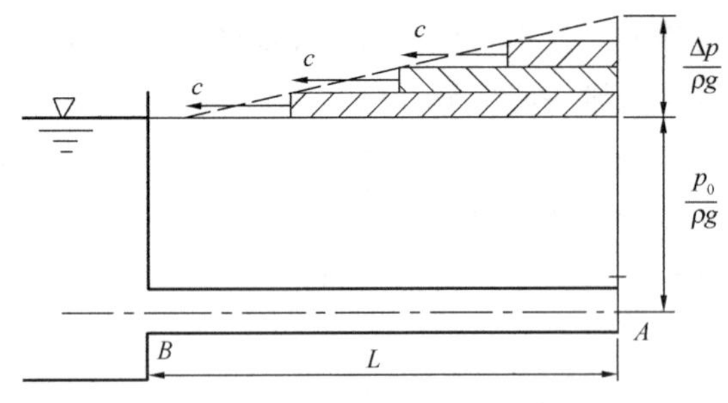

图 2-5 水锤波反射叠加示意图

间的水锤波传播和反射的过程。所以，管道中任意断面在任意时刻的流动情况是一系列水锤波在各自不同的发展阶段的叠加结果。

2.3　水锤压强的计算及水锤波的传播速度

当阀门的关闭时间 T_s 等于或小于一相时，即 $T_s \leqslant 2L/c$，也就是由水库处反射回来的水锤波到达阀门之前，阀门已经关闭终止，这种水锤称为直接水锤。直接水锤所产生的压强提高值是相当巨大的。在水电站建筑物设计中，总是设法采取各种措施来防止或避免发生直接水锤。

若阀门关闭过程中，$T_s > 2L/c$，由水库反射回来的降压波已经到达阀门处，并可能在阀门处发生正反射，这样就会部分抵消水锤增压，使阀门处的水锤压强不致达到直接水锤的增压值，这种水锤称为间接水锤。在工程设计中，总是力图合理地选择参数，并在可能条件下尽量延长阀门调节时间，或通过设置调压室缩短受水锤影响的管道长度，来降低水锤压强。

直接水锤和间接水锤没有本质的区别，流动中都是惯性和弹性起主要作用。但随着阀门调节时间 T_s 的延长，弹性作用将逐渐减小，黏滞性作用（表现为阻力）将相对增强。当 T_s 大到一定程度时，流动则主要受惯性和黏滞性的作用。其流动现象与弹性波的传播无关。

应该说明，当阀门由关到开时，所发生的水锤现象的性质是一样的，所不同的是初始的弹性波是增速的减压波。而由进口反射回来的则是增速增压顺波，此后的传播及反射过程在性质上与阀门突然关闭时完全相同。计算水锤压强的公式对阀门突然开启也完全适应，只不过阀门突然开启时 $v_0 < v$，Δp 应为负值。

2.3.1　直接水锤压强的计算

下面，应用质点系动量定理推导直接水锤压强的公式。

在管道中取出长为 Δl 的管段来进行研究，Δl 的两端为 m-m 及 n-n 断面。并设管道中原有的流速为 v_0，压强为 p_0，水的密度为 ρ，管道的横断面积为 A。若部分关闭阀门而使管路中发生水锤，水锤发生后，经 Δt 时段，水锤波由 m-m 断面传至 n-n 断面，则流段内的流速由 v_0 减到 v；压强由 p_0 增加为 $p_0 + \Delta p$；水体被压缩，密度变为 $\rho + \Delta\rho$；管壁膨胀，横断面积增大至 $A + \Delta A$（图 2-6）。

则水体原有的动量为

$$\rho A v_0 \Delta l \tag{2-2}$$

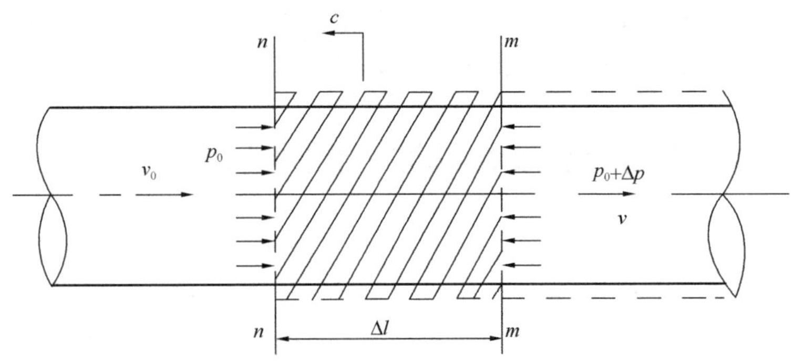

图 2-6　控制体变化示意图

水锤波通过后的动量为

$$(\rho+\Delta\rho)(A+\Delta A)v\Delta l \tag{2-3}$$

所研究的水体，在 Δt 时段内动量的变化是

$$(\rho+\Delta\rho)(A+\Delta A)v\Delta l-\rho A v_0 \Delta l \tag{2-4}$$

展开后，略去二阶微量，则得

$$\rho A \Delta l(v-v_0) \tag{2-5}$$

作用在 Δl 段水体两端的压力差为

$$p_0 A-(p_0+\Delta p)(A+\Delta A)=p_0 A-(p_0 A+p_0 \Delta A+\Delta p A+\Delta p \Delta A) \tag{2-6}$$

略去二阶微量，并注意到水锤中 $p_0 \Delta A$ 比 $\Delta p A$ 小得多；略去 $p_0 \Delta A$ 后，求得两端压力差的冲量为

$$-\Delta p A \Delta t \tag{2-7}$$

由动量定理得

$$-\Delta p A \Delta t=\rho A \Delta l(v-v_0) \tag{2-8}$$

因为水锤波的传播速度 $c=\dfrac{\Delta l}{\Delta t}$，所以水锤压强增量为

$$\Delta p=\rho c(v_0-v) \tag{2-9}$$

若用水柱高表示压强增量，则得

$$\Delta H=\frac{\Delta p}{\rho g}=\frac{c}{g}(v_0-v) \tag{2-10}$$

当阀门突然完全关闭时 $v=0$，则得相应的水头增量

$$\Delta H=\frac{c}{g}v_0 \tag{2-11}$$

式（2-11）称为儒可夫斯基（Жуковский）公式，可用来计算阀门突然关闭或开启时的水锤压强。

2.3.2　间接水锤压强的计算

间接水锤由于存在增压波和减压波的叠加作用，计算比较复杂，常在有关专业课中结合水电站设备及运行情况讲述。一般情况下，间接水锤压强可由下式近似计算：

$$\Delta p = \rho c v_0 \frac{T_r}{T_s} \tag{2-12}$$

或

$$\Delta H = \frac{\Delta p}{\rho g} = \frac{c v_0}{g} \frac{T_r}{T_s} = \frac{v_0}{g} \frac{2l}{T_s} \tag{2-13}$$

式中：v_0 为水锤发生前断面平均流速；T_r 为水锤波相长，$T_r = 2l/c$；T_s 为阀门关闭时间。

2.3.3　水锤波速计算

由前面的分析可知，水锤波所到之处，液体的压强、密度、流速以及管壁状态均发生变化。但是，无论如何，液体的质量总是守恒的。因此，可用质量守恒原理来推导水锤波传播速度的计算公式，均质薄壁圆管中的水锤波传播速度的计算公式为

$$c = \frac{\sqrt{\dfrac{K}{\rho}}}{\sqrt{1 + \dfrac{K}{E} \cdot \dfrac{D}{\delta}}} \tag{2-14}$$

式中：K 为液体的体积弹性系数；D 为管径；E 为管壁材料的弹性模量；δ 为管壁厚度。

表 2-2 给出了常用管壁材料的弹性系数。表中，水的体积弹性系数 $K = 20.6 \times 10^8 \mathrm{N/m^2}$。

常用管壁材料的弹性系数及 *K/E* 值　　　　**表 2-2**

管壁材料	$E/(\mathrm{N/m^2})$	K/E
钢管	19.6×10^{10}	0.01
铸铁管	9.8×10^{10}	0.02
混凝土管	20.58×10^{9}	0.10
木管	9.8×10^{9}	0.21

若管壁为绝对刚性，即管壁材料的弹性模量 $E=\infty$ 时，水击波速 c_0 为最大值，即

$$c_0=\sqrt{K/\rho} \tag{2-15}$$

c_0 即为不受管壁影响时水锤波的传播速度，也就是声波在液体中的传播速度。c_0 的值与液体的压强及温度有关，当水温在 10℃左右、压强为 1～25 个大气压时，c_0 为 1435m/s。

因此水锤波速计算公式还可写成：

$$c=\frac{c_0}{\sqrt{1+\frac{KD}{E\delta}}} \tag{2-16}$$

由上式可见，水锤波速 c 随管径 D 的增大而减小，随管壁材料的弹性系数 E 和管壁厚度 δ 的减小而减小。因此，为了减小水锤压强 Δp，可以在管壁材料强度允许的条件下，选择管径较大、管壁较薄的管道。水锤波的传播速度 c 与管道长度 L、阀门关闭时间 T_s 及关闭规律（阀门相对开度 $\tau=f(t)$）无关。

2.4 非恒定流的控制方程

由于输水系统的水流状态包括有压流和无压流两种，所以研究输水系统的水力过渡过程，需要用到有压管道非恒定流的控制方程，它体现了水力过渡过程的基本原理，是研究水力过渡过程的理论基础。有压管道非恒定流的控制方程包括运动方程和连续方程，在推导该控制方程之前先作如下的假定：

(1) 管道中水流为一元流，且在整个管道的横截面上流速分布是均匀的。

(2) 管壁材料和管内液体均为线弹性体，即应力和应变成正比。

(3) 恒定流摩阻损失计算公式在过渡流中仍然适用。

2.4.1 有压管道非恒定流的运动方程

从管道水体中选取控制体，应用牛顿第二定律可以推导有压管道非恒定流的运动方程。如图 2-7 所示，在管道水体中选取长度为 $\mathrm{d}x$ 的微小控制体，x 轴取与恒定流时的水流一致的方向，管轴线与水平线的夹角取为 α，则作用于微小控制体上的力为：上下游断面的水压力 F_1、F_2，控制体周界面上的阻力 F_3，侧水压力 F_4 以及重力 mg。若上游面 m-m 的密度为 ρ，过水断面的面积为 A，湿周为 X，压强为 P，则下游断面 n-n 相应各量分别为 $(\rho+(\partial\rho/\partial x)\mathrm{d}x)$、$(A+(\partial A/\partial x)\mathrm{d}x)$、

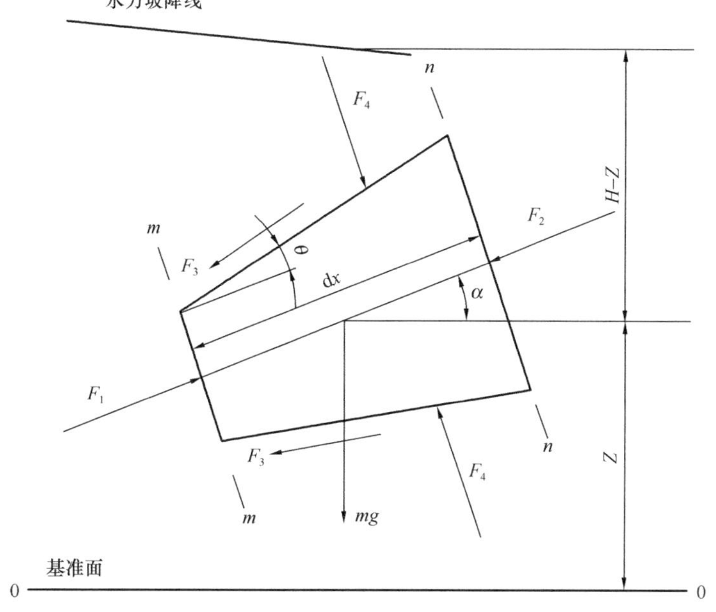

图 2-7　运动方程控制体

$(X+(\partial X/\partial x)\mathrm{d}x)$、$(P+(\partial P/\partial x)\mathrm{d}x)$。作用于微小控制体上的外力在 x 轴上的分力为上下游断面的水压力之差。

$$F_1-F_2=PA-\left(P+\frac{\partial P}{\partial x}\mathrm{d}x\right)\left(A+\frac{\partial A}{\partial x}\mathrm{d}x\right) \tag{2-17}$$

控制体周界面上的阻力（设控制体周边平均阻力为 τ）：

$$F_3\cos\theta=-\left[\tau\left(X+\frac{\partial X}{\partial x}\frac{\mathrm{d}x}{2}\right)\mathrm{d}x\right]\cos\theta \tag{2-18}$$

式中：θ 为控制体侧壁与管轴线交角，一般很小，可取 $\cos\theta=1$。

侧面水压力 F_4 沿 x 轴的分量：

$$\left(P+\frac{\partial P}{\partial x}\frac{\mathrm{d}x}{2}\right)\frac{\partial A}{\partial x}\mathrm{d}x \tag{2-19}$$

重力分量：

$$mg\sin\alpha=\left(\rho+\frac{\partial\rho}{\partial x}\frac{\mathrm{d}x}{2}\right)\left(A+\frac{\partial A}{\partial x}\frac{\mathrm{d}x}{2}\right)\mathrm{d}xg\sin\alpha \tag{2-20}$$

设控制体沿 x 轴方向的流速为 v，则管道水体的加速度为 $a=\mathrm{d}v/\mathrm{d}t$。

由牛顿第二定律可得，作用于 x 轴线方向的所有外力的合力等于控制体的质量与沿 x 轴线方向的加速度的乘积，即

$$(F_1 - F_2) - F_3\cos\theta + \left(P + \frac{\partial P}{\partial x}\frac{\mathrm{d}x}{2}\right)\frac{\partial A}{\partial x}\mathrm{d}x + mg\sin\alpha = ma \tag{2-21}$$

因为 v 是时间 t 和坐标 x 的函数，所以可得到

$$\frac{\mathrm{d}v}{\mathrm{d}t} = \frac{\partial v}{\partial t} + v\frac{\partial v}{\partial x} \tag{2-22}$$

取 $\sin\alpha = -\partial Z/\partial x$，经整理并略去高阶微量可得：

$$\frac{1}{\rho g}\frac{\partial P}{\partial x} + \left(\frac{\partial v}{\partial t} + v\frac{\partial v}{\partial x}\right)\frac{1}{g} + \frac{\partial Z}{\partial x} - \frac{\tau X}{\rho g A} = 0 \tag{2-23}$$

因为测压管水头线 $H = Z + P/\rho g$，而控制体周边平均阻力 τ 可由达西公式表示为 $\tau = \rho f|v|v/8$，f 为恒定流时的沿程阻尼系数，可得一元非恒定总流的运动方程为

$$\frac{\partial H}{\partial x} + \frac{1}{g}\left(\frac{\partial v}{\partial t} + v\frac{\partial v}{\partial x}\right) + \frac{f|v|vX}{8gA} = 0 \tag{2-24}$$

湿周 $X = A/R$，其中 R 为水力半径，代入上式可得式（2-25）

$$\frac{\partial H}{\partial x} + \frac{1}{g}\frac{\partial v}{\partial t} + \frac{v}{g}\frac{\partial v}{\partial x} + \frac{f|v|v}{8gR} = 0 \tag{2-25}$$

式（2-25）即为有压管道非恒定流的运动方程。

2.4.2 有压管道非恒定流的连续方程

利用质量守恒原理可以直接推导出有压管道非恒定流的连续方程，在管路中选取两个非常接近的横截面 m-m 和 n-n，以此作为控制体，两截面的间距为 $\mathrm{d}x$，控制体如图 2-8 所示。

设 m-m 断面的面积为 A，流速为 V，流体的密度为 ρ，则 $\mathrm{d}t$ 时段内通过 m-m 断面流入的液体质量为 $\rho VA\mathrm{d}t$，n-n 断面在同一时段内流出的液体质量为 $\rho vA\mathrm{d}t + \partial/\partial x \times (\rho vA\mathrm{d}t)\mathrm{d}x$，此控制体在 $\mathrm{d}t$ 时段内质量的增量为 $\partial/\partial t \times (\rho A\mathrm{d}x)\mathrm{d}t$。

根据质量守恒原理，在 $\mathrm{d}t$ 时段内流入和流出控制体的液体质量差应等于同时段内该控制体质量的增量，即

$$\rho vA\mathrm{d}t - \left[\rho vA\mathrm{d}t + \frac{\partial}{\partial x}(\rho vA\mathrm{d}t)\mathrm{d}x\right] = \frac{\partial}{\partial t}(\rho A\mathrm{d}x)\mathrm{d}t \tag{2-26}$$

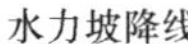

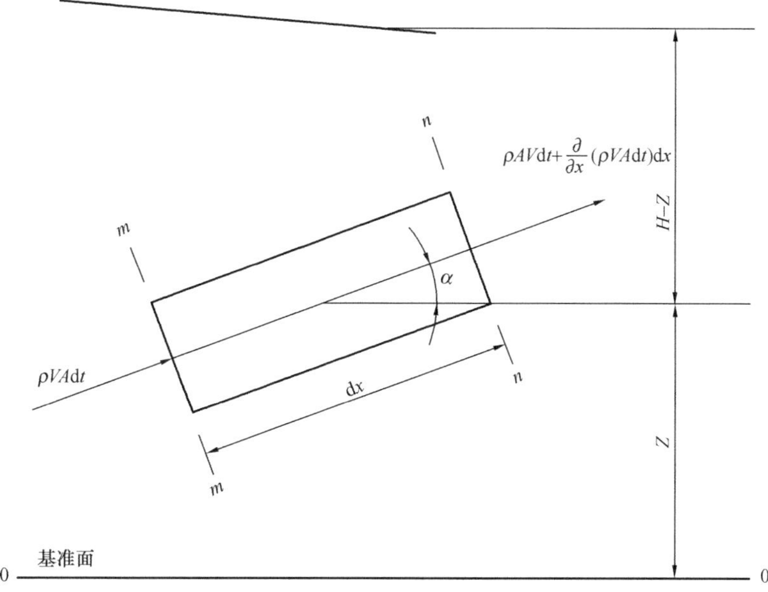

图 2-8　连续方程控制体

整理并简化可得

$$\rho\left(v\frac{\partial A}{\partial x}+\frac{\partial A}{\partial t}\right)+A\left(v\frac{\partial \rho}{\partial x}+\frac{\partial \rho}{\partial t}\right)+\rho A\frac{\partial v}{\partial x}=0 \tag{2-27}$$

因为 $\frac{\mathrm{d}A}{\mathrm{d}t}=v\frac{\partial A}{\partial X}+\frac{\partial A}{\partial t}$, $\frac{\mathrm{d}\rho}{\mathrm{d}t}=v\frac{\partial \rho}{\partial x}+\frac{\partial \rho}{\partial t}$, 代入上式可得

$$\rho\frac{\mathrm{d}A}{\mathrm{d}t}+A\frac{\mathrm{d}\rho}{\mathrm{d}t}+\rho A\frac{\partial v}{\partial x}=0 \tag{2-28}$$

此方程由质量守恒定律而来，适用于任何形式的流体，既适用于有压流也适用于明渠水流。

设 K 为水的体积弹性模量，那么管道的水锤波速公式可以表示成如下形式

$$c=\frac{\sqrt{K/\rho}}{\sqrt{1+K\left(\frac{\mathrm{d}A}{A\,\mathrm{d}p}\right)}} \tag{2-29}$$

根据流体的体积弹性模量的定义有式（2-30）：

$$\frac{\mathrm{d}\rho}{\rho}=\frac{\mathrm{d}p}{K} \tag{2-30}$$

又由压力与测压管的关系 $P=(H-Z)\rho g$，可得

$$\frac{\mathrm{d}P}{\mathrm{d}t}=\rho g\left(\frac{\mathrm{d}H}{\mathrm{d}t}-\frac{\mathrm{d}Z}{\mathrm{d}t}\right) \tag{2-31}$$

把式（2-29）~式（2-31）联立并整理可得式（2-32）

$$\rho gA\,\frac{\mathrm{d}H-\mathrm{d}Z}{a^2}=\rho\mathrm{d}A+A\mathrm{d}\rho \tag{2-32}$$

联立并整理可得

$$\frac{\partial H}{\partial t}+v\,\frac{\partial H}{\partial x}+\frac{a^2}{g}\,\frac{\partial v}{\partial x}+v\sin\alpha=0 \tag{2-33}$$

式（2-33）就是分析有压管道水力过渡过程的连续方程，式中的第二、四项与第一、三项相比较小，应用时往往省略，得到式（2-34）。

$$\frac{\partial H}{\partial t}+\frac{a^2}{g}\,\frac{\partial v}{\partial x}=0 \tag{2-34}$$

以上关于输水管道瞬变流理论研究中，多利用水锤理论对钢管等金属管道（弹性材料）进行水力过渡过程的研究，现阶段输水工程的设计过程中很少考虑到黏弹性管道的黏弹性效应。在应力作用下，黏弹性材料除了会产生与弹性材料相似的瞬时应变，还会产生部分滞后于应力的应变，对于瞬变流激励性响应特征不同于弹性管道的黏弹性管道的水力瞬变的研究还有待深入。弹性管道在受力时产生的延迟会加快压力波的衰减，若仍然采用传统的瞬变流理论作为依据进行输水管道的设计，水锤压力的计算公式也仍沿用传统水锤压力计算公式，其结果是否能够准确应用到实际工程需进行深入研究。鉴于此，开展黏弹性输水管道水锤特性试验对阐明黏弹性管道中水锤压力的变化规律及机理是十分必要的。

第3章　黏弹性管道直接水锤试验研究

目前许多供水工程，尤其是家用及市政工程中多使用PVC管和PE管进行供水输水，这些管道材料都是黏弹性材料，黏弹性材料在外力的作用下，存在弹性和黏性两种变形机制，这类管道相对较“软”，管壁挠度较大。水锤波在传播的过程中不仅会引起水体密度的变化，还会引起管道的形变，水锤波传播的介质是水体和管壁的混合体，那么在黏弹性管道中若发生直接水锤，水锤压力极值是否和弹性管道一样满足直接水锤公式？若不满足，黏弹性管道中产生的直接水锤升压会高于还是低于直接水锤公式的计算升压值？黏弹性管道产生的直接水锤压力是否跟关阀时间有关？黏弹性管道产生的直接水锤压力是否跟阀门的初始开度有关？这些问题都值得进一步研究。

因此本章主要以黏弹性有机玻璃管中产生的直接水锤作为研究对象进行多组不同流速的快速关阀试验，并对阀门在不同关闭时间及不同初始开度下产生的直接水锤压力进行对比，研究黏弹性管道中水锤压力是否与传统水锤理论存在差异，直接水锤基本理论是否适用于黏弹性管道。

3.1　试验概况

3.1.1　试验装置及测量方法

1. 试验装置

图3-1为本试验的试验装置布置图，由图可知，整个试验装置系统由上游水箱、有机玻璃管、末端阀门（中线蝶阀）、调流阀及下游水箱组成。上、下游水箱、末端蝶阀、调流阀实物图如图3-2所示，主要设备及材料如表3-1所示，为方便读取上游水箱内的水位，在上游水箱底部连接测压软管至墙壁固定，通过读取测压管内的水位获取水箱内的水位值。整条玻璃管长为44.37m，管道内径为5cm，为了防止管内直接水锤压力过大造成危险，出于安全考虑选择管道壁厚为1cm。分别在末端中线蝶阀前端0.5m及2m的位置处各安装一个高频动态压力传感器用于压力的量测，末端中线蝶阀至上游水箱距离为42.37m，距下游水箱

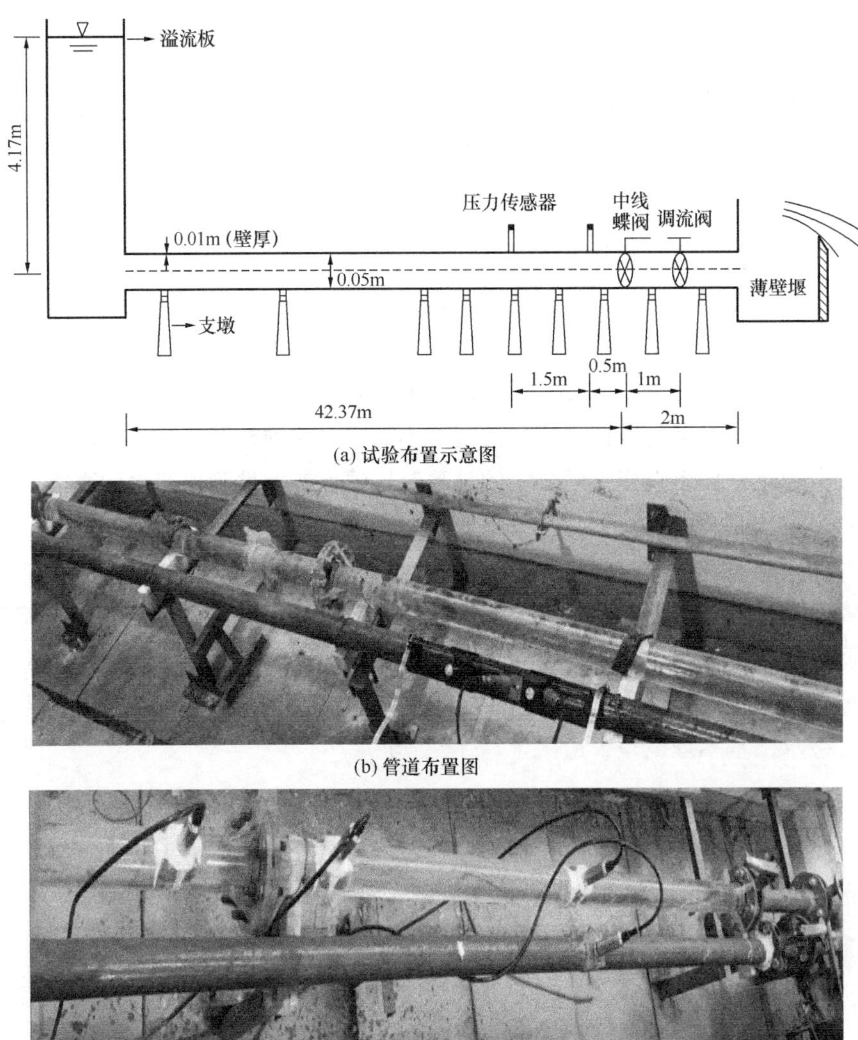

(a) 试验布置示意图

(b) 管道布置图

(c) 传感器及阀门布置图

图 3-1　试验装置布置图

2m，蝶阀后 1m 处设置 1 个调流阀进行管道流量的调节，调流阀距离下游水箱距离为 1m。在上游水箱中布置一个溢流板，来保证上游水位不发生变化；在下游水箱内布置一个 90°开口三角形薄壁堰，用来量测管道内的流量大小。为了防止管道在关阀过程中发生振动和位移，在管道处设部分支墩，靠近末端阀门处每隔 1m 设置支墩，前半段管道每隔 2～3m 设置一个支墩。

(a) 上游水箱

(b) 下游水箱

(c) 中线蝶阀

(d) 调流阀

图 3-2　试验装置实物图

主要设备及材料汇总表　　**表 3-1**

序号	名称	规格型号	数量	单位
1	上游水箱	0.8m×0.6m×6m	1	个
2	下游水箱	0.4m×3m×0.5m	1	个
3	有机玻璃管	DN50	44.37	m
4	离心泵	GD32-13	1	个
5	中线蝶阀	DN50	1	个
6	调流阀	DN50	1	个
7	压力传感器	GYG1405F	2	个

续表

序号	名称	规格型号	数量	单位
8	超声波流量计	TFXP	1	个
9	电子秤	0～100kg	2	个
10	铁桶	0.8kg	1	个
11	秒表	PS-528	2	个
12	法兰片	DN50	40	个
13	数据采集仪	CRAS	1	台

2. 测量方法

在有机玻璃管末端阀门快速关闭对直接水锤压力影响的试验研究中，主要对管道流量、水锤压力、关阀时间、波速等参数进行测量。

(1) 流量的测量

本试验主要进行不同流速下的快速关阀水锤试验，由水力学知识可知，当管道的过流面积 A 不变时，流速 V 可直接由管道流量 Q 确定，计算公式为 $V=Q/A$，本试验通过流量的测量进一步得到管道流速的大小。由直接水锤公式可知，直接水锤压力的大小与管道流速的变化成正比，即管道中流速的变化越大，直接水锤压力越大，由于流速变化将直接影响水锤压力大小，所以对流速的测量必须精准无误。流速过大快速关阀会造成水锤压力突然升高而使管道内产生液柱分离现象，负压达到汽化压力以下，为了保证试验的安全性，根据试验研究发现，当管道流速超过 0.29m/s 时，可以明显地观测到有机玻璃管内有成团的气泡析出，说明当流速大于 0.29m/s 时管内发生了液柱分离现象。为保证管内流态为湍流，经雷诺数公式计算得到管道最小流速为 0.11m/s，故本次试验流速为 0.11～0.29m/s。鉴于本次试验所要求流速测量精准且流速范围较小，试验用三种方法（直角三角形薄壁堰、超声波流量计、称重法）同时进行流量的确定，用三角形薄壁堰进行主要的流量测量工作，使用超声波流量计及称重法进行流量校核，根据校核结果要求，各流速下三种方法测得流量值误差范围均在±5%以内。为了保证流量达到稳定，要求每调节完一组流量后管道及仪器静置至少 30min。若 30min 后流量仍不发生改变，便认为流量达到稳定，可进行关阀试验。下面依次介绍流量的测量方法。

① 直角三角形薄壁堰

薄壁堰流具有稳定的水头与流量关系，微小的流量变化也会引起较大的水头变化，具有很高的流量测量精度，是测量较小流量的理想堰型，本试验采用直角三角形薄壁堰（图 3-3）进行管道中不同流量的测量，测流特点是通过薄壁堰的水面宽度随水头变化而变化，直角三角形薄壁堰管道流量可通过式（3-1）及式（3-2）进行计算：

$$Q = C_0 H^{5/2} \tag{3-1}$$

$$C_0 = 1.354 + \frac{0.004}{H} + \left(0.14 + \frac{0.2}{\sqrt{P_1}}\right)\left(\frac{H}{B} - 0.09\right)^2 \tag{3-2}$$

式中：Q 为管道的过流量，m^3/s；C_0 为三角形薄壁堰的流量系数；H 为堰上水头，m；P_1 为堰口至堰底的距离，m；B 为堰宽，m。根据 Thompson 试验可知，当堰口夹角为 90°时，C_0 的近似值为 1.4。

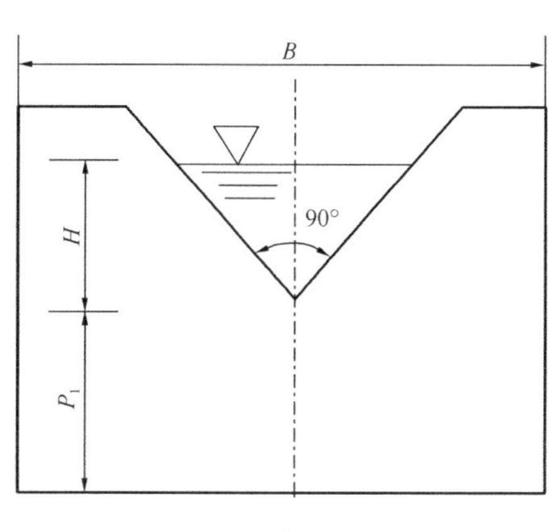

(a) 示意图

(b) 实物图

图 3-3　直角三角形薄壁堰

② 超声波流量计

本试验采用 TFXP 超声波流量计，信号采集设备及流量计如图 3-4 所示，该

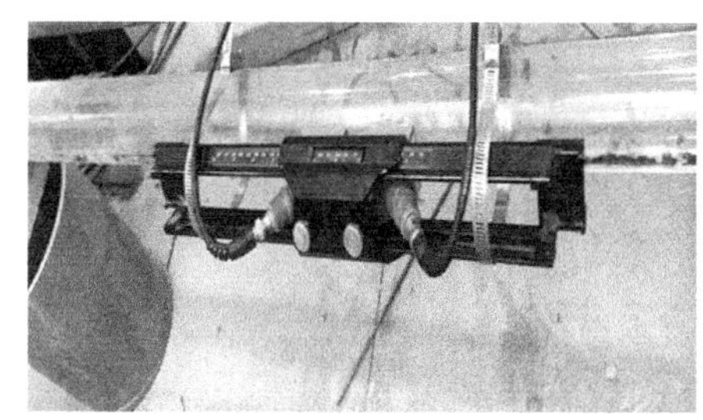
(a) 信号采集器

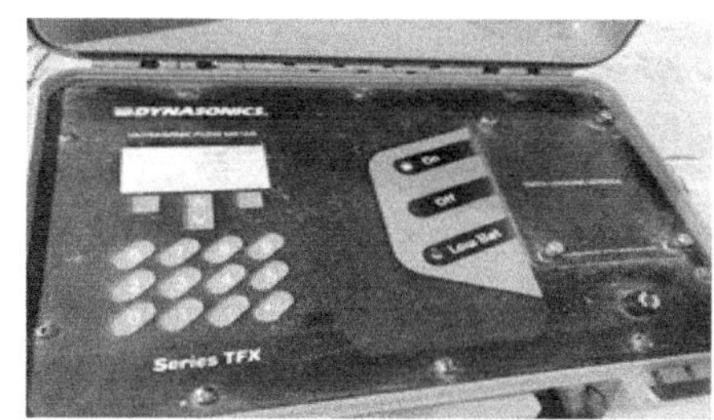

(b) 流量计

图 3-4　信号采集设备及超声波流量计

流量计实时采集界面和流量变化如图 3-5 所示。TFXP 超声波流量计的工作原理是采用两个换能器（图 3-4a）同时作为超声波发射器和接收器，彼此之间保持一定的距离，流量计在使用时可以交替地在两个换能器之间反射和接收调频脉冲声能量，并测量声音在两个换能器之间传播所需的时间间隔，根据所测时间的差值便可得到管内液体的流速。超声波流量计的优点是响应时间较短，本试验中选择响应时间为 1s，即可以实现 1s 采集一次管内的流量数据，同时可以实时监测管道内流量的大小，管内流量的变化过程可以通过采集系统连接电脑进行输出，实时流量变化采集界面如图 3-5（a）所示，可以根据实时流量变化趋势来判断管内流量是否稳定，采集后的流量值如图 3-5（b）所示，在 300s 内，管内流量基本不发生变化即认为趋于稳定，趋于稳定 30min 后进行流量的再次采集，若流量仍不发生改变，即认为流量达到稳定，可以进行试验。

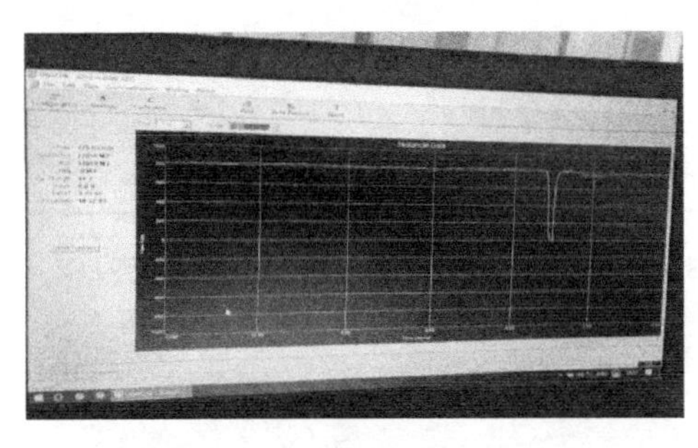

(a) 采集界面

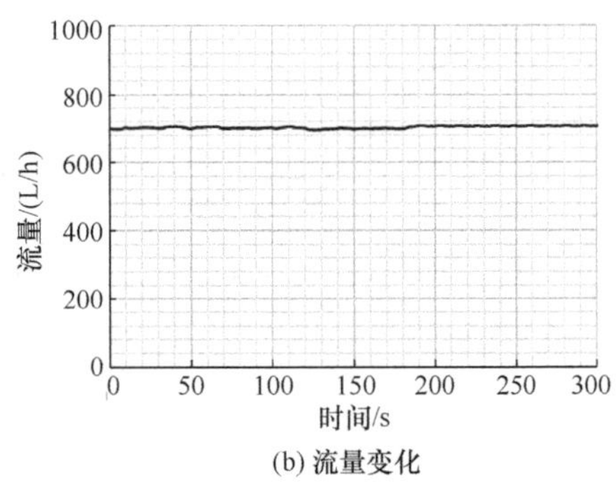

(b) 流量变化

图 3-5　超声波流量计实时流量变化

③ 称重法

称重法的原理是：单位时间内通过水体的体积即为水体流过管道的流量，计算公式见式（3-3），为了通过称重法测得管道的流量，需要得到水体的质量和所用的时间。本试验的称重及时间测量设备如图 3-6 所示，水体质量通过铁桶称

(a) 电子秤

(b) 铁桶

(c) 秒表

图 3-6　质量称重及时间测量设备

重，空桶质量 0.8kg，用高精度的称重电子秤来测量水体质量。为了确保所得到质量无误，用两个相同的电子秤进行质量测量，当两个秤所显示的质量相同时可以确认质量，电子器显示的质量减去空桶重量为最终水体的质量 m，水体通过的时间用高精度秒表进行测量，从水体开始流入铁桶时开始计时，当桶内水体流满时停止计时，得到的时间为采集时间 t，为了确定采集时间无误，用 2 个相同的高精度秒表同时测量时间，测得两个时间允许误差为±3%，若超过此误差则该组数据作废，重新量测。

$$Q=\frac{V}{t}=\frac{m}{\rho\cdot t} \tag{3-3}$$

式中：Q 为管道的过流量，m^3/s；V 为水体体积，m^3；t 为秒表采集时间，s；m 为水体质量，kg；ρ 为水的密度，为 $1000kg/m^3$。

（2）水锤压力的测量

本试验采用高精度动态压力传感器（型号：GYG1405F）进行管道压力的量测，在管道末端中线蝶阀前 0.5m 及 2m 位置各布置一个压力传感器。由于试验流速较小，最大流速下通过直接水锤公式计算得到直接水锤压力最大不超过 20m。为了留有安全裕量，压力传感器量程选择－10～40m 水头。压力传感器的精度等级为 0.5% F.S，频响为 20kHz，温度范围 0～50℃，压力传感器如图 3-7 所示。利用压力传感器进行管内压力的量测时，将压力传感器电阻片一端接入管道边壁使其刚好接触到水面，另一端口接入 Cras 数据监测采集系统（图 3-8）的相关通道中，将 Cras 数据采集箱（图 3-8a）与笔记本电脑连接后进行数据的采集，为了避免直流电源引起的电流噪声对压力传感器产生干扰，本试验选用特定

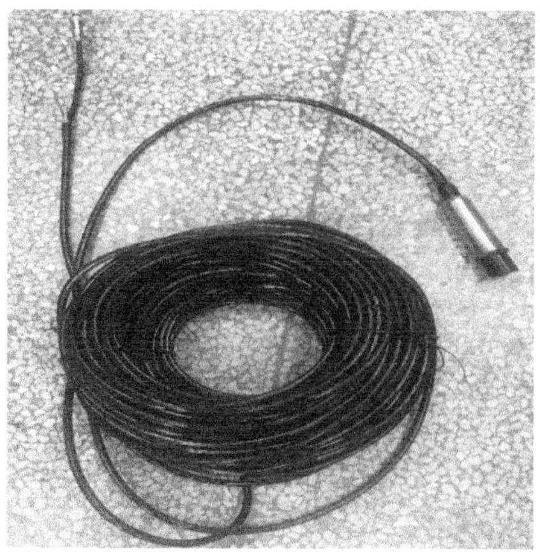

图 3-7　压力传感器

电池板（图 3-8b）进行供电，采集系统选择隔离直流电的选项。Cras 系统的参数设置界面及数据采集界面如图 3-9 所示。为了得到准确数据，参数设置采集频率设置为 25600s^{-1}，即每隔 0.039ms 便可采集 1 次数据，1s 内可采集 25600 次数据，试验中末端阀门瞬间关闭，时间较短，本试验中一组试验的采集时长设定为 6s。

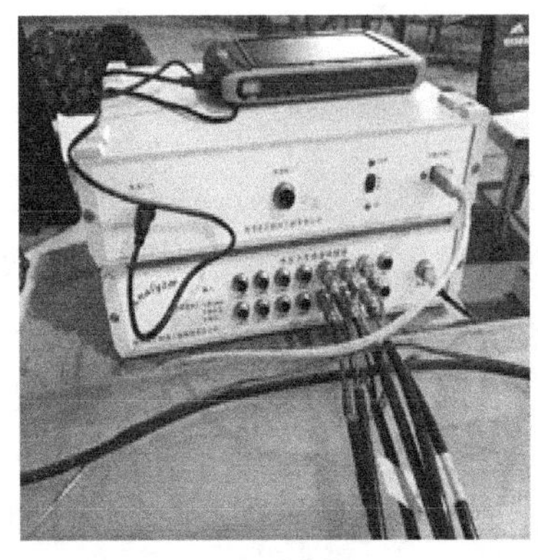

(a) 采集箱

(b) 电池板

图 3-8　Cras 数据监测采集系统

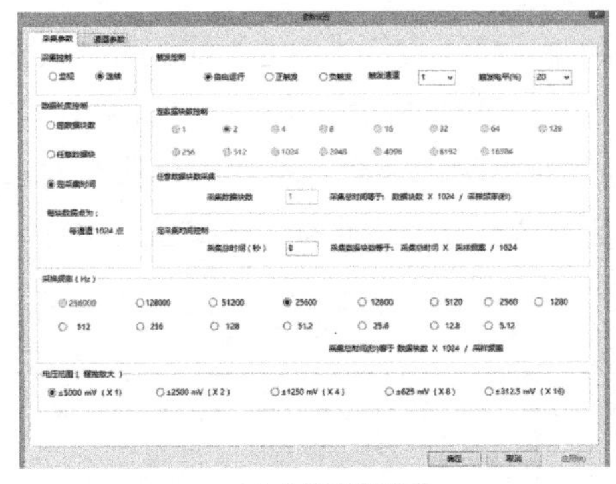

(a) 参数设置界面

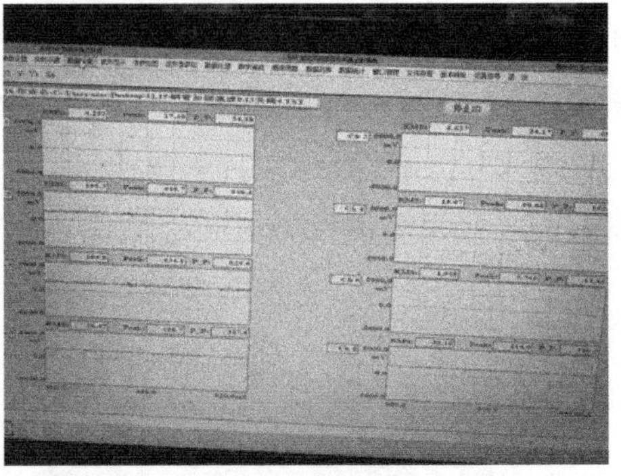

(b) 数据采集界面

图 3-9　Cras 数据采集系统界面

（3）关阀时间的测量

由于本次试验主要通过快速关阀来测量有机玻璃管内直接水锤压力的大小，所以关阀时间的测量对试验十分重要。阀门关闭方式可分为手动关阀和电动关阀，经调查可知，电动阀门关阀时间最快可以达到 0.1s（100ms）关阀，而对于直接水锤试验，要求阀门瞬时关闭，由水锤的基本理论可知，当阀门关闭时间

$T_c \leqslant 2L/a$ 时管道内会发生直接水锤现象，通过直接水锤公式计算得知阀门的关闭时间小于 0.12s 时管内才会产生直接水锤，显然电动阀门的关阀时间与直接水锤限定关阀时间太过接近，而本试验需要更短的关阀时间来验证黏弹性管道的直接水锤特性，电动阀门不适合本试验的使用，故只能采用手动关阀的方式进行关闭。由于关阀时间较短，很难使用摄像机及秒表等电子设备准确记录阀门的实际关闭时间，只能根据数据采集系统所采集的水锤压力数据进行关阀时间的读取，在阀门关闭瞬间直接水锤压力达到最大，故阀门关闭时间＝压力达到最大对应的时刻－压力开始升高点对应时刻，通过这种方式得到的阀门关闭时间为阀门有效的关阀时间 T'。任取一组试验数据如图 3-10 所示，从图中可读出该工况下阀门关闭时间为 t_2-t_1，一般称该时间为阀门有效关闭时间，但实际的阀门关闭时间应大于有效关闭时间，通过图可知阀门有效关闭时间远小于 120ms，在试验中手动关阀应尽可能快，避免有机玻璃管道中产生间接水锤。

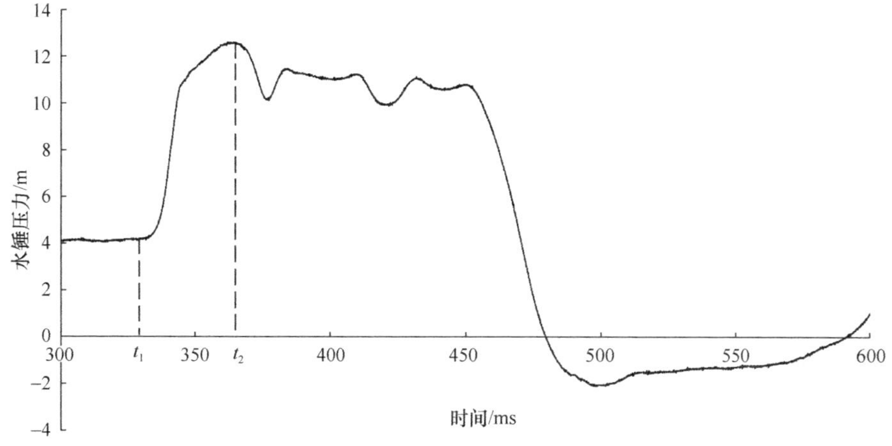

图 3-10 任一工况水锤压力实测数据

（4）波速的测量

当不同材质的管道发生水锤现象时，由于管道中管壁的弹性不同，管道内的波速大小并不相同，水锤波速与水体的弹性模量、管壁材料、管径、管壁厚度及承压方式有关，同一管道中计算的水锤波速应是固定不变的。在试验中也可以通过试验数据得到管道的水锤波速。值得一提的是，同一管道中流速相同情况下波速理论值应该相等，但对于试验而言同一种工况下的所测的波速值大小略有差别，不同波峰点的时间差不完全相同，所以应获取较多波峰顶点的时间差值取其平均值，本试验中实测波速 a' 的确定方法是：根据阀门关闭后产生的压力波动曲线任取5个连续波峰分别对应的时刻差值，这4个时间差值取平均值即为相邻的两个波峰之间的时间差，该时间差为水锤波的实测周期记为 T'，试验的实测波速计算公式见式（3-4），通过该式便可计算得到每组试验的实测波速。

$$a' = \frac{4L}{T'} \tag{3-4}$$

式中：a'为试验的实测波速；L 为管道长度，本试验上游到阀门处的长度为42.37m；T'为相邻波峰点之间的时间差。

3.1.2 试验方案

1. 试验工况

本次试验主要研究玻璃管道末端蝶阀快速关闭引起直接水锤的压力变化，分别在2个阀门不同开度（100%全开、30%开度）、6组不同流速（0.11～0.28m/s）下进行试验，每个开度及每组流速下至少做10次快速关阀试验，保证可用的试验总组数至少为120组。根据统计，实际可用试验组数为144组，具体试验工况如表3-2所示。

试验工况表 **表3-2**

阀门开度/%	管道流速/（m/s）	快速关阀次数
100%	0.110	11次
	0.147	12次
	0.183	10次
	0.216	13次
	0.247	11次
	0.283	12次
30%	0.110	15次
	0.147	14次
	0.183	12次
	0.216	11次
	0.247	11次
	0.283	12次

2. 试验步骤

（1）对管道进行充水排气

试验前，需要检查各个仪器连接是否到位，连接完毕后对管道进行充水排气，首先对上游水箱进行注水，未冲水前管道内含大量气体，充水过程中可打开水泵前安装的排气阀进行排气，直至上游水箱内的水位在水箱前端的管道之上，此时将排气阀关闭同时开启水泵电源，水泵开始从地下水库抽水至上游水箱。上游水箱内水位不断升高直至达到水箱内溢流堰板高度便开始溢流，经量测本试验设置的溢流堰高度为4.176m。当上游水箱内水体发生溢流后，将玻璃管道末端中线蝶阀及调流阀全部打开，不断开启关闭阀门直至管道内残留气体被全部排出。

（2）率定测量仪器

在确定上游水位达到溢流水位后，开始率定压力传感器及超声波流量计、量水堰等测量仪器。首先进行压力传感器的率定，将管道末端中线蝶阀及调压阀全部关闭，使管道中的水体为静止状态，此时通过水箱旁测压管读取上游水箱内水位，如图3-11所示，同时点击数据采集系统开始采集数据，提取所采集的数据并进行处理，对比数据采集系统所得到的压力值是否与测压管读取数据一致。若一致，说明压力传感器可以使用。为了保证试验精确，将上游水箱内的溢流板进行上下调节，调节至两个不同水位后重复上一操作。若三次压力传感器的采集结果都与对应测压管读数相同，则说明压力传感器一切正常，可以开始后续试验。压力传感器率定完成后开始进行流量计及三角形量水堰的率定，将上游水位调至最高水位后，将末端中线蝶阀全部打开，用调流阀调节流量，任意调节一组流量，待流量稳定后，读取超声波流量计上的读数，同时用三角形薄壁堰及称重法进行流量的测量。若所得到流量数据相同，调节下一组流量重复上述操作进行率定，若三次流量计读取的流量数据均与称重法及薄壁堰相同，说明流量仪器可以进行后续试验。以上压力测量仪器或流量测量仪器结果若偏差过大，应找出故障

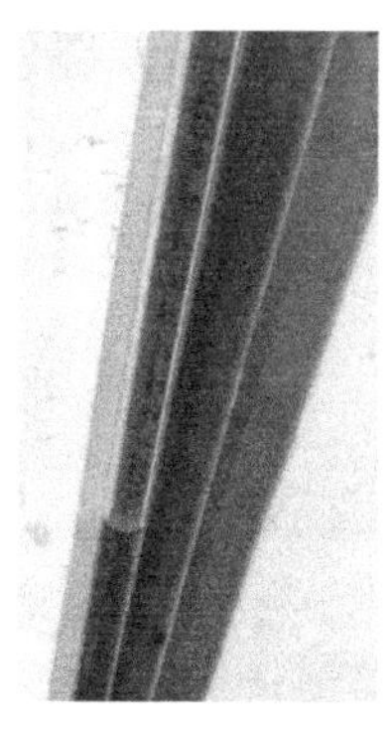
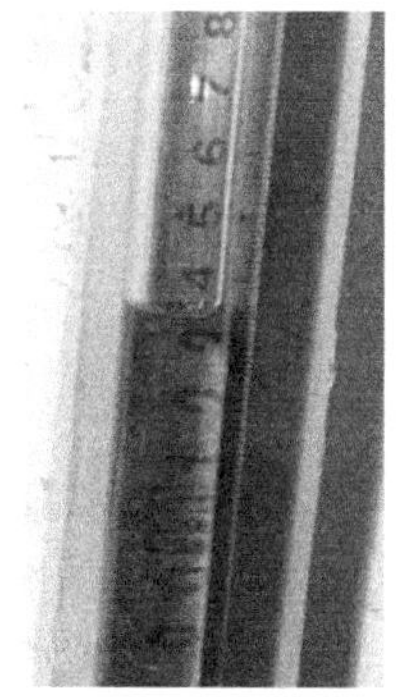

图3-11　测压管内水位

原因，直到所有仪器设备均率定合格后方可进行后续试验。

（3）目标流量的调节

当所有测量仪器率定完成后，开始调节试验需要的流量，调流时先确定管道末端中线蝶阀的开度，蝶阀开度确定好后再通过调流阀进行调流，调流过程中主要通过称重法快速量测需要的流量，若流速过大或过小需再次调节调流阀直至达到所需要的流量，流量确认后通过超声波流量计读数观测流量是否稳定，若超声波流量计 5min 内读数变化不大，视为将要稳定，在该流量停留 30min 后，通过三角形薄壁堰、称重法及超声波流量计同时测量流量，将该流量作为最终试验所需的流量，通过流量计算出最终所需流速大小。

（4）进行关阀试验

流量稳定后开始进行关阀试验，需要将管道末端的中线蝶阀进行快速关闭，关闭前一时刻需要在 Cras 数据采集系统界面设置参数并选择相应通道后进行水锤压力数据的采集，快速关阀工作与采集工作必须同步完成，由于采集时间有限，仅为 6s，过早或过晚采集将会丢失关阀过程的水锤压力变化数据，造成试验失败。

（5）数据后处理

数据采集完成后，得到该组流速关阀试验中阀门关阀过程产生的直接水锤压力、波速、周期、关阀时间等重要参数，将以上数据进行整理总结，分析数据得到结论。再将蝶阀打开，重新调节流量至相同流量重复以上的试验步骤就可完成相同流速下的第二组关阀试验，每个相同流速下重复完成至少 10 组有效的关阀试验后，再开始调节不同的流速及阀门开度并重复以上的试验步骤。

3.2 阀门关闭时间对直接水锤压力的影响

本节将阀门在不同关闭时间下所产生的直接水锤压力大小进行对比，来验证黏弹性管道中所产生的水锤压力是否与传统的直接水锤理论存在差异，进一步说明直接水锤基本理论是否适用于黏弹性管道。

3.2.1 试验结果

有机玻璃管直接水锤试验需要在不同流速下进行压力的量测，为了保证管道内水流为充分湍流，要求雷诺数大于 4000，反推得到试验管道中流速最低为 0.105m/s，所以试验的最低流速定为 0.11m/s。试验过程中发现，当管道流速调至 0.29m/s 时，快速关阀可以看到管内有一团小气泡析出，管内发生液柱分离现象，为避免管道负压达到汽化压力以下，所以本试验确定的流速范围为 0.11～0.29m/s，在该范围内选择 6 组流速，分别为 0.110m/s、0.147m/s、0.183m/s、0.216m/s、0.247m/s、0.283m/s，进行直接水锤相关试验。

$$V=\frac{\nu Re}{d}=\frac{1.306\times10^{-6}\times4000}{0.05}\approx0.105\text{m/s} \tag{3-5}$$

式中：Re 为雷诺数；V 为管道流速，m/s；d 为管道直径，本试验中 $d=0.05$m；ν 为水的运动黏滞系数，取 $1.306\times10^{-6}\text{m}^2/\text{s}$。

1. 直接水锤压力变化

通过试验测量了 6 组不同流速（0.11m/s、0.147m/s、0.183m/s、0.216m/s、0.247m/s、0.283m/s）下管道末端阀门初始状态由全开快速关阀时直接水锤压力大小，具体的试验步骤及试验方法已在第 3.1 节进行了详细介绍。本次快速关阀试验中使用的阀门为中线蝶阀，蝶阀用内部的圆形蝶板作为启闭元件进行调流，阀门从全开到全关的变化如图 3-12 所示，阀门全开时（图 3-12a、c），阀门手柄与管中心线平行，旋转角度为 90°；阀门全关时（图 3-12b、d），手柄与管中心

(a) 全开侧视图

(b) 全关侧视图

(c) 全开俯视图

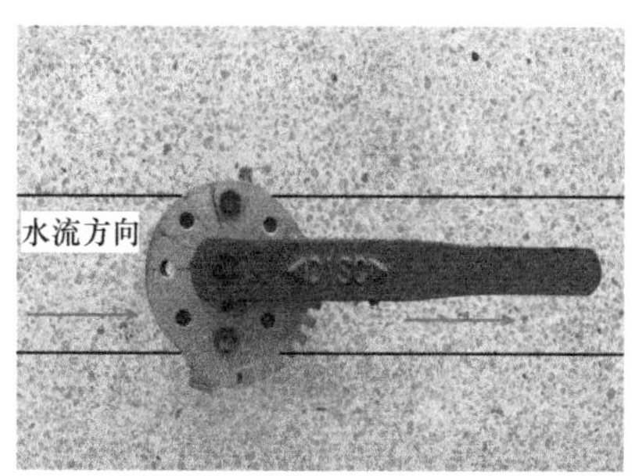

(d) 全关俯视图

图 3-12　阀门全开及全关示意图

线垂直，旋转角度为 0°；阀门状态从全关到全开时，蝶板旋转角度从 0°旋转到 90°，手柄旋转路径为 90°。试验中每组流速下完成关阀至少 10 次，且保证最慢关阀时间满足直接水锤的关阀时间，前 5 次关阀时速度均以最快速度进行关阀，并将前 5 次关阀的直接水锤压力变化曲线进行对比，5 组数据的波形和极值需要基本一致以满足试验的重复性规律，进一步说明试验结果的可信度。后 5 次关阀在满足直接水锤关阀时间的范围内稍微放慢，后 5 组与前 5 组的关阀时间必然存在差异，将不同关阀时间下有机玻璃管中直接水锤压力的变化过程进行对比，进一步说明关阀时间对直接水锤压力的影响。下面，主要讨论不同流速下阀门迅速关闭时有机玻璃管道产生直接水锤压力随时间的变化趋势。

三组不同流速（0.11m/s、0.183m/s、0.247m/s）下，快速关阀时 2 个压力传感器采集的水锤压力波动随时间的变化如图 3-13～图 3-15 所示，其余三组流速的压力变化趋势与图 3-13～图 3-15 一致，囿于篇幅，不再赘述。其中 1 号传感器布置在蝶阀前 2m 处，2 号传感器布置在蝶阀前 0.5m 处，图 3-13～图 3-15中图（a）为快速关阀时压力实测值与理论值的对比，图（b）为图（a）的第一波升压的局部放大图，是为了清晰看出 1 号传感器和 2 号传感器的实测压力值的大小能否满足直接水锤的衰减趋势。由图 3-13～图 3-15 可知，不同流速下水锤波随时间变化的趋势一致。由于水体能量的损失，随着时间的增长，在水锤波传播的过程中，水锤压力的大小会产生迅速的衰减，波峰及波谷处水锤压力的实测值逐渐减小。下面以流速 0.11m/s（图 3-13a）为例分析水锤波的衰减过程：当 t=14ms 时，压力值从 4.15m 上升，此时阀门开始关闭，紧靠阀门的一层流体速度突然变为 0m/s，水体受到压缩，密度增大，管道管壁发生膨胀，此时管道中水体的动能全部转换为压能，压强增大，紧接着下一层的液体相继停止流动，并且以波速向上游水箱传播，该压力波使压力增大，传播方向与水流恒定流时的方向相反，为增压顺波，压力逐渐增大并在 55ms 时（半个相长）压力达到最大为 12.72m，此时阀门完全关闭，管内的水体全部静止，管内压力比上游水箱的静水压力增高了 8.57m，此时压力的升高值为水锤传播过程中的最大升压值。由于压强的存在，当 t>55ms 时水锤波以减压顺波的方式向阀门处传递，到 t=156ms 时，此时管内压力值变回为 4.15m，恢复到水锤发生前的压力值，水锤波在管道中已经往返了一次，经历了一个相长。当 t>156ms 时，由于惯性存在，管道的水体又向上游倒流，但阀门关闭，没有更多的水流补给，导致紧挨阀门的流体被迫停止流动，水锤波从阀门处反射，以减压逆波的形式，从阀门向上游水箱传播，管道内压力下降。在 t=187ms 时，减压波传递到上游水库，水体全部静止，此时管道压力降低，负压值达到最大值 2.33m，管内压力比上游水箱处压力减小了 6.48m。当 $t>187$ms 时，由于管内压强要低于上游水库的压强，在压强差的作用下，水锤波又从上游水库反射到下游阀门，为增压顺波，管道中的负压自上游水库向阀门处消除，压力波所到之处的压力变回未发生水锤前的 4.15m，当 $t=299$ms 时，管道内的水体和管壁都恢复到了水锤发生前的正常状态。经过了水锤波从阀门→上游水库，再从水库→阀门一共往返了 2 次，从图中可知，这一过程从 14ms 到 298ms，经历的 284ms（0.284s）就是水锤波的一个周期，水锤波的相长为 142ms（0.142s）。水锤波经历了一个周期后还会继续经历下一个周期，每个周期都会重复上述的水锤传播的全过程，由于阻力会引起能量损失和压力下降，水锤波的波峰或波谷的压力值会不断减小，呈现收敛的趋势，最终水锤波的压力值趋于上库水压力，不再发生水锤波的传播。

此外，虽然在三组流速下的产生的首相内的最大波形处波的形状一致，但可以看出第一波最大水锤波形与钢管、铜管等线弹性管道中的水锤波波形不一致，在钢管及铜管的直接水锤试验中，第一波波形为方正的矩形波，而本试验中有机玻璃管的波形是先产生一个较大凸起的尖点后又产生下降至近似平端，第一波负压的波形与第一波正压波形形状相似，由正压波反射得到，是否因管道材料引起直接水锤压力波形发生改变？这一问题的解释将在第 3.2.2 节后试验结果的分析中进行讨论。

通过图 3-13～图 3-15 可知，随着流速的增大，水锤波的实测升压极值逐渐增大，从流速 0.11m/s→0.183m/s→0.247m/s，1 号传感器的水锤压力最大上升值 ΔH 由 8.16m→13.55m→17.84m，2 号传感器的 ΔH 由 8.58m→14.06m→18.48m。此外还可发现，三组流速下 2 号传感器的最大升压值 ΔH 均大于 1 号传感器的升压值，当流速 $V=0.11$m/s 时，2 号压力传感器升压值比 1 号大了

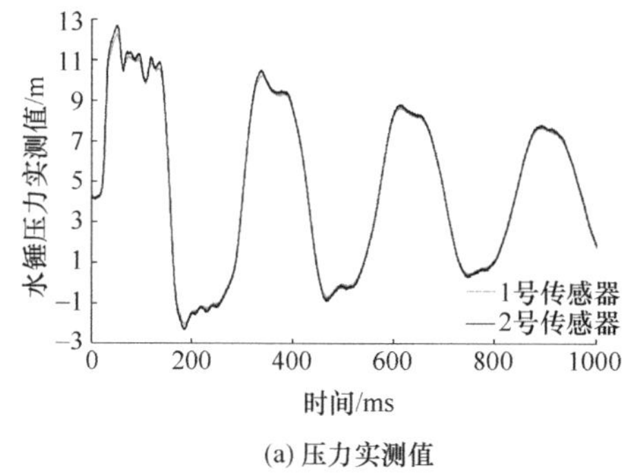

(a) 压力实测值

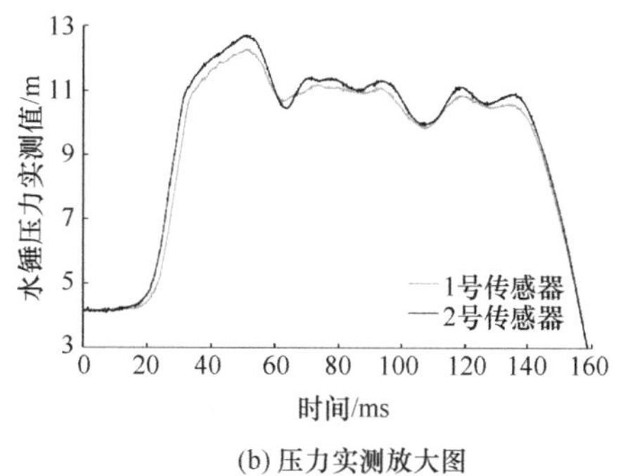

(b) 压力实测放大图

图 3-13 流速为 0.11m/s 时水锤压力随时间的变化

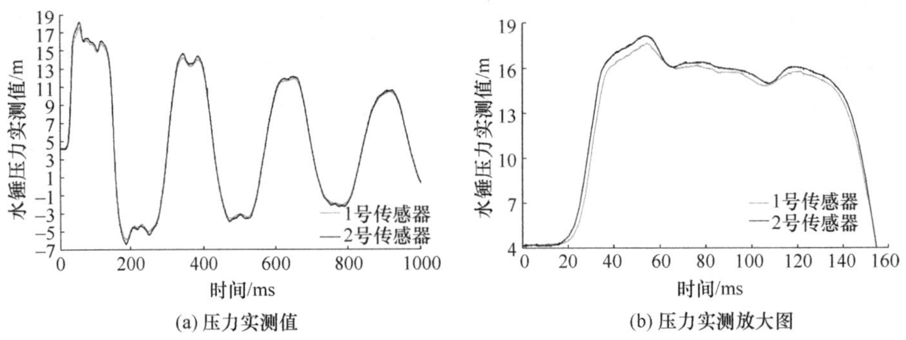

图 3-14　流速为 0.183m/s 时水锤压力随时间的变化

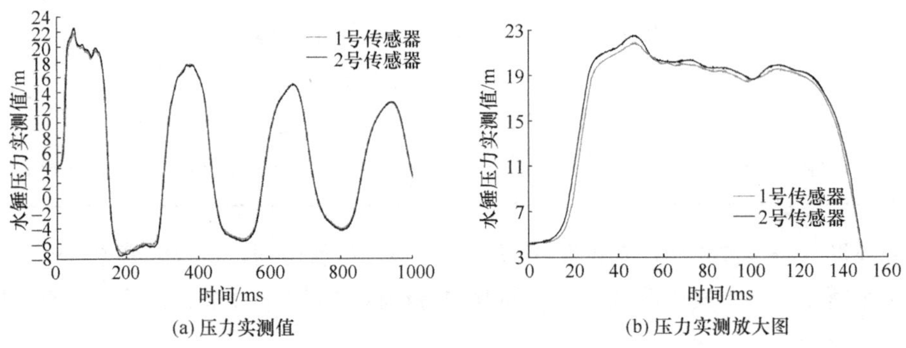

图 3-15　流速为 0.247m/s 时水锤压力随时间的变化

0.42m；当 V=0.183m/s 时，2 号压力传感器升压值比 1 号大了 0.51m；当 V=0.247m/s 时，2 号压力传感器升压值比 1 号大了 0.64m。当管道末端的蝶阀突然关闭时，水锤波从距离阀门最近的水体处逐渐一层层向上游传播，在第一个相长内，由于 2 号传感器距离阀门较近，增压逆波先传到 2 号传感器再后传到 1 号传感器，所以 2 号传感器的最大升压值要大于 1 号传感器，且 2 号传感器测得的水锤波周期要稍小于 1 号传感器。

通过图 3-13～图 3-15 的放大图还可以看出，在不同流速下，1 号传感器和 2 号传感器的初始值大小相差不大，1 号传感器的初始值要稍大于 2 号传感器，为了验证压力传感器所测得的不同流速下初始水头是否正确，分别计算了不同流速下理论上水头损失的大小，跟传感器初始压力的实测值进行对比，进而对压力传感器的精度进行验证。由于本试验所用的有机玻璃管道内壁光滑，且管道内压力传感器前未设置阻力元件，管道过流断面未发生突然扩大或者突然缩小，所以管道中的局部阻力 h_j 可以忽略不计，管道中的水头损失仅 h_w 为沿程水头损失 h_f。

均匀流中沿程水头损失的计算可根据谢才公式求得，谢才公式见式（3-6）。

$$v = C\sqrt{RJ} \tag{3-6}$$

由水力坡度 J 的定义可知，水力坡度的计算见式（3-7），谢才公式又可写为式（3-8），其中谢才系数可根据曼宁公式［式（3-9）］求得：

$$J = \frac{h_{\mathrm{f}}}{L} \tag{3-7}$$

$$h_{\mathrm{f}} = \frac{V^2}{C^2 R} L \tag{3-8}$$

$$C = \frac{1}{n} R^{1/6} \tag{3-9}$$

式中：V 为过流断面的平均流速，m/s；C 为谢才系数，$\mathrm{m^{1/2}/s}$；R 为水力半径，m；J 为水力坡度；h_{f}为沿程阻力系数；n 为糙率，本试验中有机玻璃管的糙率为 0.009。

根据式（3-8）及式（3-9）可分别求解得到不同流速上游水箱至 1 号压力传感器及 2 号压力传感器的水头损失，上游水库的水头与对应流速下传感器水头损失的差值即为压力传感器在该流速下初始时刻的水头，为了解压力传感器所测得的关阀前（稳态）时的压力是否正确，将初始压力的理论计算值与试验实测值汇总于表 3-3 中。由表可知，随着流速不断增大，沿程阻力逐渐增大，由于管道长度较短，计算得到的水头损失值较小，最大流速下水头损失值仅为 9cm。当流速不变时，1 号压力传感器及 2 号压力传感器之间的水头损失更小，当流速最大为 0.283m/s 时，计算得到的 1 号和 2 号传感器水头损失仅为 5mm，由于 1 号及 2 号传感器的距离仅为 1.5m，距离很短，二者之间的水头损失可忽略不计。当流速为 0.11m/s 时，1 号理论和实测误差值仅为 0.07%，2 号理论和实测误差值仅为 0.10%，在流速 0.283m/s 时，1 号误差值为 1.26%，2 号误差值为 1.97%。2 个传感器的实测值的初始压力均小于理论值，说明试验过程中实际产生的水头损失比理论计算值稍大，理论计算时认为管道内壁完全光滑，糙率值 n=0.09 恒定不变，但在实际试验过程中，由于管道放置时间较长，可能存在极少量水体内的杂质附着在管道内壁中，导致管道的糙率稍微增大，使沿程水头损失稍大于理论计算值，进而导致传感器实测的初始压力小于理论值。由表可知，理论和实测的初始压力误差值很小，1 号传感器二者最大相差 0.051m，2 号传感器最大相差 0.079m。通过以上分析可知，实测得到的 1 号传感器和 2 号传感器的初始压力与理论计算十分接近，二者误差较小，进一步说明 1 号及 2 号传感器的测量结果是精准可信的。

不同流速下 1 号及 2 号传感器沿程阻力及初始水位大小　　表 3-3

项目	流速/(m/s)					
	0.11	0.147	0.183	0.216	0.247	0.283
h_{f1}/m	0.014	0.024	0.038	0.052	0.068	0.090
h_{f2}/m	0.014	0.026	0.040	0.055	0.072	0.095
$h_{f,1\text{-}2}$/m	0.0007	0.0013	0.0021	0.0029	0.0037	0.0050
H_1（理论）/m	4.162	4.152	4.138	4.124	4.108	4.086
H_1（实测）/m	4.159	4.137	4.109	4.099	4.085	4.035
误差 1	0.07%	0.36%	0.71%	0.61%	0.56%	1.26%
H_2（理论）/m	4.162	4.150	4.136	4.121	4.104	4.081
H_2（实测）/m	4.158	4.134	4.105	4.065	4.046	4.002
误差 2	0.10%	0.39%	0.76%	1.38%	1.43%	1.97%

备注：h_{f1}为计算得到的上游水箱至 1 号传感器的水头损失；h_{f2}为计算得到的上游水箱至 2 号传感器的水头损失；$h_{f,1\text{-}2}$为计算得到的 1 号传感器至 2 号传感器之间的水头损失；H_1（理论）为理论计算的 1 号压力传感器的初始压力；H_1（实测）为通过压力传感器实测出的 1 号传感器的初始压力；误差 1 为 1 号传感器的初始压力实测值与理论值的相对误差；H_2（理论）为理论计算的 2 号压力传感器的初始压力；H_2（实测）为通过压力传感器实测出的 1 号传感器的初始压力；误差 2 为 2 号传感器的初始压力实测值与理论值的相对误差。

以上试验结果中主要对有机玻璃管内发生直接水锤时的水锤波的压力变化趋势和衰减过程进行了分析，并对 1 号传感器及 2 号传感器的水锤压力及初值大小进行了对比。通过以上分析，对有机玻璃管内产生的直接水锤压力变化有了初步认识，下面主要对不同流速下水锤压力的实测值与直接水锤公式理论计算值进行对比，进一步验证直接水锤公式是否满足有机玻璃管等黏弹性管道直接水锤压力的计算，在此基础上对每组流速下的试验结果进行重复性验证。6 组不同流速（0.11m/s、0.147m/s、0.183m/s、0.216m/s、0.247m/s、0.283m/s）下阀门前端 0.5m 处的 2 号压力传感器所测得的直接水锤压力值与公式计算所得理论值的关系如图 3-16～图 3-21 所示，选每组流速下前 5 次迅速关阀的直接水锤压力变化曲线中的任意三组进行对比，三组数据的波形和极值大小基本一致，说明试验满足重复性规律。不同流速下水锤压力的理论值由直接水锤基本公式计算，有机玻璃管理论波速按 637m/s 进行计算，不同流速下直接水锤理论升压值 ΔH 的大小如表 3-4 所示，随着流速的增大，水锤压力理论升压值逐渐增大，本试验中最小流速 0.110m/s 对应的理论升压值为 7.14m，最大流速 0.283m/s 时理论升压可达到 18.44m。

不同流速下直接水锤理论升压值 ΔH 的大小　　　　**表 3-4**

流速/（m/s）	0.110	0.147	0.183	0.216	0.247	0.283
ΔH/m	7.14	9.55	11.88	14.03	16.04	18.44

由图 3-16～图 3-21 可知，当流速不变时，各流速下图中所示的任意三组最快速度关阀所测得的直接水锤压力曲线吻合程度较高，三组阀门快关数据在多个传播周期中各点处的压力值大小基本一致，水锤波形状基本重合，水锤波的传播周期也相同，每组流速下的最快关阀试验满足试验重复性验证，可以证明试验结果是可靠的。由图 3-16～图 3-21 中的图（a）可看出，各个流速下实测压力的最大压力值均大于直接水锤公式所计算的理论压力值，且均是在首个波峰处超出理论计算值。为了更明显地比较直接水锤实测值与理论计算值的大小，将首个相长内的水锤压力变化图绘制在图 3-16～图 3-21 中的图（b）中，由图可知，三组试验中首相时长内的最高压力值均超过理论压力值，且超出压力值较大。由图 3-16～图 3-21 中图（b）可看出，三组试验中的最大压力值大小基本一致，存在细微差距，主要是因为虽然都是以最快的速度关阀，但是关阀过程受手动因素的影响，无法精确保证关阀时间以及施加到阀门上的力一模一样，所以不同组数快速关阀所测得的压力值存在较小偏差。由图 3-16（b）可知，当流速为 0.11m/s 时，第 1 组压力最大值为 12.64m，第 3 组压力最大值为 12.73m，第 4 组压力最大值为 12.73m，该流速下初始水头为 4.16m，水锤升压值应为最大压力值与初始水头之差，则第 1 组实测升压为 8.48m，第 3 组实测升压为 8.57m，第 4 组实测升压为 8.57m；通过计算，理论压力上升值为 7.14m，第 3 组实测数

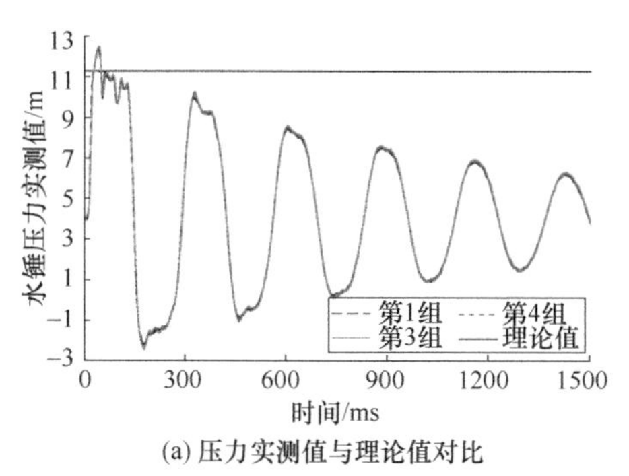

(a) 压力实测值与理论值对比

(b) 首个相长内水锤压力变化

图 3-16　流速 0.11m/s 时水锤压力实测压力与理论值对比

据中最大升压比理论升压最大高了 1.43m；当流速为 0.147m/s（图 3-17b），理论升压为 9.55m，实测升压分别大于理论升压 1.82m、1.85m、1.83m；当流速为 0.183m/s（图 3-18b）时，理论升压为 11.88m，3 组数据实测升压超过理论升压 2.25m、2.09m、2.24m；当流速为 0.216m/s（图 3-19b）时，理论升压为 14.03m，3 组数据实测的升压大于理论值 2.20m、2.21m、2.34m；当流速为 0.247m/s（图 3-20b）时，3 组数据下实测的升压大于理论值 2.44m、2.35m、2.38m。当流速为 0.283m/s（图 3-21b）时，3 组关阀数据下实测压力上升大于理论值 2.75m、2.92m、3.02m。通过以上 6 组不同流速下直接水锤压力实测升压值与公式计算升压值的结果对比，进一步说明了直接水锤公式计算得到的水锤压力与有机玻璃管实测的直接水锤压力大小不符，且计算得到的水锤压力值小于实测水锤压力值，说明直接水锤公式计算的结果偏安全，已经不适用于有机玻璃管中直接水锤压力的计算。

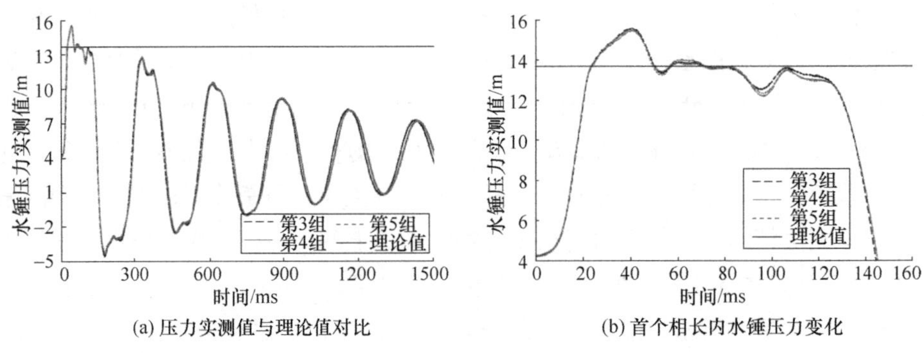

图 3-17　流速 0.147m/s 时水锤压力实测压力与理论值对比

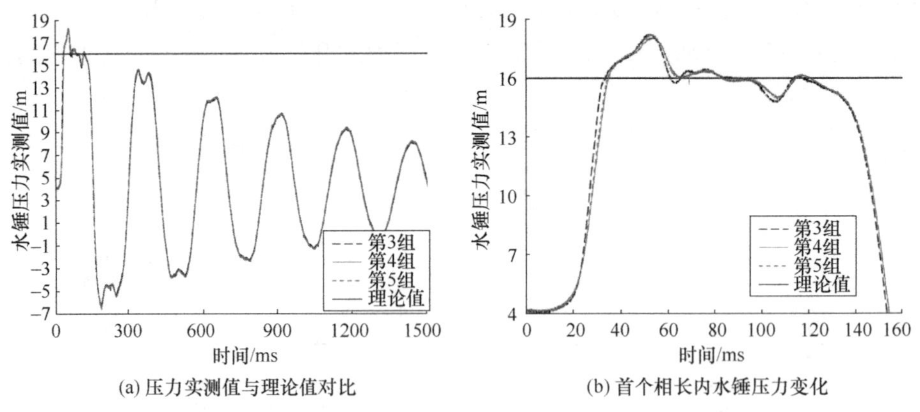

图 3-18　流速 0.183m/s 时水锤压力实测压力与理论值对比

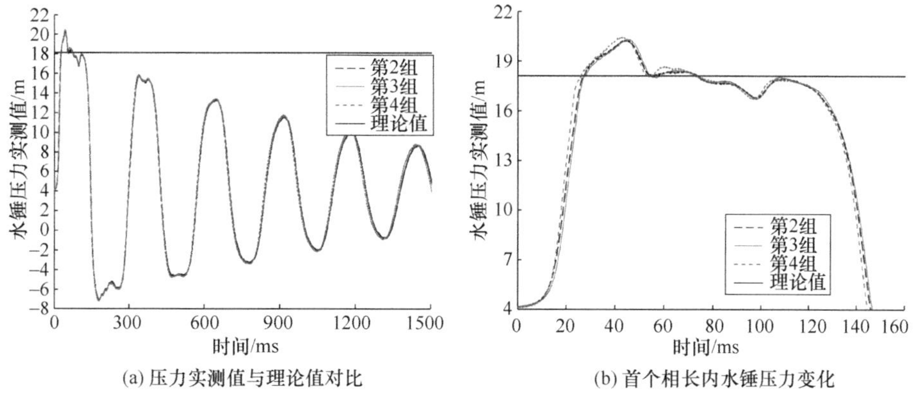

(a) 压力实测值与理论值对比　　(b) 首个相长内水锤压力变化

图 3-19　流速 0.216m/s 时水锤压力实测压力与理论值对比

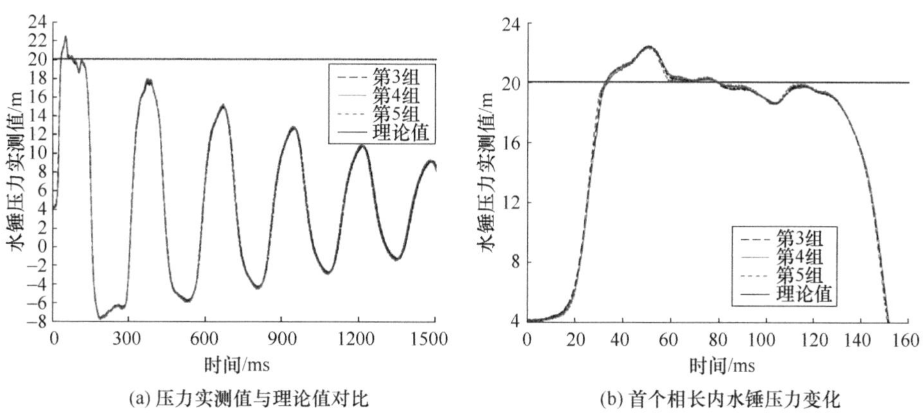

(a) 压力实测值与理论值对比　　(b) 首个相长内水锤压力变化

图 3-20　流速 0.247m/s 时水锤压力实测压力与理论值对比

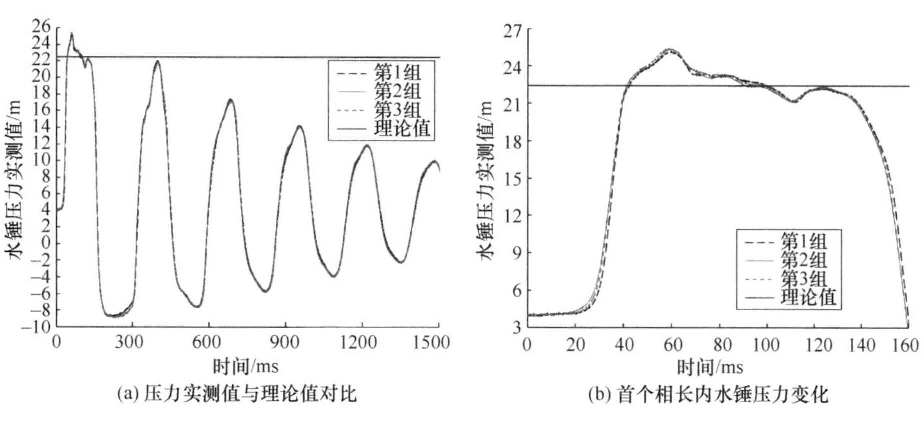

(a) 压力实测值与理论值对比　　(b) 首个相长内水锤压力变化

图 3-21　流速 0.283m/s 时水锤压力实测压力与理论值对比

为了进一步量化不同流速下阀门全开时快速关阀产生的直接水锤实际升压与理论升压的大小关系，将 6 组流速下的前 5 组快速关阀的水锤压力结果统计于表 3-5中。由表可知，表中每一组数据的水锤压力的理论升压均小于实测升压，当管道流速为 0.11m/s 时，实测升压比理论值超出 18%～21%，最大实测升压超过理论值 20.17%；以上数据说明有机玻璃管中实测直接水锤压力最大升压大于理论值升压，实测升压与理论升压相差较大，流速为 0.11～0.283m/s 时实测升压比理论升压超出 13%～22%，根据茹科夫斯基公式计算得到的水锤压力已经不能满足有机玻璃管中直接水锤压力的计算。由表 3-5 还可看出，实测波速与理论计算得到的波速 637m/s 较为接近，实测与理论升压百分比也较为接近，说明试验结果能够重复，满足试验重复验证的要求。

不同流速下实测升压与理论升压的对比 **表 3-5**

平均流速/(m/s)	编号	实测流速/(m/s)	关阀时间/ms	周期/s	实测波速/(m/s)	理论最大升压/m	实测最大升压/m	实测与理论升压差/m	超出百分比/%
0.11	1-1	0.110	41	0.27	619.4	7.14	8.48	1.34	18.77
	1-2	0.110	42	0.27	627.7	7.14	8.46	1.32	18.49
	1-3	0.111	38	0.26	636.2	7.14	8.58	1.44	20.17
	1-4	0.110	40	0.27	631.9	7.14	8.57	1.43	20.03
	1-5	0.110	41	0.26	637.1	7.14	8.44	1.30	18.21
0.147	2-1	0.145	37	0.27	623.1	9.55	11.56	2.01	21.05
	2-2	0.147	40	0.27	626.0	9.55	11.49	1.94	20.31
	2-3	0.148	40	0.27	622.5	9.55	11.48	1.93	20.21
	2-4	0.147	44	0.27	619.7	9.55	11.36	1.81	18.95
	2-5	0.147	45	0.27	620.2	9.55	11.39	1.84	19.27
0.183	3-1	0.180	43	0.27	637.1	11.88	13.83	1.95	16.41
	3-2	0.182	44	0.27	635.0	11.88	13.92	2.04	17.17
	3-3	0.183	42	0.26	638.1	11.88	14.13	2.25	18.94
	3-4	0.183	46	0.27	629.1	11.88	13.97	2.09	17.59
	3-5	0.184	42	0.26	638.6	11.88	14.12	2.24	18.86
0.216	4-1	0.216	46	0.27	636.5	14.03	15.95	1.92	13.68
	4-2	0.217	43	0.26	642.6	14.03	16.22	2.19	15.61
	4-3	0.219	43	0.26	640.2	14.03	16.23	2.20	15.68
	4-4	0.216	40	0.26	642.6	14.03	16.37	2.34	16.68
	4-5	0.215	42	0.26	642.6	14.03	16.32	2.29	16.32

续表

平均流速/(m/s)	编号	实测流速/(m/s)	关阀时间/ms	周期/s	实测波速/(m/s)	理论最大升压/m	实测最大升压/m	实测与理论升压差/m	超出百分比/%
0.247	5-1	0.249	46	0.27	620.8	16.04	18.57	2.53	15.77
	5-2	0.247	48	0.27	620.4	16.04	18.21	2.17	13.53
	5-3	0.247	46	0.27	621.4	16.04	18.48	2.44	15.21
	5-4	0.247	47	0.27	627.1	16.04	18.39	2.35	14.65
	5-5	0.247	47	0.27	627.1	16.04	18.41	2.37	14.78
0.283	6-1	0.283	44	0.27	635.9	18.44	21.19	2.75	14.91
	6-2	0.283	45	0.26	640.2	18.44	21.36	2.92	15.84
	6-3	0.281	43	0.26	644.4	18.44	21.46	3.02	16.38
	6-4	0.282	43	0.26	642.6	18.44	21.44	3.00	16.27
	6-5	0.283	44	0.26	642.6	18.44	21.36	2.92	15.84

备注：编号的第1个数字代表流速的组数，第2个数字代表关阀组数。例：1-5表示第1组流速下的第5次关阀。

2. 关阀时间对直接水锤压力的影响

由直接水锤计算公式可知水锤压力上升值的大小与管道中的波速 a、流速的变化量 ΔV 及重力加速度 g 有关，在相同管道下认为波速 a 保持恒定，那么当管道流速不变时，只要阀门的关闭时间 $T_c<2L/a$，每次关阀所测得的水锤压力大小应该相等，直接水锤压力的大小与关阀时间无关。但通过上节直接水锤压力的试验结果可知，在阀门快速关阀时实测的水锤压力上升值要大于直接水锤公式计算得到的压力上升值，且实测升压最高超过理论升压为21.05%，说明传统的直接水锤公式已经不适用于有机玻璃管等黏弹性管道直接水锤的计算。那么阀门的关闭时间是否会影响有机玻璃管中水锤压力的上升？是否关阀越快，直接水锤压力上升越大？为了得到关阀时间对直接水锤压力的影响，在以上6组不同流速前5组快速关阀的基础上，又在各个流速下补充了至少5组较慢速度的关阀，但关阀时间仍然满足直接水锤关阀时间的要求。

将6组不同流速下后几组关阀时间较慢的试验数据与前5组快速关阀时的数据进行对比。由于关阀时间必须小于0.12s管内才会产生直接水锤，所以“较慢关阀”是一个相对的概念，其实实际关阀速度仍然很快，而手动快速关阀无法很好控制关阀速度，故无法做到各组关阀时间差别较大，大部分水锤压力曲线量测的关阀时间较为接近。在每组流速下所有关阀数据中选择3组具有明显差异的水锤压力曲线进行对比，图 3-22 为流速 V＝0.11m/s 时不同关阀时间下多个周期水锤压力的变化，由图可知，不同关阀时间内的水锤压力大小并不相同，且传播周期也存在差异，关阀时间越短，水锤传播周期越短，直接水锤压力升压越大。由于直接水锤的最大压力出现在关阀结束终了时刻，即在首个相长内，为了明显比较关阀时间与升压极值的关系，仅画出不同流速下首个相长内关阀时间与水锤压力的关系，如图 3-23 所示。

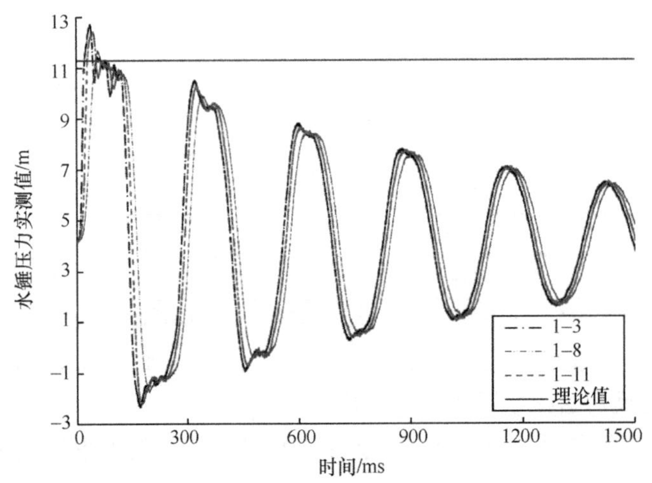

图 3-22　流速 0.11m/s 多个周期不同关阀时间下多周期水锤压力对比

如图 3-23（a）可知，流速 0.11m/s 下编号 1-3 工况关阀时间为 38ms 时最大水锤压力，为 12.73m；编号 1-8 工况关阀时间为 60ms，水锤压力最大值为 11.70m；编号 1-11 工况关阀时间为 46ms，压力最大值为 12.42m。随着关阀时间从 38ms 增大到 46ms 再增大到 60ms，水锤波传播周期从 0.266s 增大到 0.269s 再增大到 0.272s，水锤压力极大值从 12.73m 减小到 12.42m 再减小到 11.70m，三组水锤压力极大值均大于理论压力值 11.29m。关阀时间越长，直接水锤压力值越小，传播周期越长。由图 3-23（b）可知，流速为 0.147m/s 时，关阀时间从 37ms→40ms→46ms，水锤压力极值由 15.69m→15.43m→14.78m，关阀时间增大了 9ms，水锤压力降低了 0.91m；当流速为 0.183m/s 时，由图 3-23（c）可知，关阀时间由 42ms→51ms→65ms 时，直接水锤最大压力由 18.23m→17.71m→17.26m，关阀时间增长了 23ms，水锤压力降低了近 1m，说明关阀时间对水锤压力的影响不可忽略。当流速为 0.216m/s 时，三组关阀时间分别是 40ms、46ms 及 44ms，压力极大值分别为 20.44m、20.01m 及 20.10m，

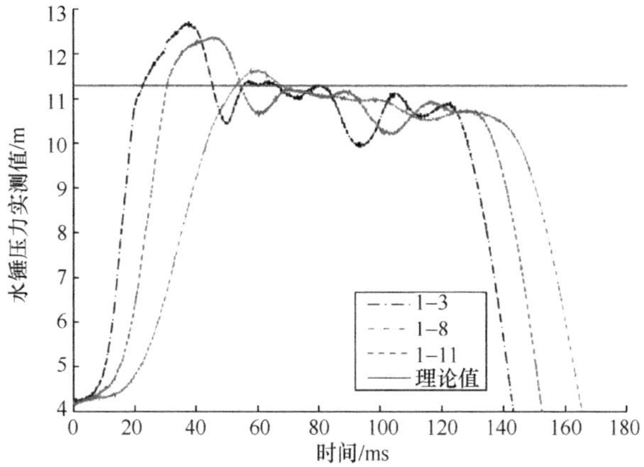

(a) V=0.110m/s

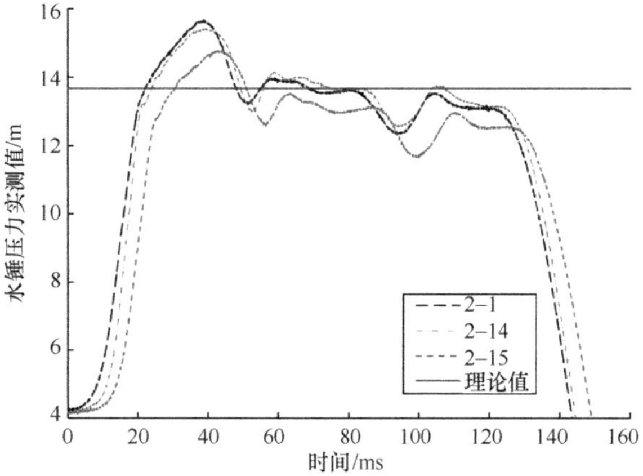

(b) V=0.147m/s

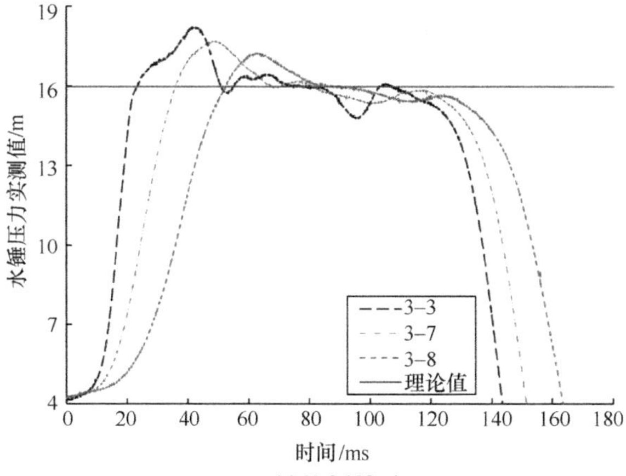

(c) V=0.183m/s

图 3-23　不同流速下首相内关阀时间下水锤压力的对比（一）

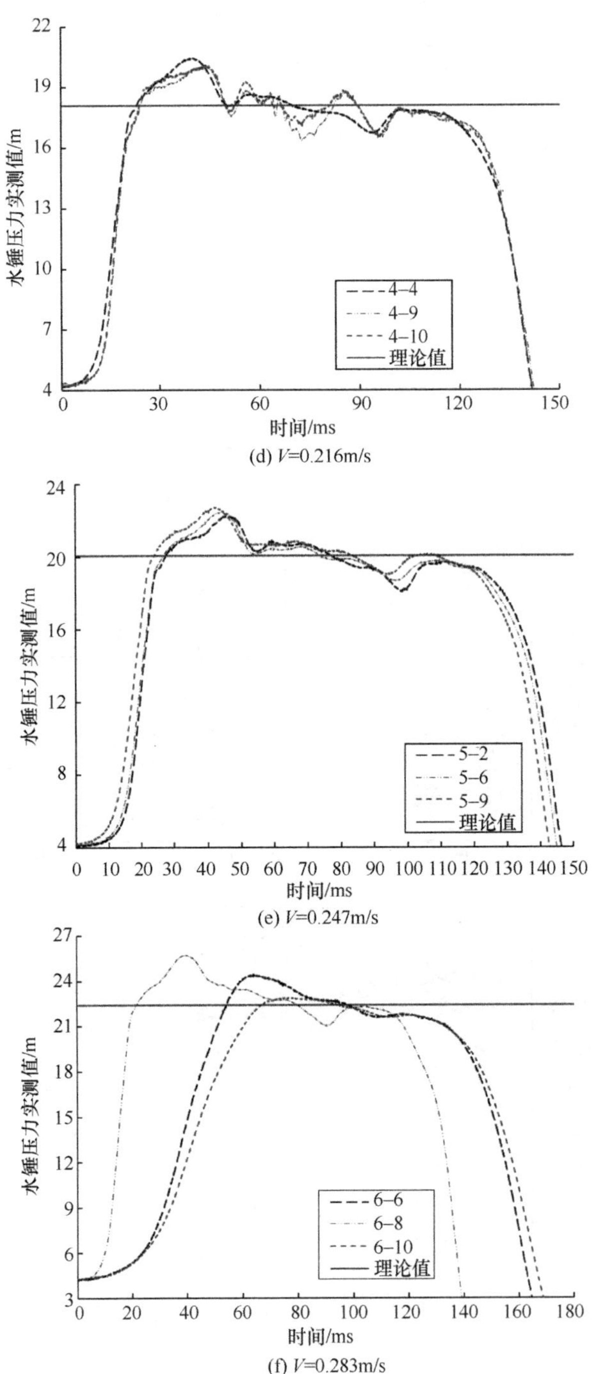

图 3-23　不同流速下首相内关阀时间下水锤压力的对比（二）

由于三组关阀时间比较接近仅相差 6ms，所以关阀后直接水锤极大值相差不大为 0.43m，但仍可看出“关阀时间越短，水锤压力值越大”的规律。流速为 0.247m/s 时，随着关阀时间从 48ms 减小到 43ms，水锤压力极大值由 22.26m 增大到 22.73m，关阀时间缩短了 5ms，水锤压力增大了 0.47m。当流速为 0.283m/s 时，随着关阀时间由 41ms 增大到 78ms，水锤压力极大值由 25.73m 减小到 22.91m，关阀时间增加了 37ms 水锤压力极值减小了 2.82m。由以上不同流速不同关阀时间下水锤压力的对比结果可知，直接水锤压力大小与关阀时间有关，满足“关阀时间越短，直接水锤压力越大”的规律。为了定量分析关阀时间对直接水锤压力的影响，将理论升压与各对应工况的实际升压进行对比，比较不同关阀时间下实测升压比理论升压高出的百分比，得到不同关阀时间对直接水锤压力的影响程度。

各组流速下不同关阀时间实测升压与理论升压的对比如表 3-6 所示，由表可知，各组流速下的关阀时间不同时，理论升压值不变，实测最大升压值均不相同。

不同关阀时间实测升压与理论升压的对比　　表 3-6

平均流速/(m/s)	关阀编号	实测流速/(m/s)	关阀时间/ms	周期/s	实测波速/(m/s)	理论最大升压/m	实测最大升压/m	实测与理论升压差/m	超出百分比/%
0.110	1-3	0.111	38	0.27	636.2	7.14	8.58	1.44	20.17
	1-6	0.110	41	0.27	631.0	7.14	8.48	1.34	18.77
	1-7	0.110	53	0.27	626.8	7.14	8.07	0.93	13.03
	1-8	0.110	60	0.27	624.0	7.14	7.55	0.41	5.74
	1-9	0.110	46	0.27	630.5	7.14	8.28	1.14	15.97
	1-10	0.110	55	0.27	631.4	7.14	7.75	0.61	8.54
	1-11	0.110	47	0.27	627.7	7.14	8.27	1.13	15.83
0.147	2-1	0.145	37	0.27	623.1	9.55	11.56	2.01	21.05
	2-2	0.147	40	0.27	626.0	9.55	11.49	1.94	20.31
	2-4	0.147	44	0.27	619.7	9.55	11.36	1.81	18.95
	2-6	0.148	43	0.27	622.6	9.55	11.37	1.82	19.06
	2-9	0.146	41	0.27	626.0	9.55	11.44	1.89	19.79
	2-13	0.146	45	0.27	626.0	9.55	11.36	1.81	18.95
	2-15	0.145	46	0.27	619.7	9.55	10.65	1.10	11.52

续表

平均流速/(m/s)	关阀编号	实测流速/(m/s)	关阀时间/ms	周期/s	实测波速/(m/s)	理论最大升压/m	实测最大升压/m	实测与理论升压差/m	超出百分比/%
0.183	3-4	0.183	46	0.27	629.1	11.88	13.97	2.09	17.59
	3-5	0.184	42	0.27	638.6	11.88	14.12	2.24	18.86
	3-6	0.184	43	0.27	636.7	11.88	14.06	2.18	18.35
	3-8	0.185	65	0.27	640.0	11.88	13.15	1.27	10.69
	3-9	0.184	54	0.27	644.4	11.88	13.36	1.48	12.46
	3-10	0.184	80	0.27	639.1	11.88	12.11	0.23	1.94
	3-11	0.183	51	0.27	636.2	11.88	13.59	1.71	14.39
0.216	4-1	0.216	46	0.27	636.5	14.03	15.95	1.92	13.68
	4-3	0.219	43	0.26	640.2	14.03	16.23	2.20	15.68
	4-4	0.216	40	0.26	642.6	14.03	16.37	2.34	16.68
	4-5	0.215	42	0.26	642.6	14.03	16.32	2.29	16.32
	4-6	0.216	43	0.26	619.9	14.03	16.15	2.12	15.11
	4-10	0.211	44	0.27	619.9	14.03	16.02	1.99	14.18
0.247	5-2	0.247	48	0.27	620.4	16.04	18.21	2.17	13.53
	5-3	0.247	46	0.27	621.4	16.04	18.48	2.44	15.21
	5-4	0.247	47	0.27	637.1	16.04	18.39	2.35	14.65
	5-7	0.249	45	0.27	626.5	16.04	18.51	2.47	15.40
	5-10	0.248	43	0.27	628.6	16.04	18.63	2.59	16.15
0.283	6-2	0.283	45	0.26	640.2	18.44	21.36	2.92	15.84
	6-3	0.281	43	0.26	644.4	18.44	21.46	3.02	16.38
	6-5	0.283	44	0.26	642.6	18.44	21.36	2.92	15.84
	6-6	0.287	67	0.27	658.2	18.44	20.46	2.02	10.95
	6-7	0.283	42	0.26	650.7	18.44	21.61	3.17	17.19
	6-9	0.283	56	0.27	654.7	18.44	21.24	2.80	15.18
	6-10	0.285	78	0.27	655.9	18.44	18.90	0.46	2.49

当流速为0.11m/s，理论最大升压为7.14m，任取3组数据进行理论升压和实测升压的对比，编号1-3工况关阀时间为38ms，实测最大升压为8.58m，实测升压比理论升压高1.44m，超过理论升压20.17%；编号1-7工况关阀时间为

53ms，实测升压值为 8.07m，实测升压比理论升压大 0.93m，超出理论值 13.03%；编号 1-8 工况关阀时间为 60ms，实测升压值为 7.55m，实测升压比理论升压大 0.41m 并超出理论升压 5.74%。关阀时间由 60ms 减小到 38ms 时，关阀时间缩短了 22ms，实测与理论最大升压差由 0.41m 增大到 1.44m，超出理论百分比由 5.74%增大到 20.17%。当流速为 0.183m/s 时，编号 3-5 工况关阀时间为 42ms，实测升压超过理论升压 18.86%，编号 3-8 工况关阀时间为 65ms，实测升压超过理论升压 10.69%，编号 3-10 工况关阀时间为 80ms，实测升压超过理论升压 1.94%，随着关阀时间的增长，实测升压与理论升压相差值逐渐减小，超出百分比由 18.86%减小到了 1.94%，关阀时间增长了 38ms，超出百分比减少了 16.92%。以上结果说明关阀时间对水锤压力升压值影响较大，关阀时间越短，产生的直接水锤压力越大，且实测升压值与理论计算值相差越大，超出理论升压百分比越大。

由上表还可知，关阀越快，水锤传播的首个周期越短，但本试验所取的周期是后几个周期的平均值，在后几个周期中水锤传播速度相差不大，所以表 3-5 及表 3-6 所求得的水锤传播周期结果相近。为了进一步说明关阀时间对水锤传播周期的影响，根据实测的最大升压用直接水锤公式反推出最大升压对应的波速 a，再根据周期的计算公式 $T=4L/a$ 计算出周期的大小，比较不同关阀时间下最大升压对应的周期长短来说明关阀时间对水锤波周期的影响。各个流速下关阀时间与水锤波传播周期的关系如图 3-24 所示。由图可知，不同流速下，水锤传播周期随关阀时间的增大而增大，关阀时间越长，水锤传播周期越长。当 $V=0.11$m/s，如图 3-24（a）所示，关阀时间由 35ms 逐渐增大到 58ms，传播周期由 0.224s 增大到 0.252s，周期增长了 0.028s；当 $V=0.183$m/s 时，随着关阀时间由 42ms 增大到 80ms，水锤传播周期由 0.225s 增大到 0.263s，传播周期增长了 0.038s；当 $V=0.283$m/s 时，关阀时间增长 35ms，传播周期增长了 0.034s。由上述计算结果可知，虽然关阀时间对传播周期的大小数值影响很小，但是每个流速下水锤波传播周期随关阀时间的延长而增大的趋势比较一致，关阀时间越长，水锤波的传播周期越长。

3.2.2 试验结果分析

通过以上对不同流速下有机玻璃管阀门全开状态快速关阀的试验结果可知，各流速下实测的直接水锤升压值与直接水锤公式计算得到的升压值明显不符，实测水锤压力值要大于理论计算值，各流速下实测升压比理论计算超出 13%～20%；

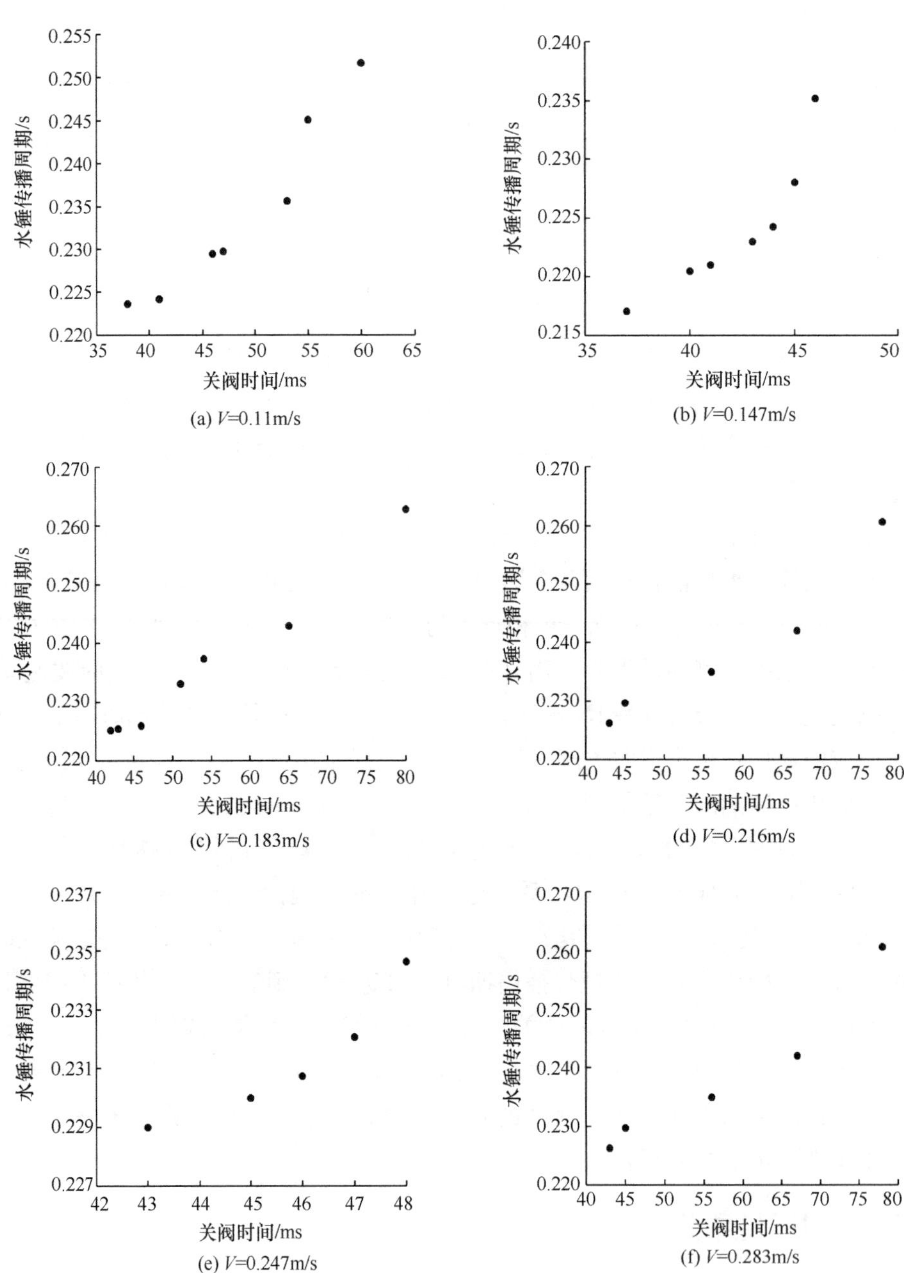

图 3-24　关阀时间与水锤传播周期的关系

且流速一定时，关阀时间对水锤压力升压值影响较大，关阀时间越短，产生的直接水锤压力越大，实测升压值与理论计算值相差越大，超出理论升压百分比越大。以上试验结果说明直接水锤公式计算的水锤压力与黏弹性管道中直接水锤压力实测值存在较大差异。那么为何有机玻璃管这种黏弹性管道的直接水锤特性与传统的水锤理论不相符？下面针对黏弹性管道材料特性来解释以上试验结果。

输水管道快速关阀后产生的水锤波在传播中不仅会引起水体密度的变化，也会引起管道的形变，水锤波传播的介质是水体和管壁的混合体，所以不同材质下的管道中水锤波的传播速度存在差异。黏弹性管道由于其材料的特殊性质同时具有黏性和弹性两种变形机制，黏弹性管道相对较“软”，管壁挠度较大，在应力的作用下，黏弹性材料的管道不仅会产生与弹性材料管道相似的瞬时应变，还会产生部分滞后于应力的应变。黏弹性管道中应变随时间的变化如图3-25所示，当应力不发生变化时，黏弹性管道应变值与时间的关系如式（3-10）所示，由式（3-10）可知当应力不发生改变时，应变值随着时间的增长而增加，即图3-25中的Ⅰ曲线，当应力产生时刻不立即发生应变，而是随着时间的增长，应变逐渐增大到最大值。在t_1时刻应力退去之后，由式（3-10）可得式（3-11），应变值随着时间的增长逐渐减小，如图3-25所示的Ⅱ曲线，这表明应变不是瞬时消失，而是随时间的增长逐渐减小到0。这种当应力不变时，应变随时间的增长逐渐增加；应力撤去后，应变随时间的增长而逐渐消失的现象称为弹性后效，有机玻璃管等黏弹性材料的管道中一般都具有这种特性。

$$E=\frac{\sigma}{\xi}\{1-\exp[-\eta(t-t_0)]\} \tag{3-10}$$

$$\xi=\xi_1\exp[-\eta(t-t_1)] \tag{3-11}$$

式中：ξ为应变值；σ为应力值；E为管道的弹性模量；$\eta=E/K$，K为流体的体积弹性模量。

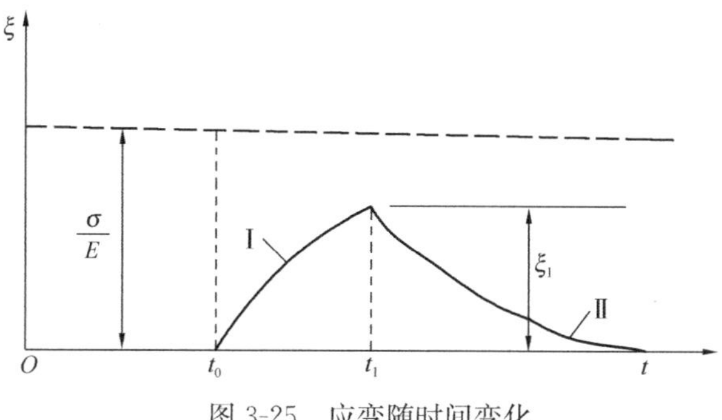

图3-25　应变随时间变化

根据应力与应变的关系，令 $\frac{\Delta p}{(\Delta A/A)}=f\left(\frac{\sigma}{\xi}\right)$，由式（3-10）可知，

当 $t=t_0$ 时，$\frac{\Delta p}{(\Delta A/A)}=f\left(\frac{\sigma}{\xi}\right)=\infty$，则：

$$\frac{1}{f\left(\frac{\sigma}{\xi}\right)}=\frac{1}{\infty}=0 \tag{3-12}$$

由式（3-12）可得：

$$\frac{(\Delta A/A)}{\Delta p}=0 \tag{3-13}$$

将式（3-13）代入波速公式中，可得：

$$a=\sqrt{\frac{K/\rho}{1+K\times 0}}=\sqrt{K/\rho}=1483\text{m/s} \tag{3-14}$$

由图 3-25 中曲线Ⅰ可知，当 $t=t_0$ 时，管道没有发生应变，此时管道刚度很大，弹性模量也很大，由式（3-14）可知，此时波速值为 1483m/s；当 $t=t_1$ 时，管道形变值达到最大，对应的弹性模量 E 为理论弹性模量，此时的波速应为理论波速值 637m/s，当 t 在 t_0 到 t_1 之间变化时，管道的波速值在 637～1483m/s 之间变化。在关阀试验中，由于管道的弹性后效导致关阀后的瞬间管道的应变值较小，由式（3-10）可知，应力不变时应变值与管道弹性模量成反比，应变越小（管道的刚度较大），管道的弹性模量越大。由波速公式可知，波速大小除了与水体的特性和管道直径、管壁厚度和固定方式有关外，还与管道的弹性模量 E 有关，当其他变量不发生改变时，弹性模量越大，波速值越大。流速一定时，波速越大，产生的直接水锤压力也越大。

为了解释有机玻璃管压力及波形的变化趋势，任取某一流速下不同关阀时间快速关阀产生的水锤压力，如图 3-26 所示。由图可知，在有机玻璃管开始关阀时刻压力逐渐上升，在关阀终了时刻压力达到最大值，在关阀后，由于黏弹性管道的弹性后效特性使有机玻璃管产生了应力而没有产生相应的应变，导致应变很小，此时管道的刚度较大，弹性模量 E 较大，导致波速值 a 较大，产生的水锤压力上升 ΔH 也较大，所以实测的直接水锤压力要大于理论公式计算值。在关阀后一段时间后管道发生较大应变，抵御水体的作用，压力波开始发生衰减，应变值增大导致 E 相对减小，从而管道波速减小，导致压力下降，当应变值达到最大时，波速达到理论波速后不发生改变，进而水锤压力由较大值恢复到直接水锤公式计算值后几乎不发生改变，所以采集到的水锤压力波形先产生凸起后迅速

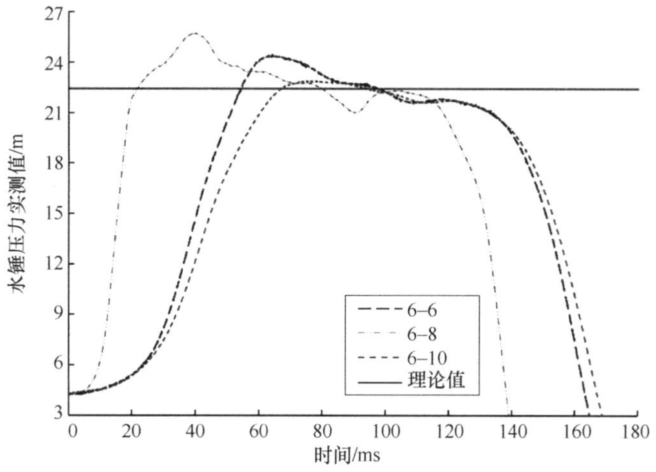

图 3-26　有机玻璃管快速关阀压力波形图

减小最终趋于平缓。关阀越快，管道越来不及反应，应力不变时产生的应变值越小，管道刚度越大，弹性模量越大，导致波速值越大，测得的水锤压力也就越大，所以从图中可看出关阀越快，有机玻璃管中产生的直接水锤压力越大。

3.3　阀门开度对直接水锤压力的影响

3.3.1　试验结果

1. 阀门 30%开度关阀产生的直接水锤压力变化

通过系列试验测量了 6 组不同流速下（0.110m/s、0.147m/s、0.183m/s、0.216m/s、0.247m/s、0.283m/s）管道末端阀门初始状态由 30%开度到完全关闭时有机玻璃管内直接水锤压力变化的过程。本试验采用中线蝶阀进行开度为 30%的关阀试验，当阀门为 30%开度时，手柄开始的角度应为 90°的 30%（27°），旋转角度从 27°旋转到 0°；阀门 30%开度如图 3-27 所示，在阀门 30%开度处做好标记以保证每组流速下阀门开度保持不变。本次试验中第一个阀门开度为 30%，固定不变，通过第二个调流阀调节流量的大小，6 组不同流速下每组流速完成 30%开度的阀门关阀至少 10 次，且保证每组关阀后有机管道内均产生直接水锤，任取 3 组数据保证压力变化的波形和极值基本一致，证明试验结果可满足重复性规律。由于阀门从 30%开度到全关，开度较小，阀门的关闭时间不好

(a) 30%开度侧视图

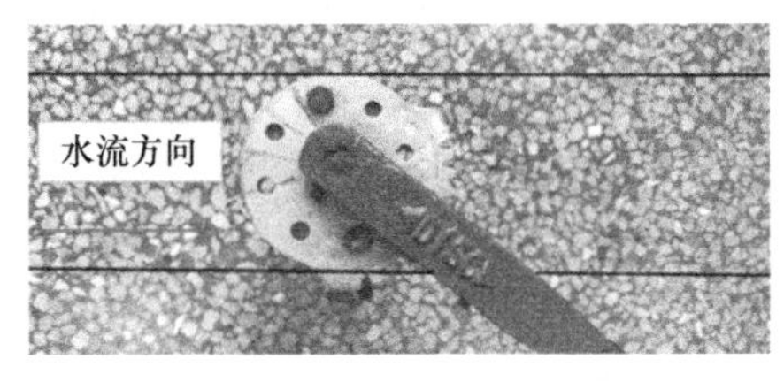

(b) 30%开度俯视图

图 3-27 阀门 30%开度示意图

控制，无法做到相对的“慢关”，所以不同流量下各组数据关阀的时间较为接近。下面主要讨论在不同流速下阀门初始开度为 30%时快速关阀管道内产生直接水锤时压力随时间的变化，并将阀门开度为 30%时的不同关阀时间下直接水锤压力升压进行对比，进一步研究开度不变时关阀时间对直接水锤压力的影响。

不同流速下阀门开度为 30%时快速关阀的直接水锤压力变化过程如图 3-28 所示，由图可看出，各个流速下实测水锤压力波动随时间呈现周期性变化并逐渐衰减，变化规律满足水锤波形的变化规律，由于水体能量的损失，水锤波在传播的过程中压力会迅速衰减，随着时间的增长，波峰及波谷处水锤压力的实测值逐渐减小。当流速不变时，各组流速下阀门开度为 30%时任意三组快速关阀所测得的直接水锤压力变化曲线吻合较好，多个传播周期中各曲线的升压基本一致，传播周期基本相同，水锤压力波的形状几乎重合。由图可知，当阀门为 30%开度时，由于阀门开度较小，水流阻力过大，开始关阀时人为用力过大使初始波形稍有震动再开始升压，且首相的波形凹凸不平，黏弹性管道的应力应变特性与开度过小时阀门底部流态紊乱共同导致压力波形较为杂乱。此外还可以看出，与全开开度关阀一样，开度为 30%快速关阀时，在各个流速下，实测的水锤最大压力值均大于直接水锤公式计算的理论压力值，且超出理论压力值较大。图 3-28 (a)为 $V=0.11$m/s 时 30%开度水锤压力随时间的变化关系，3 组数据的最大压力值基本一致，波形吻合较好，说明试验满足重复性验证，可以证明试验结果的可靠性。虽然都是以最快的速度进行关阀，各组压力极值仍存在细微差距，由于手动关阀导致每组关阀时间存在误差，故不同组数快速关阀所测得的压力值存在较小偏差。第 2 组实测升压为 8.97m，理论升压为 7.14m，实测升压大

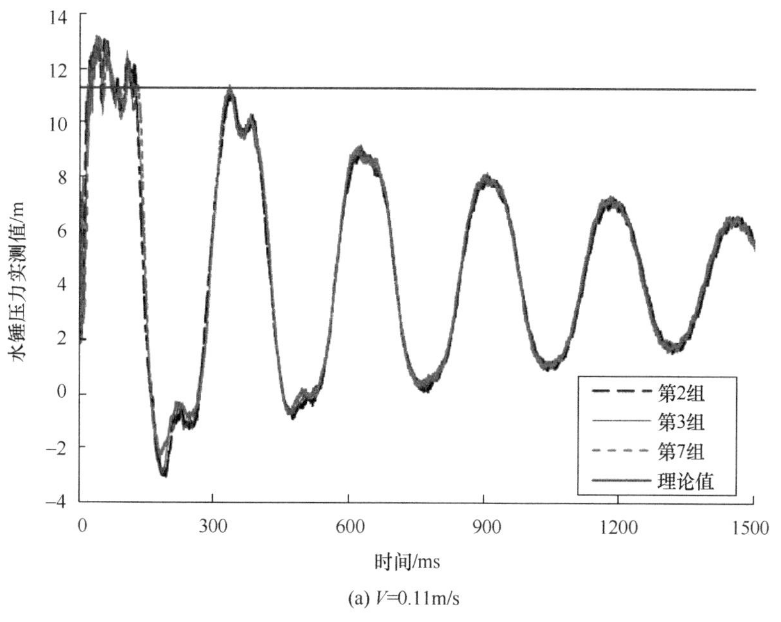

(a) V=0.11m/s

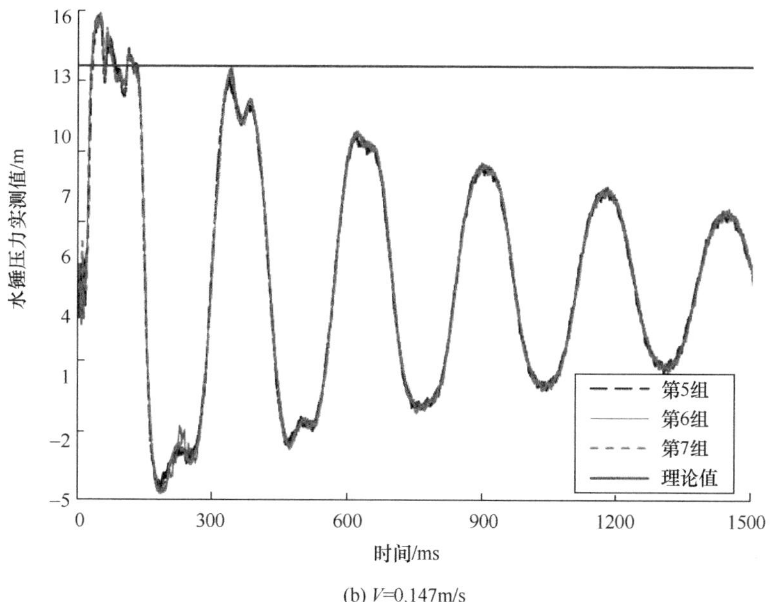

(b) V=0.147m/s

图 3-28　不同流速下 30%开度关阀直接水锤压力的变化（一）

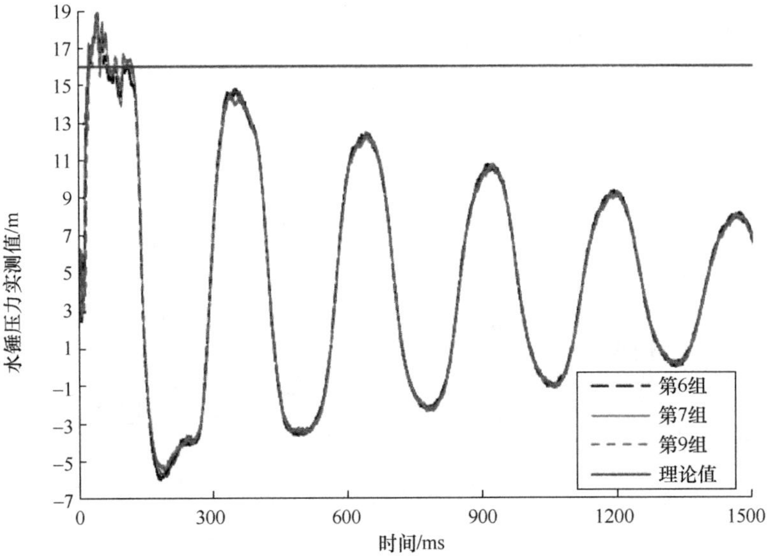

(c) V=0.183m/s

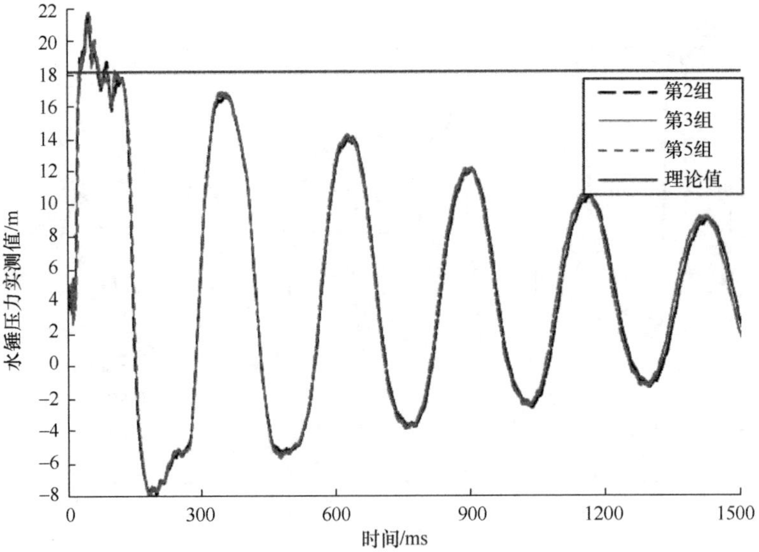

(d) V=0.216m/s

图 3-28 不同流速下 30%开度关阀直接水锤压力的变化（二）

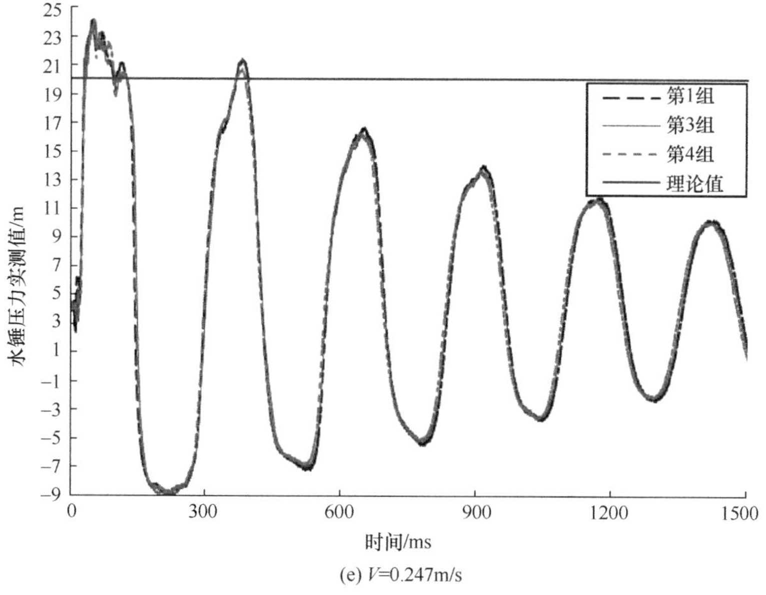

(e) V=0.247m/s

图 3-28　不同流速下 30%开度关阀直接水锤压力的变化（三）

于理论升压 1.83m，超出理论 25.63%，第 3 组实测升压为 8.92m，理论升压为 7.14m，实测升压大于理论升压 1.78m，超出理论升压 24.93%，第 7 组实测升压为 9.05m，实测升压大于理论值 1.91m，超过理论值 26.75%。如图 3-28（b）所示，当流速 V＝0.147m/s 时，理论升压为 9.55m，第 5 组关阀实测升压为 11.80m，实测升压大于理论值 2.25m，超出理论值 23.56%；第 6 组实测升压超过理论升压 24.06%；第 7 组实测升压超过理论升压 24.11%。当流速为 0.183m/s 时（图 3-28c），理论升压值为 11.9m，第 6 组实测升压为 14.77m，实测升压大于理论 2.87m，超出理论值 24.12%，第 7 组和第 9 组实测升压超过理论升压分别为 22.76%和 24.20%。当流速为 0.216m/s 时（图 3-28d），第 2 组实测升压为 17.60m，理论升压值为 14.03m，实测升压大于理论 3.57m，超出理论值 25.45%，第 3 组和第 5 组实测升压超过理论升压分别为 26.68%和 24.49%。当流速为 0.247m/s 时（图 3-28e），3 组关阀实测的升压值超过理论升压值分别为 25.51%、24.97%和 25.70%。通过以上对不同流速下阀门 30%开度快速关阀时直接水锤压力的试验研究可知，各个流速下 30%开度的关阀产生的水锤升压均远超过直接水锤公式计算的理论值，各组流速下实测的升压值均超过理论值 20%以上，进一步说明了直接水锤公式计算得到的水锤压力与实测的直接水锤压力大小不符，不管阀门初始开度是全开还是较小开度，由于黏弹性管道的特性导致实测得到的直接水锤的压力均大于计算所得到的水锤压力值，说明直接水锤公式的计算结果已经不适用于有机玻璃管等黏弹性管道直接水锤压力的计算。

在阀门全开关阀直接水锤压力变化的试验研究中发现，关阀时间会影响直接水锤压力的大小，关阀时间越短，水锤压力极值越大。那么当阀门开度为 30%、快速关阀时，直接水锤压力的大小是否应该与关阀时间成正比？为了分析阀门开度为 30%关阀时直接水锤压力极值与关阀时间的关系，在各组流速下任选 3 组关阀时间不同的水锤压力变化曲线进行比较，由于 30%开度关阀均是快速关阀，没有相对“慢关”，所以关阀时间的大小较为接近。流速 V=0.11m/s 时不同关阀时间下 30%开度关阀的水锤压力变化如图 3-29 所示，为了与全开到关的关阀编号有所区分，流速的组数上标加撇表示，如 1′-6 表示 30%开度关阀第 1 组流速 0.11m/s 时的第 6 次关阀。图 3-29（a）为多个周期下的水锤压力变化，由图可知，相同流速不同关阀时间下水锤压力的变化趋势相同，编号 1′-6 的工况关阀时间为 49ms，编号 1′-7 的工况关阀时间为 45ms，编号 1′-9 的工况关阀时间为 40ms，由于 1′-9 的工况关阀时间最短，所以水锤波传播的周期明显最小，1′-6 工况和 1′-7 工况的周期大小较为接近。为了清晰比较不同关阀时间对直接水锤压力的影响，V=0.11m/s 的首个相长内压力的变化如图 3-29（b）所示，在开始关阀时刻，由于手动关阀用力过大阀门出现振动，0.02s 后压力开始上升，阀门关闭终了时刻压力达到最大，由图可知，编号 1′-6 的工况关阀时间为 49ms，实测升压值为 8.76m，理论升压值为 7.14m，实测升压比理论升压高出 1.62m，实测超过理论 22.69%；编号 1′-7 的工况关阀时间为 45ms，实测升压值为 9.05m，理论升压值为 7.14m，实测升压比理论升压大 1.91m，实测超过理论 26.75%；编号 1′-9 的工况关阀时间为 40ms，实测升压值为 9.32m，理论升压值为 7.14m，实测升压比理论升压大 2.18m，实测超过理论 30.53%；随着关阀时间由 49ms 减小到 45ms 再减小到 40ms，实测升压由 8.76m 增大到 9.05m 再增大到 9.32m，超出理论值由 22.69%增大到 26.75%再增大到 30.53%。随着关阀时间的缩短，实测水锤压力逐渐增大，与理论升压值差值越大。说明 30%开度关阀与全开关阀的试验结果变化规律一样，无论初始开度如何，关阀越快，直接水锤压力越大。

为了比较其他 5 组流速下 30%开度关阀时不同关阀时间直接水锤压力的大小，将首个相长内不同关阀时间下的压力变化绘制在图 3-30 中。由图 3-30（a）

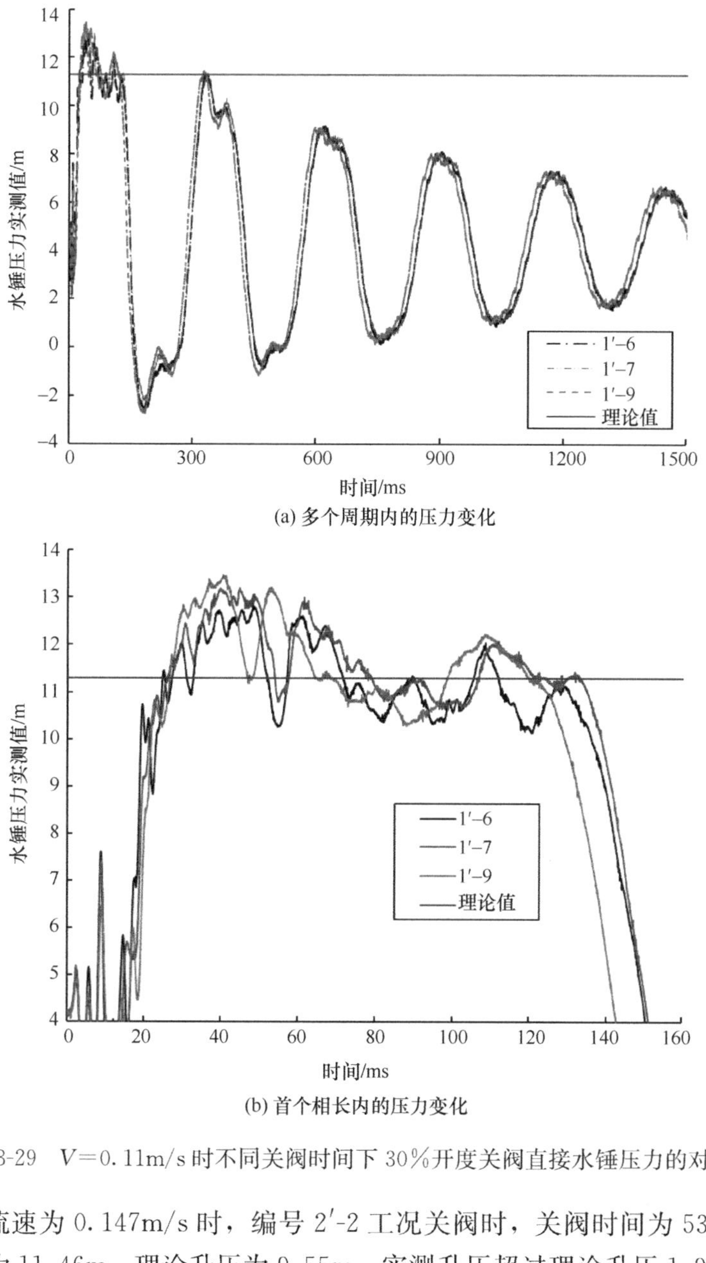

(a) 多个周期内的压力变化

(b) 首个相长内的压力变化

图 3-29　V=0.11m/s 时不同关阀时间下 30%开度关阀直接水锤压力的对比

可知，当流速为 0.147m/s 时，编号 2′-2 工况关阀时，关阀时间为 53ms，实测最大升压为 11.46m，理论升压为 9.55m，实测升压超过理论升压 1.91m；编号 2′-3 工况关阀时间为 40ms，实测最大升压为 12.68m，实测升压超过理论升压 3.13m；编号 2′-8 工况关阀时间为 45ms，实测最大升压为 12.09m，实测升压超过理论升压 2.54m；随着关阀时间由 53ms 减小到 40ms，实测升压超过理论升压由 1.91m 增大到 3.13m，增加了 1.22m。当流速为 0.216m/s 时（图 3-30c），4′-1 工况的关阀时间为 52ms，理论升压为 14.03m，实测升压为 16.54m，实测升压超过理论值 2.51m；4′-2 工况的关阀时间为 46ms，实测升压为 17.60m，实测升压超过理论升压 3.57m；4′-6 工况的关阀时间为 40ms，实测升压为 18.53m，实测升压超过理论升压 4.50m。关阀时间由 52ms 减小到 40ms，实测升压超过理论升压由 2.51m 增大到 4.50m。当流速达到最大为 0.283m/s 时，不同关阀时间下水锤压力的变化如图 3-30（e）所示，6′-1 工况的关阀时间为

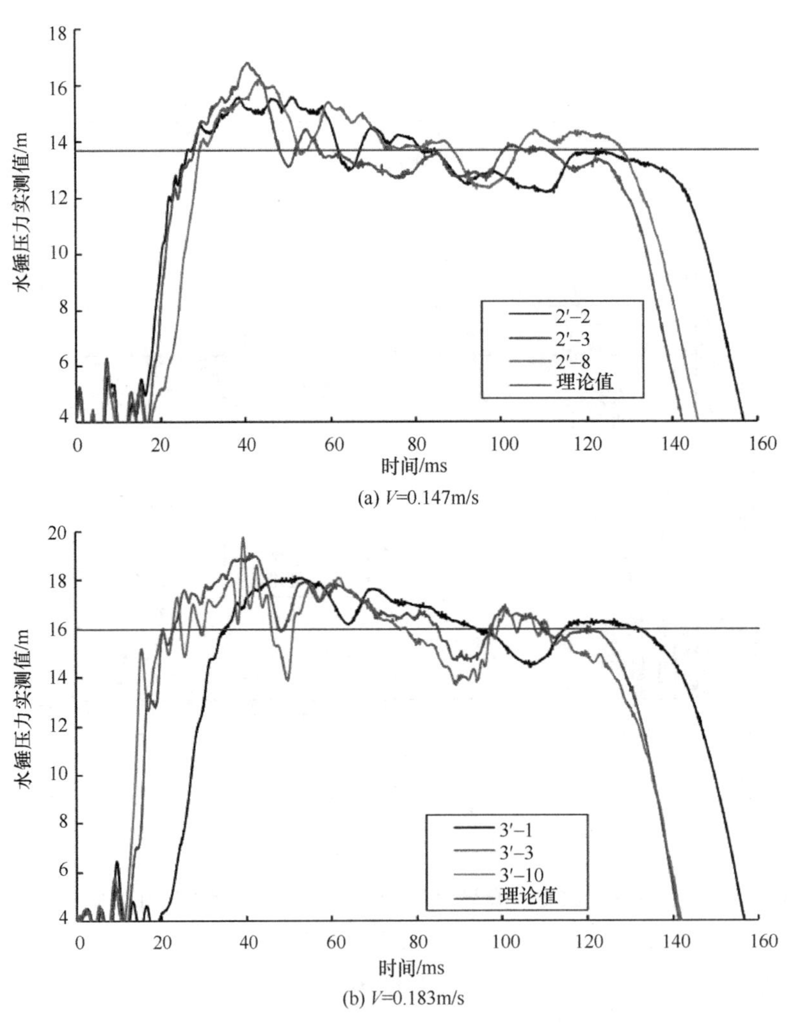

图 3-30　不同关阀时间直接水锤压力的对比（一）

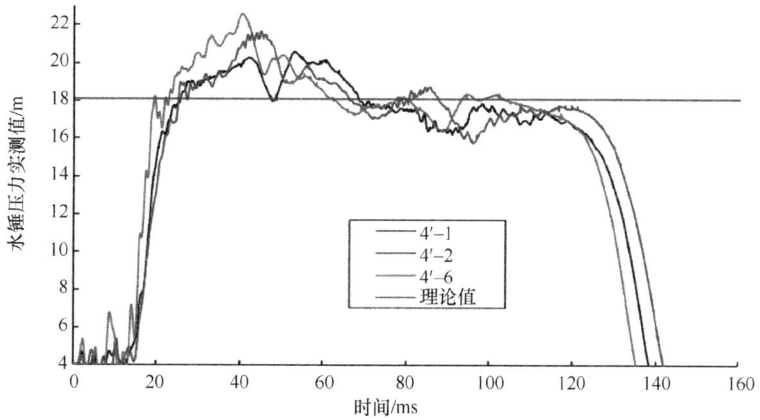

(c) V=0.216m/s

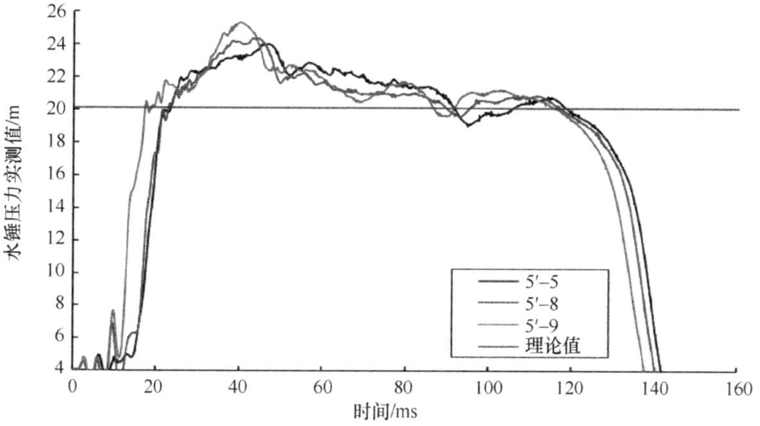

(d) V=0.247m/s

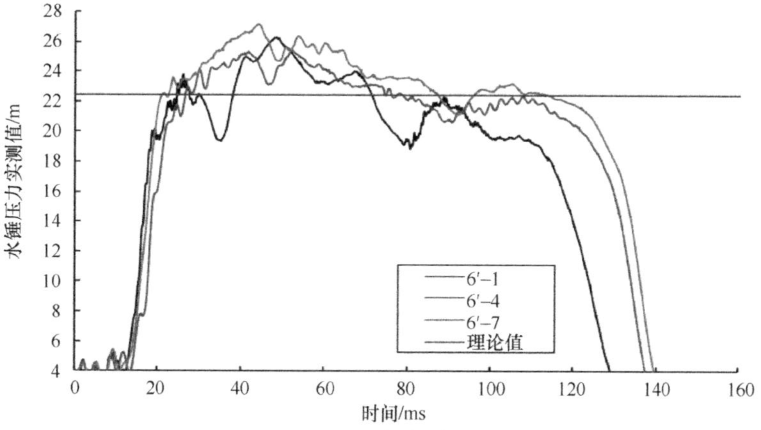

(e) V=0.283m/s

图 3-30　不同关阀时间直接水锤压力的对比（二）

48ms，实测升压值为 22.33m；6′-4 工况的关阀时间为 53ms，实测升压值为 21.48m；6′-7 工况的关阀时间为 44ms，实测升压值为 23.22m；关阀时间由 53ms 减小到 44ms，实测升压值由 21.48m 增大到 23.22m，升压值增大了 1.74m。以上几组流速均说明了在阀门开度为 30%时快速关阀产生的直接水锤的压力大小与关阀时间有关，关阀时间越短，直接水锤压力越大，实测压力超过理论升压越大；所以无论阀门的初始开度是多少，有机玻璃管中的直接水锤的压力大小都与关阀时间有关，且都满足关阀时间越短，水锤压力越大，且远超过直接水锤压力的理论值。

为了进一步量化不同流速下快速关阀产生的实际升压与理论升压的大小关系及关阀时间对直接水锤压力的影响，在 30%开度关阀数据中每组流速下任取 5 组将实测数据汇总到表 3-7 中，如表所示，关阀时间大多在 40～50ms，关阀时间与全开快速关阀的时间相差不大；实测波速在 600～660m/s 之间，与理论计算的波速 637m/s 较为接近；水锤波的传播周期在 0.26～0.28s 之间，各组流速

不同流速下 30%开度关阀水锤压力对比　　表 3-7

平均流速/(m/s)	编号	阀门开度/%	关阀时间/(ms)	周期/s	实测波速/(m/s)	理论最大升压/m	实测最大升压/m	实测与理论升压差/m	超出百分比/%
0.11	1′-1	30	41	0.28	613.6	7.14	9.29	2.15	30.11
	1′-3	30	46	0.28	609.2	7.14	8.92	1.78	24.93
	1′-5	30	43	0.28	614.5	7.14	9.19	2.05	28.71
	1′-6	30	49	0.28	618.5	7.14	8.76	1.62	22.69
	1′-9	30	40	0.27	618.1	7.14	9.32	2.18	30.53
0.147	2′-1	30	52	0.27	624.9	9.55	11.71	2.16	22.62
	2′-3	30	40	0.27	628.6	9.55	12.68	3.13	32.77
	2′-7	30	48	0.27	632.4	9.55	11.85	2.30	24.08
	2′-8	30	45	0.27	630.5	9.55	12.09	2.54	26.60
	2′-9	30	42	0.27	619.9	9.55	12.49	2.94	30.79
0.183	3′-1	30	54	0.28	605.3	11.88	14.07	2.19	18.43
	3′-3	30	43	0.27	619.9	11.88	15.01	3.13	26.35
	3′-5	30	51	0.28	611.0	11.88	14.33	2.45	20.62
	3′-7	30	47	0.28	615.8	11.88	14.59	2.71	22.81
	3′-10	30	39	0.27	619.9	11.88	15.67	3.79	31.90

续表

平均流速/(m/s)	编号	阀门开度/%	关阀时间/ms	周期/s	实测波速/(m/s)	理论最大升压/m	实测最大升压/m	实测与理论升压差/m	超出百分比/%
0.216	4′-1	30	52	0.27	638.1	14.03	16.54	2.51	17.89
	4′-3	30	44	0.26	644.4	14.03	17.77	3.74	26.66
	4′-5	30	47	0.26	658.4	14.03	17.46	3.43	24.45
	4′-6	30	40	0.26	654.9	14.03	18.53	4.50	32.07
	4′-7	30	48	0.26	644.9	14.03	17.06	3.03	21.60
0.247	5′-2	30	42	0.26	660.0	16.04	20.46	4.42	27.56
	5′-4	30	45	0.26	660.0	16.04	20.16	4.12	25.69
	5′-5	30	47	0.26	662.5	16.04	20.00	3.96	24.69
	5′-9	30	39	0.28	616.3	16.04	21.29	5.25	32.73
	5′-10	30	43	0.26	658.9	16.04	20.29	4.25	26.50
0.283	6′-1	30	48	0.28	611.0	18.44	22.33	3.89	21.10
	6′-4	30	53	0.28	637.6	18.44	21.48	3.04	16.49
	6′-5	30	45	0.26	640.0	18.44	22.97	4.53	24.57
	6′-7	30	44	0.26	645.9	18.44	23.22	4.78	25.92
	6′-9	30	40	0.26	653.4	18.44	23.95	5.51	29.88

下关阀快的传播周期短。此外还可以发现30%开度关阀中直接水锤的最大升压均大于传统的水锤压力的理论值，如V=0.11m/s时，1′-1工况实测最大升压值为9.29m，理论最大升压7.14m，实测最大升压值超过理论升压30.11%；V=0.183m/s时，3′-5工况实测升压超过理论升压20.62%；V=0.283m/s时，6′-7工况实测升压超过理论升压25.92%。30%开度关阀时所有流速下所测得的直接水锤压力最大升压值均大于理论最大升压，且实测升压超出理论升压百分比基本分布在20%～30%之间，说明传统的直接水锤计算公式已经不能满足实际直接水锤压力的计算。从表还可以看出直接水锤压力的大小与关阀时间有关，关阀越快，直接水锤压力越大。V=0.147m/s时，关阀时间由40ms增大到52ms，直接水锤最大升压由12.68m减小到11.71m；V=0.216m/s时，关阀时间由44ms增大到52ms，最大升压由17.77m减小到16.54m；V=0.247m/s时，关阀时间由39ms增大到47ms，最大升压由21.29m减小到20.00m。以上结果均说明关阀越快，直接水锤压力越大，由于在关阀过程中，关阀时间越短，有机玻璃管道

弹性模量越大，初始产生的波速越大，所以管道压力越大。

2. 不同阀门开度产生的直接水锤压力对比

由上节可知，当阀门初始开度为30%时，有机玻璃管内直接水锤压力上升值均大于理论计算值，且关阀越快，水锤升压越大；这一结论与阀门初始开度为100%（全开）时所得到的结论一致。那么流速一定时阀门的初始开度不同进行快速关阀时产生的水锤压力大小是否相同？在传统的直接水锤理论中，水锤压力的上升与阀门开度无关，无论阀门开度为多少，产生的水锤压力大小应该相等。下面通过对6组不同流速下30%开度和100%（全开）开度下关阀产生的直接水锤压力大小进行对比，来研究直接水锤压力大小是否与阀门的初始开度有关。由于水锤压力的最大值在阀门关闭终了时刻产生，为了清楚比较两种不同开度下直接水锤压力升压极值的大小，仅画出前几个相长内的水锤压力变化过程。图3-31为不同流速下开度为30%及100%的直接水锤压力，为了说明仅开度变化对直接水锤压力的影响，避免不同关阀时间对直接水锤压力产生的不同影响，根据单一变量原则，特选择关阀时间相同、阀门初始开度不同时快速关阀产生的直接水锤压力进行对比。由图可知，在6组不同流速下，两个开度下的直接水锤压力值均大于理论计算的压力值，且30%开度关阀产生的初始水锤压力均大于100%开度时的。当$V=0.11$m/s时，从图3-31（a）中可读出两种开度的关阀时间均为46ms，0.11m/s流速下对应的理论升压值为7.14m，100%开度关阀产生的直接水锤压力上升为8.28m，超过理论值1.14m，超出15.97%；30%开度关阀产生的压力上升为8.97m，超过理论值1.83m，超出25.63%；理论升压值<100%开度升压<30%开度升压，30%开度升压值最大，超过100%开度0.69m，超出理论升压1.14m。当$V=0.147$m/s时，如图3-31（b）所示，当关阀时间均为40ms时，该流速对应的理论升压值为9.55m，100%开度关阀产生的水锤压力上升为11.48m，超理论值1.93m，超出20.21%；30%开度产生的压力上升为12.68m，超理论值3.13m，超出32.77%。当$V=0.183$m/s时，如图3-31（c）所示，当关阀时间均为43ms时，该流速对应的理论升压值为11.88m，100%开度关阀产生的水锤压力上升为14.06m，超理论值2.18m，超出18.35%；30%开度产生的压力上升为15.01m，超理论值3.13m，超出26.35%。当$V=0.216$m/s时（图3-31d），当关阀时间均为46ms时，该流速对应的理论升压值为14.03m，100%开度关阀产生的水锤压力上升为15.93m，超理论值13.54%；30%开度产生的压力上升为17.60m，超出理论值25.45%。当$V=0.247$m/s时（图3-31e），关阀时间均为43ms时，该流速对应的理论升压值为16.04m，

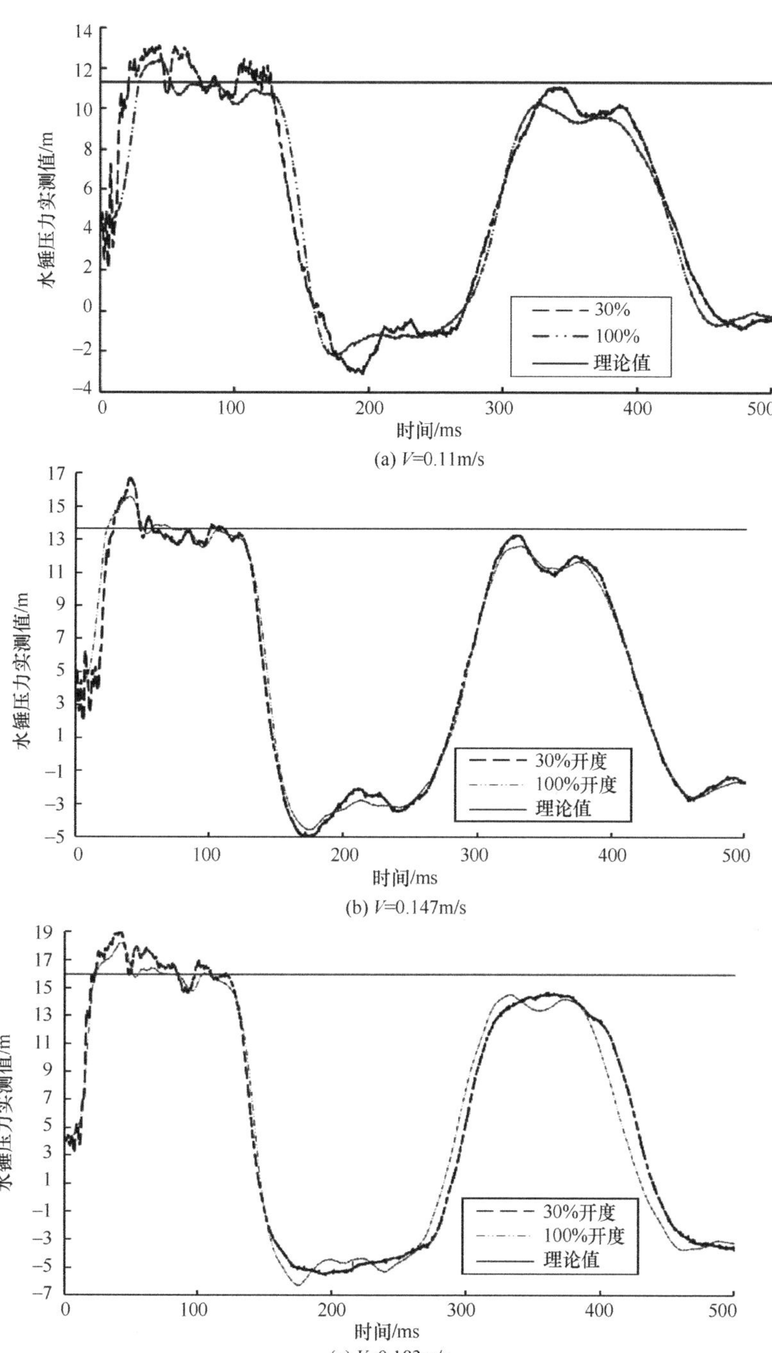

图 3-31　不同流速下不同初始阀门开度关阀产生的压力对比（一）

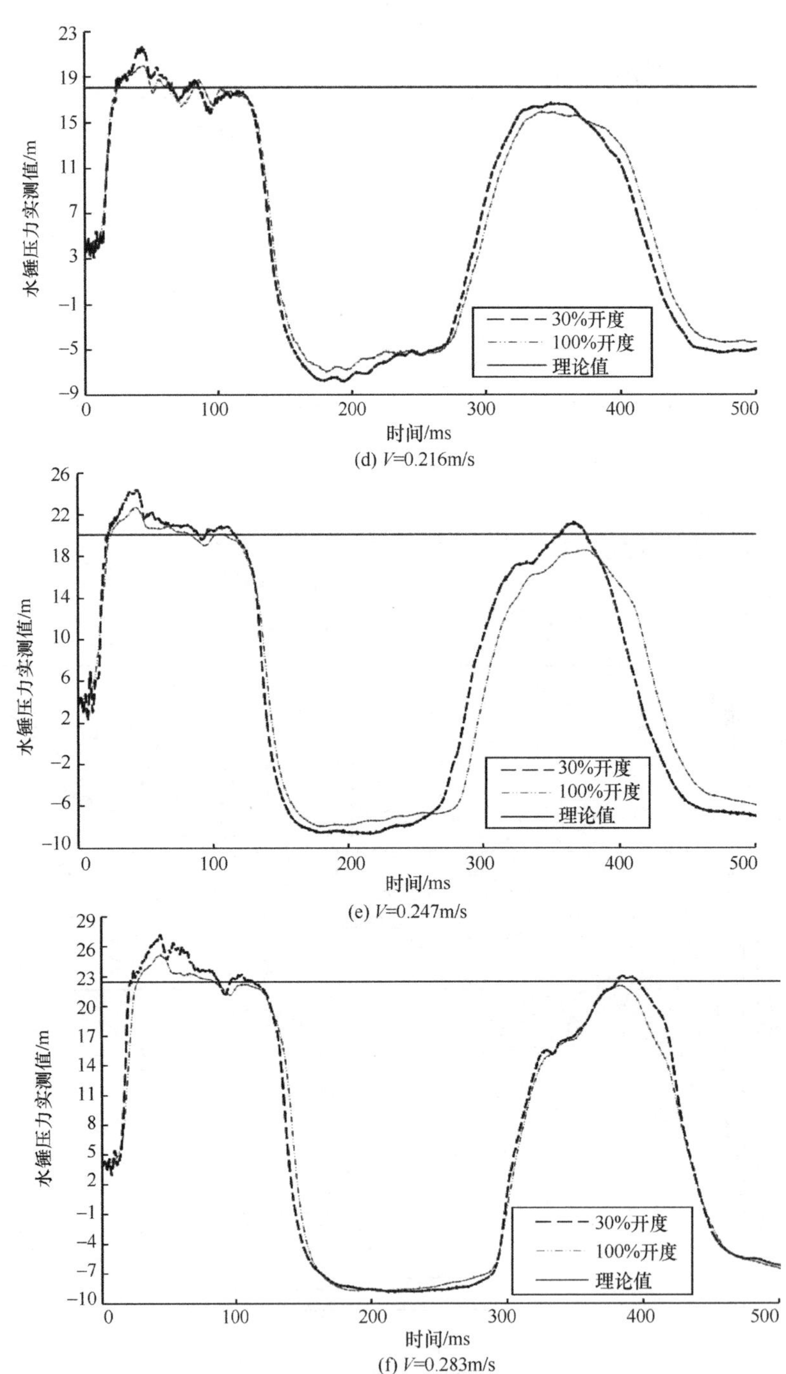

图 3-31　不同流速下不同初始阀门开度关阀产生的压力对比（二）

100%开度关阀产生的水锤压力上升为18.68m，超理论值16.46%；30%开度产生的压力上升为20.33m，超出理论值26.75%。当V=0.283m/s时（图3-31f），关阀时间均为44ms时，该流速对应的理论升压值为18.44m，100%开度关阀产生的水锤压力上升为21.36m，超理论值15.84%；30%开度产生的压力上升为23.22m，超出理论值25.92%。以上6组不同流速下不同阀门开度（100%、30%）关阀产生的水锤压力的对比结果均说明在关阀时间相同时，30%开度关阀产生的直接水锤压力要大于100%关阀，且两种不同开度关阀产生的压力大于传统理论计算的压力值，即30%开度关阀产生的升压值>100%开度关阀产生的升值>直接水锤公式计算的升压值，说明初始开度小时关阀产生的直接水锤压力大于初始全开时的水锤压力。

通过对以上6组不同流速下阀门开度为100%及30%时关阀产生的直接水锤压力的对比可知，不同流速下阀门开度为30%时产生的水锤压力升压值均大于100%开度。以上各流速下只进行了1组不同开度关阀压力的对比，为了体现这一规律的普遍性，将各组流速下关阀时间相等的不同开度的水锤压力进行对比，并汇总在表3-8中，若没有关阀时间完全一样的，可认为关阀时间相差不超过3ms时间大致相等，因为关阀时间相近可近似忽略关阀时间对直接水锤压力造成的影响。由表3-8可知，30%开度和100%开度最快速度关阀时关阀时间大致相等，每组流速下不同开度的关阀时间相等的组数达到4～5组，当关阀时间相等时不同开度下的波速大小较为接近，在610～670m/s之间，实测波速与理论计算波速比较接近，随着管道流速的增大，实测最大升压逐渐增大，这一规律符合传统的水锤理论，直接水锤压力大小与速度的变化成正比，速度越大，压力越大。由表还可看出，试验中所有流速下两个不同开度下的实测最大升压均大于理论升压，100%开度下关阀的实测升压大多超理论升压1.3～3m，实测升压超出理论值百分比大多在15%～20%，30%开度下关阀的实测升压超理论升压大多在2～3.5m，实测升压超出理论值百分比大多在25%～30%，如V=0.147m/s时，阀门关闭时间为40ms时，理论升压为9.55m，100%开度编号2-3工况时实测升压值为11.48m，超出理论升压1.93m，超出百分比为20.21%；30%开度编号2′-3工况时实测升压12.68m，超出理论升压3.13m，超出百分比为32.77%。以上结果说明阀门初始大开度或小开度时实测的水锤压力均大于理论计算值。此外，在两个开度下（30%及100%）关阀产生的直接水锤压力大小均与关阀时间有关，关阀越快，水锤压力越大。如V=0.183m/s时，阀门开度为100%时，关阀时间由51ms减小到42ms，实测最大升压由13.59m增大到

14.13m，实测升压超过理论值百分比由14.39%增大到18.94%；阀门开度为30%时，关阀时间由51ms减小到39ms，实测最大升压由14.33m增大到15.67m，实测升压超过理论值百分比由20.62%增大到31.90%。通过以上结果可知，在不同开度下直接水锤压力的大小与阀门的关闭时间有关，满足“关闭时间越短产生的直接水锤压力越大”的规律，传统的直接水锤理论提出水锤压力的大小与关阀时间无关，而试验结果说明水锤压力大小与关阀时间有关，显然这一直接水锤理论已经不再适用于有机玻璃管这类黏弹性管道。

此外，由表还可看出，阀门开度为30%时关阀产生的水锤压力要大于100%开度时产生的压力，不同流速下开度为30%的水锤升压值超过100%开度0.5～2m，30%开度超出全开时百分比大多为5%～10%，如$V=0.11$m/s时，关阀时间为41ms时，100%开度关阀产生的直接水锤最大升压为8.48m，30%开度关阀产生的最大升压为9.29m，30%开度升压值比100%开度高出了0.81m，超出9.55%；$V=0.147$m/s时，关阀时间为40ms时，100%开度关阀产生的直接水锤最大升压为11.48m，30%开度关阀产生的最大升压为12.68m，30%开度升压值比100%开度高出了1.2m，超出10.45%；$V=0.283$m/s时，关阀时间为44ms时，100%开度关阀产生的直接水锤最大升压为21.36m，30%开度关阀产生的最大升压为23.22m，30%开度升压值比100%开度高出了1.86m，超出8.71%。以上结果说明30%开度关阀产生的直接水锤压力超过全开时关阀产生的压力，且超出值最大可达到10%。综上，黏弹性管道直接水锤压力的大小不仅与关阀时间有关，还与阀门的初始开度有关，初始开度小时产生的水锤压力大于开度大时产生的压力，阀门开度对直接水锤压力的影响不可忽略。当阀门开度不同时，阀门的底部流态分布也不相同，是否阀门的底部流态会影响直接水锤压力的大小？为了分析不同开度下阀门底部流态的分布对直接水锤压力造成的影响，用FLUENT软件进行了蝶阀的三维数值模拟，数值模拟计算结果将在下一节中详细说明。

不同流速不同开度下直接水锤压力对比 **表3-8**

平均流速/(m/s)	关阀编号	阀门开度/%	关阀时间/ms	实测波速/(m/s)	理论最大升压/m	实测最大升压/m	实测与理论升压差/m	实测超理论百分比/%	30%超100%压力/m	30%超100%百分比/%
0.11	1-1	100	41	619.4	7.14	8.48	1.34	18.77	0.81	9.55
	1′-1	30	41	613.6	7.14	9.29	2.15	30.11		

续表

平均流速/(m/s)	关阀编号	阀门开度/%	关阀时间/ms	实测波速/(m/s)	理论最大升压/m	实测最大升压/m	实测与理论升压差/m	实测超理论百分比/%	30%超100%压力/m	30%超100%百分比/%
0.11	1-4	100	40	631.9	7.14	8.57	1.43	20.03	0.75	8.75
	1′-9	30	40	618.1	7.14	9.32	2.18	30.53		
	1-2	100	42	627.7	7.14	8.46	1.32	18.49	0.65	7.68
	1′-11	30	42	618.5	7.14	9.11	1.97	27.59		
	1-9	100	46	630.5	7.14	8.28	1.14	15.97	0.69	8.33
	1′-2	30	46	618.5	7.14	8.97	1.83	25.63		
	1-11	100	47	627.7	7.14	8.27	1.13	15.83	0.63	7.62
	1′-10	30	48	615.4	7.14	8.90	1.76	24.65		
0.147	2-3	100	40	622.5	9.55	11.48	1.93	20.21	1.20	10.45
	2′-3	30	40	628.6	9.55	12.68	3.13	32.77		
	2-10	100	41	617.6	9.55	11.44	1.89	19.79	1.05	9.18
	2′-9	30	42	619.9	9.55	12.49	2.94	30.79		
	2-7	100	45	619.9	9.55	11.47	1.92	20.10	0.62	5.41
	2′-8	30	45	630.5	9.55	12.09	2.54	26.60		
	2-5	100	45	620.2	9.55	11.39	1.84	19.27	0.46	4.04
	2′-7	30	48	632.4	9.55	11.85	2.30	24.08		
	2-13	100	45	626.0	9.55	11.36	1.81	18.95	0.71	6.25
	2′-10	30	46	629.1	9.55	12.07	2.52	26.39		
0.183	3-3	100	42	638.1	11.88	14.13	2.25	18.94	1.54	10.90
	3′-10	30	39	619.9	11.88	15.67	3.79	31.90		
	3-6	100	43	636.7	11.88	14.06	2.18	18.35	0.95	6.76
	3′-3	30	43	619.9	11.88	15.01	3.13	26.35		
	3-2	100	44	640.0	11.88	13.92	2.04	17.17	0.85	6.11
	3′-6	30	44	619.0	11.88	14.77	2.89	24.33		
	3-4	100	46	629.1	11.88	13.97	2.09	17.59	0.62	4.44
	3′-7	30	47	615.8	11.88	14.59	2.71	22.81		
	3-11	100	51	636.2	11.88	13.59	1.71	14.39	0.74	5.45
	3′-5	30	51	611.0	11.88	14.33	2.45	20.62		

续表

平均流速/(m/s)	关阀编号	阀门开度/%	关阀时间/ms	实测波速/(m/s)	理论最大升压/m	实测最大升压/m	实测与理论升压差/m	实测超理论百分比/%	30%超100%压力/m	30%超100%百分比/%
0.216	4-4	100	40	642.6	14.03	16.37	2.34	16.68	2.16	13.19
	4′-6	30	40	654.9	14.03	18.53	4.50	32.07		
	4-5	100	42	642.6	14.03	16.32	2.29	16.32	1.77	10.85
	4′-8	30	42	649.3	14.03	18.09	4.06	28.94		
	4-10	100	44	619.9	14.03	16.02	1.99	14.18	1.75	10.92
	4′-3	30	44	644.4	14.03	17.77	3.74	26.66		
	4-1	100	46	636.5	14.03	15.95	1.92	13.68	1.70	10.66
	4′-4	30	45	638.1	14.03	17.65	3.62	25.80		
	4-9	100	46	627.2	14.03	15.93	1.90	13.54	1.67	10.48
	4′-2	30	46	637.6	14.03	17.60	3.57	25.45		
0.247	5-9	100	43	631.8	16.04	18.68	2.64	16.46	1.65	8.83
	5′-8	30	43	662.5	16.04	20.33	4.29	26.75		
	5-10	100	43	628.6	16.04	18.63	2.59	16.15	1.66	8.91
	5′-10	30	43	658.9	16.04	20.29	4.25	26.50		
	5-6	100	45	641.5	16.04	18.56	2.52	15.71	1.57	8.46
	5′-1	30	45	660.0	16.04	20.13	4.09	25.50		
	5-5	100	47	637.1	16.04	18.41	2.37	14.78	1.59	8.64
	5′-5	30	47	662.5	16.04	20.00	3.96	24.69		
	5-2	100	48	620.4	16.04	18.21	2.17	13.53	1.73	9.50
	5′-3	30	48	660.4	16.04	19.94	3.90	24.31		
0.283	6-8	100	41	655.0	18.44	21.73	3.29	17.84	2.22	10.22
	6′-9	30	40	653.4	18.44	23.95	5.51	29.88		
	6-5	100	44	642.6	18.44	21.36	2.92	15.84	1.86	8.71
	6′-7	30	44	645.9	18.44	23.22	4.78	25.92		
	6-2	100	45	640.2	18.44	21.36	2.92	15.84	1.75	8.19
	6′-10	30	45	649.3	18.44	23.11	4.67	25.33		
	6-9	100	56	654.7	18.44	21.24	2.80	15.18	1.21	5.70
	6′-3	30	54	629.6	18.44	22.45	4.01	21.75		

3.3.2　试验结果

本节利用 ANSYS Workbench 下的 FLUENT 软件对与试验相同的 6 组流速下 30%开度和 100%开度的中线蝶阀进行了定常流的数值模拟，通过对不同流速下不同开度的阀门内部流场分布进行分析，进一步说明阀门底部流态对直接水锤压力的影响。

（1）数学模型及网格划分

计算流体力学求解的基本方程主要是质量守恒方程和动量守恒方程，质量守恒方程就是连续性方程，如式（3-15）所示，当流体为不可压缩流体时，$\partial\rho/\partial t=0$。动量守恒方程实质就是牛顿第二定律，即流体的动量变化率等于系统所受的合力，在 x、y、z 三个方向的表达式如式（3-16）所示。

$$\frac{\partial\rho}{\partial t}+\frac{\partial(\rho u_x)}{\partial y}+\frac{\partial(\rho u_y)}{\partial y}+\frac{\partial(\rho u_z)}{\partial z}=0 \tag{3-15}$$

式中：ρ 为密度；t 为时间；u_x、u_y、u_z 为 x、y、z 方向上的速度矢量的分量。

$$\begin{aligned}\frac{\partial(\rho u_x)}{\partial t}+\mathrm{div}(\rho u u_x)&=-\frac{\partial p}{\partial x}+\frac{\partial\tau_{xx}}{\partial x}+\frac{\partial\tau_{xy}}{\partial y}+\frac{\partial\tau_{xz}}{\partial z}+F_x\\ \frac{\partial(\rho u_y)}{\partial t}+\mathrm{div}(\rho u u_y)&=-\frac{\partial p}{\partial y}+\frac{\partial\tau_{xy}}{\partial x}+\frac{\partial\tau_{yy}}{\partial y}+\frac{\partial\tau_{yz}}{\partial z}+F_y\\ \frac{\partial(\rho u_z)}{\partial t}+\mathrm{div}(\rho u u_z)&=-\frac{\partial p}{\partial z}+\frac{\partial\tau_{xz}}{\partial x}+\frac{\partial\tau_{yz}}{\partial y}+\frac{\partial\tau_{zz}}{\partial z}+F_z\end{aligned} \tag{3-16}$$

式中：p 为流体的微元压力；div（$\rho u u_x$）、div（$\rho u u_y$）、div（$\rho u u_z$）为矢量符号，如 div（a）$=\partial a_x/\partial x+\partial a_y/\partial y+\partial a_z/\partial z$；$\tau_{xx}$、$\tau_{xy}$、$\tau_{xy}$等是分子黏性应力的分量；$F_x$、$F_y$、$F_z$ 为微元体上的体积力。

对于湍流问题，需要求解相应的湍流模型，标准 K-ε 模型是典型的三维流场的湍流计算所用到的模型，本节也选用该模型对试验中所用到的中线蝶阀进行稳态模拟，该模型的基本方程如式（3-17）～式（3-19）所示，其中式（3-17）为湍流涡黏性系数计算式，式（3-18）及式（3-19）为湍动能和耗散率的运输方程。

$$\mu_{\mathrm{t}}=\rho C_{\mu}\frac{\varepsilon^2}{k} \tag{3-17}$$

$$\frac{\partial}{\partial_{\mathrm{t}}}(\rho k)+\frac{\partial}{\partial x_{\mathrm{i}}}(\rho k u_{\mathrm{i}})=\frac{\partial}{\partial x_{\mathrm{j}}}\left[\left(\mu+\frac{\mu_{\mathrm{t}}}{\sigma_{\mathrm{k}}}\right)\frac{\partial k}{\partial x_{\mathrm{j}}}\right]+G_{\mathrm{k}}+G_{\mathrm{b}}-\rho\varepsilon-Y_{\mathrm{M}}+S_{\mathrm{k}} \tag{3-18}$$

$$\frac{\partial}{\partial t}(\rho\epsilon)+\frac{\partial}{\partial x_i}(\rho\epsilon u_i)=\frac{\partial}{\partial x_j}\left[\left(\mu+\frac{\mu_t}{\sigma_k}\right)\frac{\partial\varepsilon}{\partial x_j}\right]+C_{1\varepsilon}\frac{\varepsilon}{k}(G_k+C_{3\varepsilon}G_b)-C_{2\varepsilon}\rho\frac{\varepsilon^2}{k}+S_\varepsilon \tag{3-19}$$

式中：μ_t为湍流涡黏性系数；k 为湍动能；ε 为耗散率；G_k为由平均流速梯度引起的湍动能产生量，G_b为由浮力影响的湍动能的产生量；Y_M为可压缩湍流脉动膨胀对耗散率的影响值；C_μ、$C_{1\varepsilon}$、$C_{2\varepsilon}$、$C_{3\varepsilon}$、σ_k、S_k、S_ε 等均为常系数。

根据图 3-32 所示试验使用的中线蝶阀进行 100%开度和 30%开度的数学建模，考虑到阀门前后的流道过短会造成水流扰动不稳定，计算结果可能会与实际情况不符，为了能够真实模拟蝶阀不同开度下底部流场的实际流动情况，本次计算选取中线蝶阀前后各 4m 长度进行计算。首先对直径为 5cm 的蝶阀进行网格无关性分析，分别将 DN50 的蝶阀网格划分为 10 万、15 万、20 万、25 万进行计算，结果发现网格大于 20 万左右时计算结果几乎无变化，所以最终采用 20 万网格进行计算，图 3-33 为开度为 100%全开及 30%小开度的中线蝶阀三维模型图。采用 Gambit 软件对蝶阀进行几何建模和网格划分，设定 x 轴方向为流体的流动方向，原点设在阀芯处，压力速度求解采用 Simplec 算法，蝶阀稳态的三维仿真计算的边界条件采用速度进口边界和自由出流边界。根据直接水锤的试验，入口速度分别设为 0.11m/s、0.147m/s、0.183m/s、0.216m/s、0.247m/s、0.283m/s 进行不同开度下流场的数值模拟。网格划分采用自适应性很强的非结构化四面体网格，DN50 蝶阀的不同开度模型网格数在 190083～210524。

(a) 100%开度

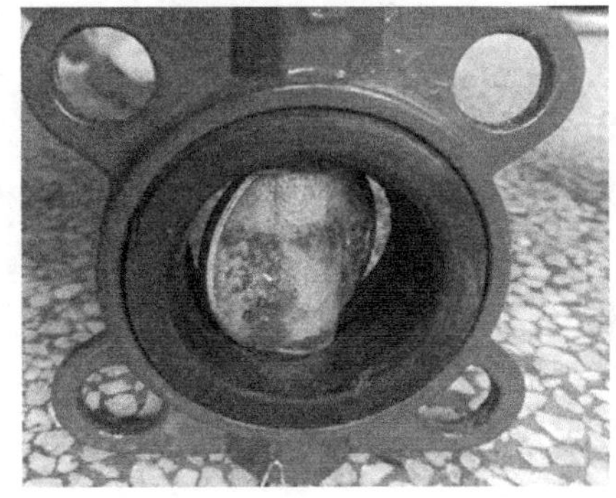

(b) 30%开度

图 3-32　100%开度及 30%蝶阀过流面实物图

（2）不同开度蝶阀流场的计算结果分析

本节在进口流速分别设为 0.11～0.283m/s 时对蝶阀 DN50 进行了 100%开

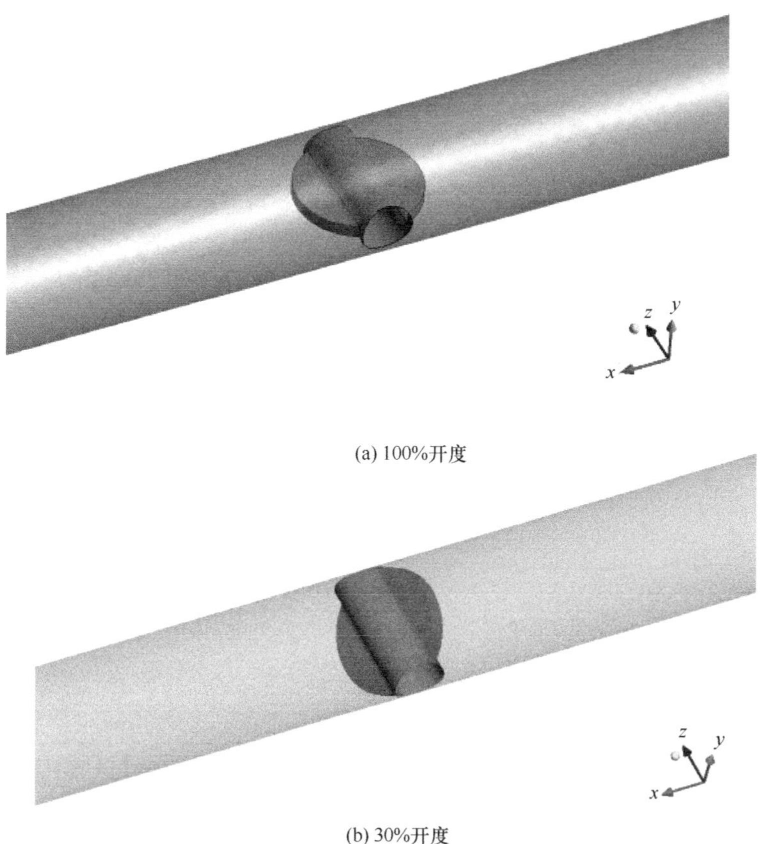

(a) 100%开度

(b) 30%开度

图 3-33　蝶阀不同开度的三维模型

度及 30％开度的三维数值模拟计算，经过模拟得到了 6 组不同流速下不同开度的速度云图及速度矢量图，图 3-34 为 0.11m/s 流速下阀门 100％开度管道前后 0.2m 处的速度云图及速度矢量分布图，图 3-35 为 0.11m/s 流速下阀门 30％开度时管道前后 0.2m 处的速度云图及速度矢量分布图。当阀门开度为 100％全开时，从图 3-34（a）中可以看出阀门全开时，当水流流过蝶阀时，由于受到蝶阀中心轴板的阻碍，使水体的过流面积小于管道面积，由于面积的减小导致过流处的水流流速提高，进口流速为 0.11m/s 时，阀门顶部的流速最大达到 0.26m 左右，最大过阀流速约为进口流速的 2 倍。从图 3-34（b）流速矢量分布图可以看出，蝶板的阀芯与管道边壁间的边缘部分会形成水流的高速区，在此区域的流体会对阀体的蝶板及管壁造成冲击，但是由于阀门开度较大，阀后顶部的流体之间相互作用逐渐减弱，从阀门前后流速矢量分布可以看出，阀前与阀后流线整体平

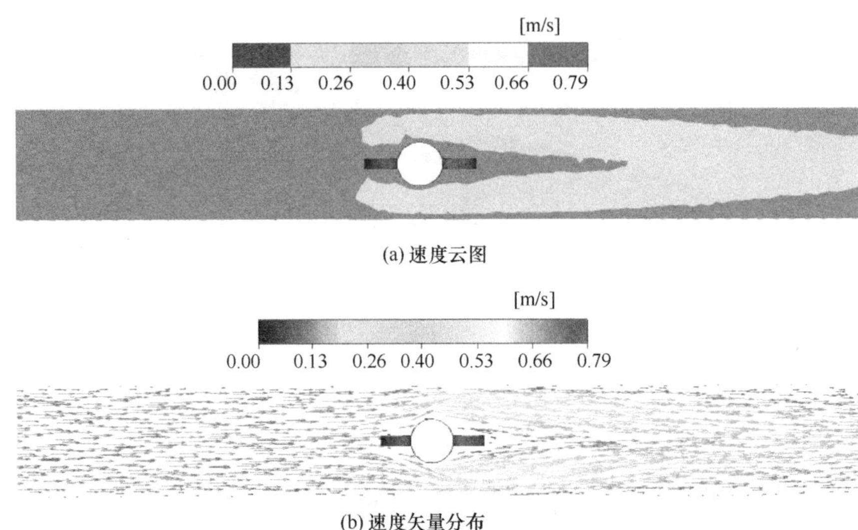

(a) 速度云图

(b) 速度矢量分布

图 3-34 V=0.11m/s 时 100%开度下速度分布

顺，流动状态较好。当阀门开度由全开变为 30%的小开度时，相同流速下的速度分布云图和速度矢量图如图 3-35 所示，由图 3-35（a）中可看出，由于蝶板开度很小，导致大部分水体被蝶板阻碍，阀门处的过流面积严重减小导致阀门两端的流处通道变窄，引起流道周围及阀板前后端靠近管壁的部分区域的流速增大，并形成了一定的流速梯度，这是因为水流从较大的横截面通过突然转变为较小的

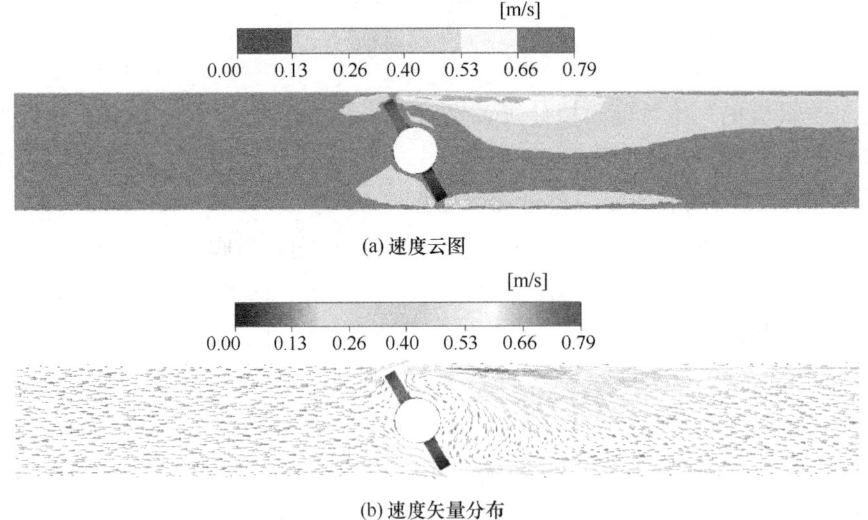

(a) 速度云图

(b) 速度矢量分布

图 3-35 V=0.11m/s 时 30%开度下速度云图及速度矢量分布

流道截面，容易造成射流现象，形成不同的流速梯度，从而造成阀门轴芯处的内部流场极其紊乱。在蝶板轴芯前端的流体顺着流水方向运动，轴芯后的流体与水流的运动方向相反，并在顶部产生了旋涡，而且逆流水方向运动一侧的水体流速要比阀门底部顺水流方向运动的水体流速要快。流速最大且流线最为集中的地方，受到水流冲击也最为剧烈，进口流速为 0.11m/s，在 30%开度下阀板两端的最大流速达到了 0.79m/s，为进口流速的 7 倍之大。对比不同开度的速度矢量分布图可知，阀门开度越大，阀门的蝶板与管道边壁之间形成的过流通道明显增大，当阀门全开时，流速分布的不均匀性明显减弱，速度值基本保持在 0.13～0.26m/s 的范围内，水体的流态比 30%开度更为平稳，蝶板两端速度值较小。开度为 30%时，过流面积越小，阀板顶端及底端形成的高速流速值越大，对壁面冲击更强。开度为全开时，前后段流域的流速及压力的差异越小，流场的分布越均衡。从以上分析中可以看出开度越小，阀门处的流态越紊乱，阀门顶部和底部的流速都会增大。

为了分析其他 5 组流速下 30%开度和 100%开度流速分布规律是否与进口流速 0.11m/s 时变化趋势相同，将两种不同开度各个流速下的流速矢量分布图绘制在图 3-36 及图 3-37 中。由图可知，在这 5 组流速中，100%开度和 30%开度的流场分布趋势与 0.11m/s 时一致，所以各流速下的速度分布及管道内的流态不再赘述。虽然 5 组流速的流场分布与 0.11m/s 时变化一致，但各流速下的流速极值大小不同。当 V=0.147m/s 时，阀门 100%开度时，流速矢量分布如图 3-36（a)所示，由图可知，100%开度阀门流速基本保持在 0.17～0.35m/s 范围内，最大流速为进口流速的 2.38 倍，阀门 30%开度时，流速矢量分布如图 3-37（a)所示，阀门底部流速达到 0.69～0.87m/s，底部最大流速为进口流速的 5.92 倍，30%开度的最大流速为 100%开度最大流速的 2.49 倍。当 V=0.183m/s 时，阀门 100%开度时，流速矢量分布如图 3-36（b）所示，由图可知，100%开度阀门流速基本保持在 0.23～0.46m/s 范围内，最大流速为进口流速的 2.51 倍，阀门 30%开度时，流速矢量分布如图 3-37（b）所示，阀门底部流速达到 0.91～1.14m/s，底部最大流速为进口流速的 6.23 倍。当 V=0.216m/s 时，阀门 100%开度时，如图 3-36（c）所示，由图可知，100%开度阀门流速基本保持在 0.27～0.53m/s 的范围内，最大流速为进口流速的 2.45 倍，阀门 30%开度时，流速矢量分布如图 3-37（c）所示，阀门底部流速达到 1.06～1.33m/s，底部最大流速为进口流速的 6.16 倍。当 V=0.247m/s 时 100%开度阀门流速基本保持在 0.30～0.60m/s 范围内，最大流速为进口流速的

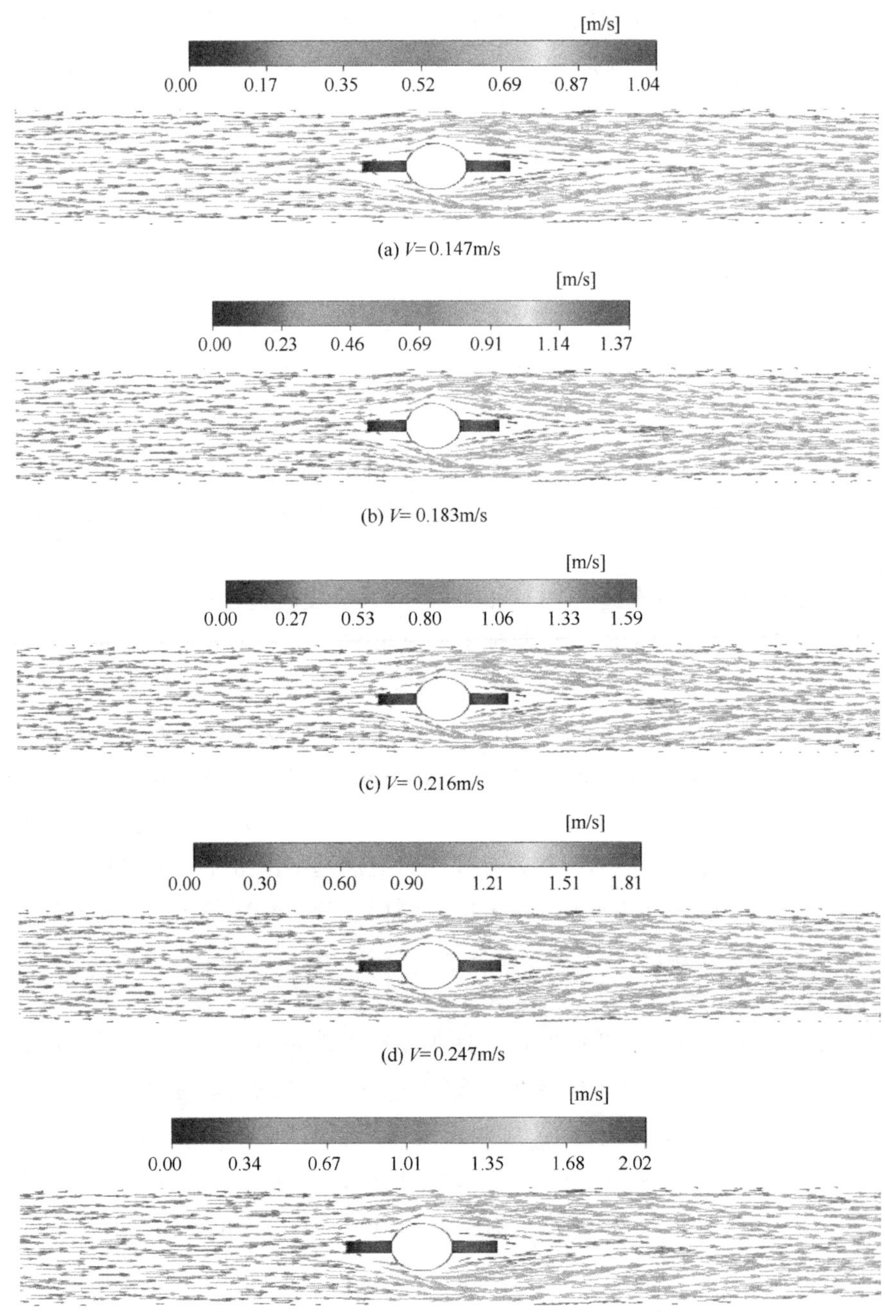

(a) V=0.147m/s

(b) V= 0.183m/s

(c) V= 0.216m/s

(d) V=0.247m/s

(e) V=0.283m/s

图 3-36　不同流速下阀门 100％开度流速矢量分布图

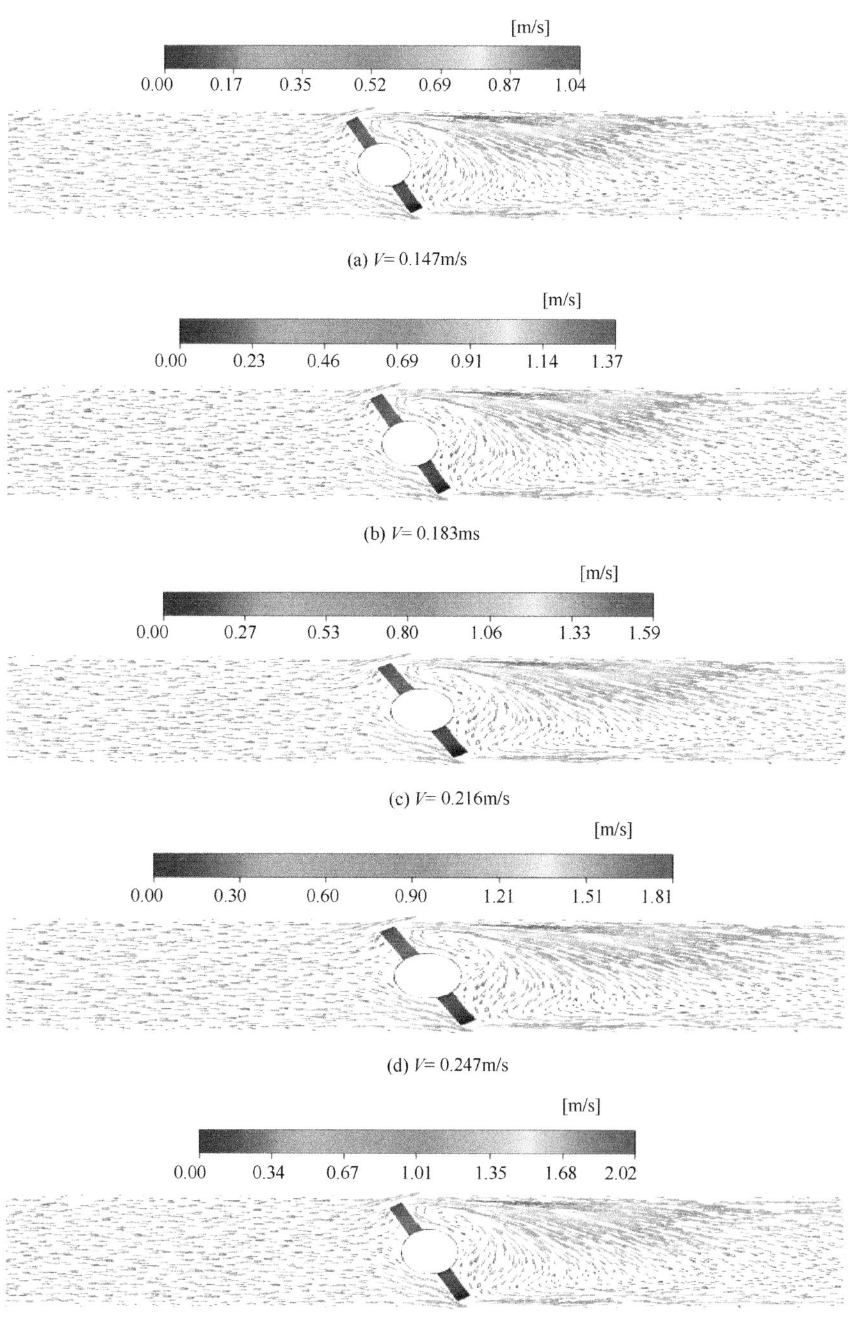

(a) V= 0.147m/s

(b) V= 0.183ms

(c) V= 0.216m/s

(d) V= 0.247m/s

(e) V= 0.283m/s

图 3-37　不同流速下阀门 30%开度流速矢量分布图

2.43倍，阀门30%开度时阀门底部流速达到1.21～1.51m/s，底部最大流速为进口流速的6.11倍。当V=0.283m/s时，100%开度阀门流速基本保持在0.34～0.67m/s范围内，最大流速为进口流速的2.36倍，阀门30%开度时，阀门底部流速达到1.35～1.68m/s，底部最大流速为进口流速的5.94倍。由以上结果可知，在各个流速下，100%开度下阀门的底部流速约为进口流速的2.5倍，而30%开度下阀门的底部最大流速为进口流速的6倍，在小开度下阀门底部最大流速远大于全开时的阀门底部流速，开度较小时阀门的底部流速比全开时底部流速大，阀板附近处的流态更紊乱。

通过以上5组流速阀门在30%开度及100%开度流场的变化可知，30%开度的阀芯处最大流速可达到进口流速的6倍，100%开度最大流速可达到进口流速的2.5倍，30%开度过阀流速要大于全开状态，且阀门底部流速较大，流场分布紊乱。以上对不同开度下的流场分析均通过对阀芯端的底部最大流速进行比较，由于湍流流场分布不均匀，最大流速不能完全代表管道的整体流速的大小，所以在FLUENT的计算结果中分别读取了不同进口流速下100%开度与30%开度的整个管道的平均流速，并将100%开度与30%开度的平均流速大小关系进行对比，如图3-38所示。由图可知，6组不同进口流速下，30%开度下的管道平均流速均大于100%开度下的平均流速，100%开度下的平均流速比进口流速值稍大。由于阀芯处的面积较大，使阀门处的实际过流面积减小，导致100%开度下的流速要稍大于管道的进口流速，30%开度下由于蝶板开度很小，导致大部分水体被蝶板阻碍，阀门处的过流面积严重减小导致阀门底部过流流速增大。由图可知，当进口流速为0.11m/s时，阀门100%开度时的平均流速为0.114m/s，30%开度时流速为0.127m/s，100%开度与进口流速较为接近，30%开度比100%开度流速大了11.4%；当进口流速为0.147m/s时，阀门100%开度时的平均流速为0.153m/s，30%开度时流速为0.174m/s，30%开度比100%开度流速大了13.7%；当进口流速为0.183m/s时，阀门100%开度时的平均流速为0.191m/s，30%开度时流速为0.221m/s，30%开度比100%开度流速大了15.7%；当进口流速为0.216m/s时，阀门100%开度时的平均流速为0.224m/s，30%开度时流速为0.255m/s，30%开度比100%开度流速大了13.8%；当进口流速为0.247m/s时，阀门100%开度时的平均流速为0.256m/s，30%开度时流速为0.290m/s，30%开度比100%开度流速大了13.3%；当进口流速达到最大值0.283m/s时，阀门100%开度时的平均流速为0.292m/s，30%开度时流速为0.325m/s，30%开度比100%开度流速大了11.3%。由上述结果可知，各流速下阀门 30%开度的阀门附近的平均流速均比阀门 100%开度下平均流速大，6 组工况下 30%开度平均流速超出 100%开度平均流速 13%左右。

由 3.3.1 节第 2 小节不同阀门开度关阀产生的直接水锤压力的试验结果可知，不同阀门开度快速关阀产生的直接水锤压力并不相同，30%开度关阀产生的直接水锤压力超过全开时关阀产生的压力，且超出值最大可达到 10%。根据上述对不同开度下阀门附近流态的三维数值模拟结果来分析开度小时产生的水锤压力更大的原因：很可能是由于开度小的阀门底部流态紊乱，阀门的初始开度 30%时所形成的阀门底部流速大，30%开度在关阀前已经形成了流速较大的稳定的流场，产生了较大的底部流速，在关阀过程中，流速的变化是由较大流速变为 0m/s，而阀门的初始开度 100%时所形成的阀门底部流速与管道流速大小几乎相等，并在关阀前已经形成了比 30%开度流速小的稳定流场，从全开到关闭的关阀过程中，流速的变化是由较小的流速变为 0m/s。6 组不同的进口流速下 30%开度的阀门底部最大流速约达到 100%开度的 3 倍，30%开度的平均流速超过 100%开度约 13%，30%开度的流速很明显大于 100%开度，根据直接水锤理论可知，水锤压力升高与流速的变化有关，流速变化越大产生的直接水锤压力就越大。30%开度下平均流速的变化量大于 100%开度 10%以上，所以试验测得 30%开度下快速关阀产生的直接水锤压力较大。不同开度下数值模拟的平均流速对比如图 3-38 所示。

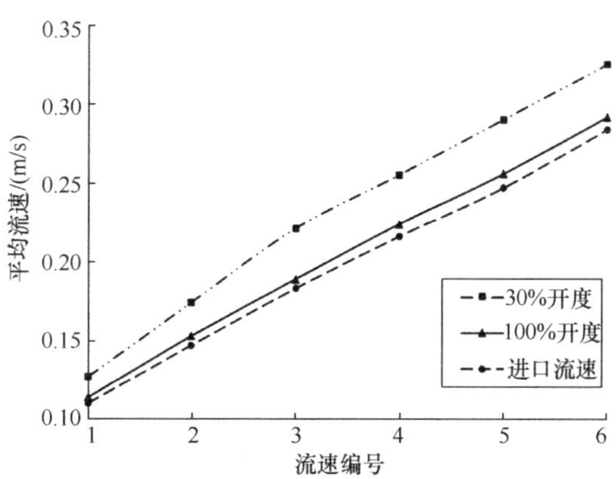

图 3-38　不同开度下数值模拟的平均流速对比

3.4 本章小结

本章通过试验研究和数值模拟相结合的方法对阀门初始开度为30%时快速关阀产生的直接水锤压力进行了测量，并对不同开度产生的直接水锤压力进行了对比分析。此外，对不同开度下阀门底部流态进行了三维数值模拟计算，通过模拟结果对不同开度下阀门处的流速分布进行了分析。主要得到以下结论：

（1）有机玻璃管等黏弹性管道中产生的直接水锤压力与传统的直接水锤理论不符，水锤波波形以及直接水锤压力大小均与传统认知存在差异，实测直接水锤升压大于直接水锤公式计算的升压值，各流速下直接水锤升压均超过理论升压，超出百分比为13%～20%，若采用直接水锤公式计算黏弹性管道中直接水锤的压力大小会产生较大误差。

（2）黏弹性管道直接水锤压力大小与关阀时间有关，不同流速下关阀时间引起的压力升高最大可超过理论升压21%，说明关阀时间对水锤压力升压值影响较大。关阀时间越短，产生的直接水锤压力越大，实测升压值与理论计算值相差越大，超出理论升压百分比越大。

（3）由于黏弹性管道存在弹性后效特性，使得快速关阀时应力和应变不同步，应变的滞后使得关阀时管道弹性模量大，导致波速值越大，最终产生的直接水锤压力也越大；关得越快，管道越来不及产生应变，导致弹性模量更大，产生的水锤压力也越大。

（4）通过对比阀门初始开度为100%和30%时快速关阀产生直接水锤压力的大小可知，不同流速下30%开度关阀产生的直接水锤压力超过100%开度，超出值最大可达到10%，阀门开度越小产生的直接水锤压力越大。说明黏弹性管道中直接水锤压力的大小不仅与关阀时间有关，还与阀门初始开度有关。

（5）由数值模拟结果可知，当阀门100%开度时，水体的流态较为平稳，蝶板端部速度值较小；开度为30%时，阀板两端形成的流速值较大，对壁面冲力强，阀门处的流态较紊乱。在各个流速下，30%开度下阀门底部最大流速及平均流速均远大于全开时的流速；底部流速越大，产生的直接水锤压力越大，故试验所测得30%开度快速关阀产生的直接水锤压力超过100%开度时的水锤压力。

第4章 输水隧洞水力及水气过渡过程研究

岩塞爆破是一种水下控制爆破，是在已经建成的水库或护坡上修建隧洞进口，当隧洞施工完成后，将岩塞进行爆破，使水库和隧洞能够通畅连接。在动力学中主要表现为随着爆破产生的冲击波在瞬间产生一个峰值，在爆破后的数秒和十几秒时间内会引起输水系统中隧洞、闸门井等建筑物的压力值迅速上升。过大的压力会造成供水系统各个建筑物发生危险，所以在进行供水工程的岩塞爆破设计时，需考虑爆破所产生的冲击压力是否会对爆破点下游的输水隧洞及其他建筑物产生严重危害，必要时应加设防护系统来保证输水工程的安全。为了研究岩塞爆破后在爆破点下游输水隧洞中产生的巨大压力及对管道系统建筑物产生的影响，采用特征线法和气液两相流动方程对某一实际爆破工程进行了水力过渡过程及水气压力变化过程的仿真模拟计算，将爆破简化为瞬间开阀的过程，研究输水隧洞及建筑物承受的水压力变化，对压力过大位置提出合理的水锤防护措施。

4.1 数学模型及计算方法

由于岩塞体爆破瞬间（开阀）会产生巨大的压力，可能对管道系统及相关建筑物造成危害，为了保证岩塞体爆破后整个输水系统及下游建筑物的安全稳定运行，需要对管道内水流的水力动态特性进行计算。发生岩塞爆破时，由于上游水库后的隧洞内的充水状态不同，所使用数学模型及计算方法也不相同，应当分以下两种情况进行分析：当隧洞内充满水，洞内为满管有压流时，岩塞体爆破后产生巨大水锤压力，采用水力过渡过程一维特征线法进行计算；当隧洞内水体非满管，为无压明渠流动，隧道内为水气两相流动，此时特征线法过渡过程计算已经不再适用，需要重新建立水气两相流动数学模型以满足无压管道的计算。下面分别介绍这两种计算方法：

4.1.1 基于特征线法数学模型的建立

水锤计算的特征相容方程

描述任意管道中的水流运动状态的基本方程为：

$$\frac{Q}{A}\frac{\partial H}{\partial x}+\frac{\partial H}{\partial t}+\frac{a^2}{gA}\frac{\partial Q}{\partial x}-\frac{Q}{A}\sin\beta=0 \tag{4-1}$$

$$g\frac{\partial H}{\partial x}+\frac{Q}{A^2}\frac{\partial Q}{\partial x}+\frac{1}{A}\frac{\partial Q}{\partial t}+\frac{fQ|Q|}{2DA^2}=0 \tag{4-2}$$

式中：H 为测压管水头；Q 为管道流量；D 为管道直接；A 为管道面积；t 为时间变量；a 为水锤波速；g 为重力加速度；x 为沿管轴线的距离；f 为摩阻系数；β 为管轴线与水平面的夹角。

式（4-1）、式（4-2）可简化为标准的双曲型偏微分方程，从而可利用特征线法将其转化成同解的管道水锤计算特征相容方程。

对于长度为 L 的管道 A—B，其两端点 A、B 在 t 时刻的瞬态水头 $H_A(t)$、$H_B(t)$ 和瞬态流量 $Q_A(t)$、$Q_B(t)$ 可建立如下特征相容方程：

$$C^-: H_A(t)=C_M+R_M Q_A(t) \tag{4-3}$$

$$C^+: H_B(t)=C_P-R_P Q_B(t) \tag{4-4}$$

其中：

$$C_M=H_B(t-k\Delta t)-(a/gA)Q_B(t-k\Delta t)$$
$$R_M=a/gA+R|Q_B(t-k\Delta t)|$$
$$C_P=H_A(t-k\Delta t)-(a/gA)Q_A(t-k\Delta t)$$
$$R_P=a/gA+R|Q_A(t-k\Delta t)|$$

式中：Δt 为计算时间步长；ΔL 为特征线网格管段长度，$\Delta L=a\Delta t$（库朗条件）；k 为特征线网格管段数，$k=L/\Delta L$；R 为水头损失系数，$R=\Delta h/Q^2$；其他符号意义同前。

水力过渡过程计算一般从初始稳定状态开始，即此时 $t=0$，因此当式中 $(t-k\Delta t)<0$ 时，令 $(t-k\Delta t)=0$，取为初始值。式（4-3）、式（4-4）均只有两个未知数，将其分别与 A、B 节点的边界条件联立计算，即可求得 A、B 节点的瞬态参数。

1. 爆破点模型

岩塞体爆破点模型如图 4-1 所示，使用特征线法进行岩塞爆破数值模拟时，岩塞体爆破点模型与一般阀门模型类似，当爆破未开始时对应阀门为关闭状态（流量系数 $\tau=0$），发生爆破时，阀门迅速达到全开（流量系数 $\tau=1$），设定在很短的时间内，爆破点从静止到起爆对应阀门从关闭到全开的过程（开度 $\tau=0$ 变化到 $\tau=1$）。

阀门（岩塞体）节点的过流方程为：

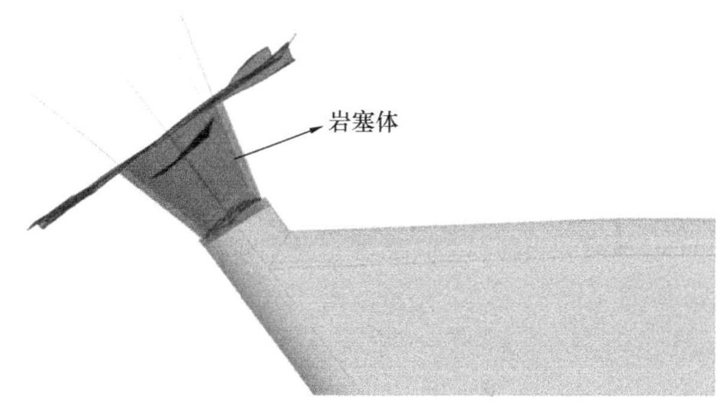

图 4-1 岩塞体模型示意图

$$Q_{\mathrm{P}}=C_{\mathrm{d}}A_{\mathrm{G}}\sqrt{2g\Delta H_{\mathrm{P}}} \tag{4-5}$$

$$\Delta H_{\mathrm{P}}=H_{\mathrm{P1}}-H_{\mathrm{P2}} \tag{4-6}$$

式中：C_{d}为流量系数；A_{G}为爆破点处的过流面积；ΔH_{P} 为爆破点处的前后测压管水头差；H_{P1} 为爆破点首端的测压管水头；H_{P2} 为爆破点末端的测压管水头。

阀门全开时流量方程为：

$$Q_{\mathrm{r}}=(C_{\mathrm{d}}A_{\mathrm{G}})_{\mathrm{r}}\sqrt{2g\Delta H_{\mathrm{r}}} \tag{4-7}$$

式中：C_{dr}为阀门全开的流量系数；A_{Gr}为阀门全开的过流面积；ΔH_{r} 为阀门孔口全开时的水头差。

阀门流量系数 τ 的计算如下：

$$\tau=\frac{C_{\mathrm{d}}A_{\mathrm{G}}}{(C_{\mathrm{d}}A_{\mathrm{G}})_{\mathrm{r}}} \tag{4-8}$$

阀门关闭时，$\tau=0$；阀门全开时，$\tau=1$。流量系数 τ 为阀门开度的非线性函数。

用式（4-7）除以式（4-5）可得下式：

$$q=\tau\sqrt{\Delta h} \tag{4-9}$$

式中：$q=Q_{\mathrm{P}}/Q_{\mathrm{r}}$；$\Delta h=\Delta H_{\mathrm{P}}/\Delta H_{\mathrm{r}}$。

考虑到瞬变过程中液体的流动方向可能存在变化，为了使得分析更具有普遍性，式（4-9）可写为：

$$\Delta H=\frac{\Delta H_{\mathrm{r}}}{\tau^{2}}|q|q=\frac{\Delta H_{\mathrm{r}}}{(Q_{\mathrm{r}}\tau)^{2}}|Q_{\mathrm{P}}|Q_{\mathrm{P}} \tag{4-10}$$

将式（4-10）与特征线方程式（4-3）、式（4-4）及式（4-6）联立求解可得：

$$C_P - C_M - (R_P + C_M)Q_P = \frac{\Delta H_r}{(Q_r\tau)^2}|Q_P|Q_P \tag{4-11}$$

由式（4-11）可得：

$$Q_P = \frac{C_P - C_M}{R_P + C_M + \Delta H_r|Q_P|/(Q_r\tau)^2} \tag{4-12}$$

因为式（4-5）中等式右边分母中也含有未知数 Q_P，需要对 Q_P 进行迭代，迭代过程详见杨开林所著《电站与泵站中的水力瞬变及调节》，对式（4-12）可通过迭代求解得到下一时刻的流量 Q_P。解出 Q_P 的值后，对应的 H_{P1}、H_{P2} 可分别从式（4-3）、式（4-4）中得到。

2. 上游水库模型

一般情况下，上游水库水位的变化与管道压力瞬变相比几乎可忽略不计，在水力过渡过程中可假设水库水位为常数，即：

$$H_{P1} = H_{res} = 常数 \tag{4-13}$$

式中：H_{P1} 为管道进口的测压管水头；H_{res} 为水库水位。

将式（4-13）带入式（4-3）可得到 t 时刻管道的进口流量 Q_{P1}：

$$Q_{P1} = \frac{H_{res} - C_M}{B_M} \tag{4-14}$$

以上为上游水库利用一维特征线法建立的边界条件，值得一提的是，在实际爆破过程中，岩塞体爆破瞬间必然释放巨大压力。为了接近实际爆破情况，将爆破瞬间产生的压力设为水库静水压力 H_P 的 3 倍，在爆破瞬间，上库压力迅速增大至 $3H_P$，持续很短的时间后又减小为进口压力 H_P，并保持不变，上游水库测压管水头随时间的变化如图 4-2 所示。

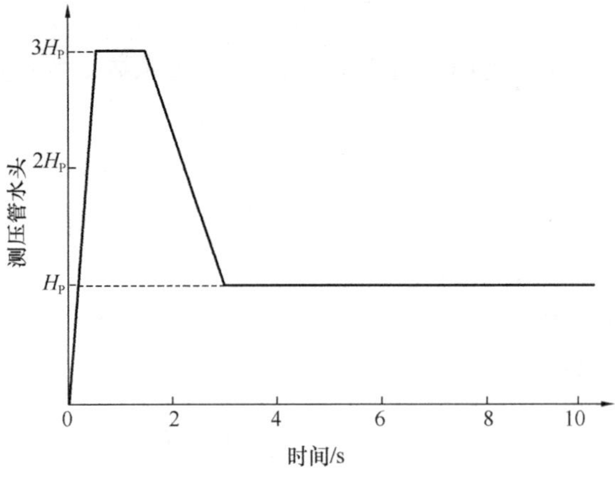

图 4-2　爆破后上游水库测压管水头

3. 检修闸门井模型

在岩塞爆破工程中，一般情况下检修闸门井布置在输水管道的末端，具有挡水的作用，采用一维特征线法进行计算时，将检修闸门井看为1进0出的调压室，如图4-3所示。

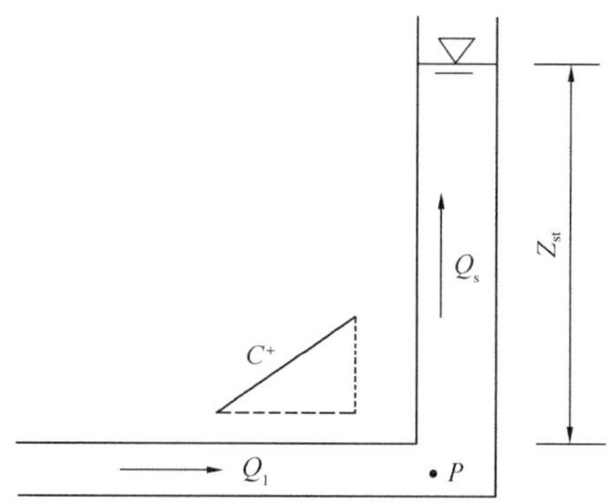

图4-3　检修闸门井数学模型示意图

流量连续性方程

$$Q_s = Q_1 \tag{4-15}$$

水头平衡方程

$$H_P = Z_{st} + R_k Q_s |Q_s| \tag{4-16}$$

流量与水位关系

$$dZ_{st}/dt = Q_s/A_{st} \tag{4-17}$$

压力管道相容性方程

$$H_P = C_{P1} - B_{P1} Q_{P1} \tag{4-18}$$

式中：Z_{st} 、A_{st}为检修闸门井的水位和截面积；Q_s为流进闸门井的流量，R_k为阻抗水头损失系数，$R_k=\Delta h_{st}/Q_{st}^2$；$H_P$、$Q_{P1}$、$Q_{P2}$为管道边界的瞬态水头和瞬态流量。

考虑到水锤计算时Δt很小，故可将式（4-16）及式（4-17）简化为：

$$H_P = Z_{st} + R_k Q_s \mid Q_{s0} \mid \tag{4-19}$$

$$Z_s = Z_{s0} + 0.5\Delta t(Q_s + Q_{s0})/A_{st} \tag{4-20}$$

式中：Z_{st0}、Q_{s0}为$t-\Delta t$时刻的已知量。

联立式（4-15）及式（4-18）～式（4-20）求解，可得

$$H_P = (C_P - C_2 B_P)/(1 + C_1 B_{P1}) \tag{4-21}$$

其中：

$$C_1 = Z_{st0} - 0.5\Delta t Q_{st0}/A_{st}$$

$$C_2 = R_k |Q_{st0}| + 0.5\Delta t/A_{st}$$

式中：C_P、B_P、C_2、B_{P1} 为 $t-\Delta t$ 时刻的已知量，利用上式求出 H_P，即可求出其他瞬变量 Z_{st}、Q_{P1}、Q_{P2}、Q_s。

4. 通风竖井模型

根据特征线法建立通风竖井的数学模型，如图 4-4 所示，将竖井作为一进一出的溢流式调压井，具体方程如下：

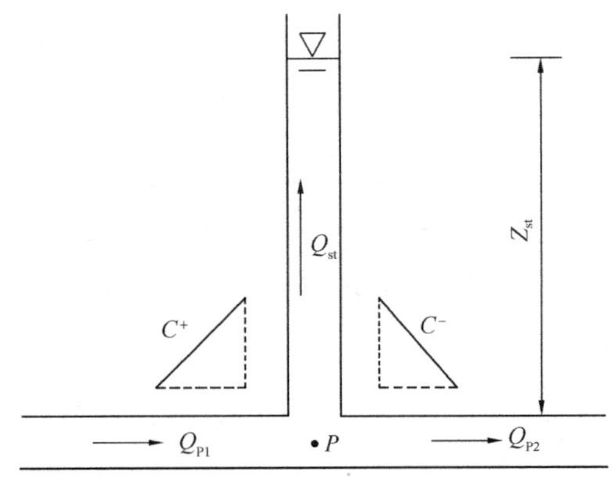

图 4-4 通风竖井数学模型示意图

流量连续性方程

$$Q_{P1} = Q_{st} + Q_{P2} \tag{4-22}$$

水头平衡方程

$$H_P = Z_{st} + R_k Q_{st} |Q_{st}| \tag{4-23}$$

流量与水位关系

$$\mathrm{d}Z_{st}/\mathrm{d}t = Q_{st}/A_{st} \tag{4-24}$$

压力管道相容性方程

$$H_P = C_{P1} - B_{P1} Q_{P1} \tag{4-25}$$

$$H_P = C_{M1} + B_{M2} Q_{P2} \tag{4-26}$$

式中：Z_{st}、A_{st} 为调压井水位和截面积；Q_{st} 为流进调压井的流量；R_k 为阻抗水头损失系数，$R_k = \Delta h_{st}/Q_{st}^2$；$H_P$、$Q_{P1}$、$Q_{P2}$ 为管道边界的瞬态水头和瞬态流量。

考虑到水锤计算时 Δt 很小，故可将式（4-25）及式（4-26）简化为：

$$H_P = Z_{st} + R_k Q_{st} |Q_{st0}| \tag{4-27}$$

$$Z_{st} = Z_{st0} + 0.5\Delta t(Q_{st} + Q_{st0})/A_{st} \tag{4-28}$$

式中：Z_{st0}、Q_{st0}为 $t-\Delta t$ 时刻的已知量。

联立式（4-22）、式（4-25）、式（4-27）求解，可得

$$H_P = \frac{C_1/C_2 + C_{P1}/B_{P1} + C_{M2}/B_{M2}}{1/C_2 + 1/B_{P1} + 1/B_{M2}} \tag{4-29}$$

其中：

$$C_1 = Z_{st0} - 0.5\Delta t Q_{st0}/A_{st}$$

$$C_2 = R_k \mid Q_{st0} \mid + 0.5\Delta t/A_{st}$$

式中：C_{P1}、B_{P1}、C_{M2}、B_{M2}为 $t-\Delta t$ 时刻的已知量，利用上式求出 H_P，即可求出其他瞬变量 Z_{st}、Q_{P1}、Q_{P2}、Q_{st}（若 Q_{st}求解出负值，则 $Q_{st}=0$）。

4.1.2 水气两相流数学模型的建立

当岩塞体后的隧洞内不满管时，隧洞内处于明渠无压流状态，隧洞内流态必然为水气两相流，当发生岩塞爆破时，隧洞内有大量气体存在，此时需要根据隧洞及支洞中的实际气体与液体的流动特性建立相应的水气两相数学模型，运用 Fortran 语言编程对水气过渡过程进行计算。整个岩塞爆破系统布置如图 4-5 所示。图中 Z_0为上库水位，Z_1为隧洞水位，Z_2为 1 号支洞水位，A_0为支洞的面积，A_1为隧洞实际的过流面积，V 为管道流速，Q_1为隧洞内流量，P_a 为当地大气压，P 为隧洞内气体的压强，A_τ 阀门处实际过流面积。在整个系统中，爆破后气体仅能从通风竖井处排出，为了得到管内气体的质量及体积变化，在通风竖井顶部设置一个空气阀来模拟系统内气体的质量及压力变化。

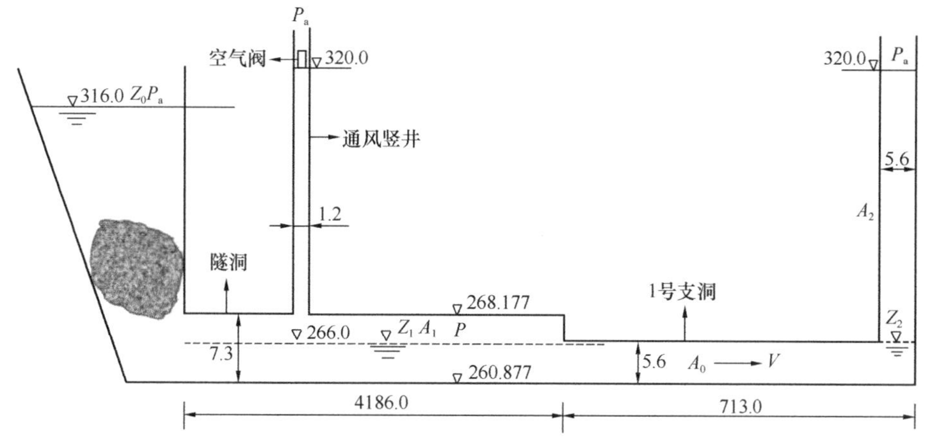

图 4-5 爆破系统气液两相布置示意图

1. 空气阀模型

空气阀边界条件分为下列四种情况：

空气以亚声速流进

$$\dot{m}=C_{in}A_{in}\sqrt{7p_0\rho_0\left[\frac{p}{p_0}\right]^{1.4286}-\left[\frac{p}{p_0}\right]^{1.7143}},\ p_0>p>0.528p_0 \tag{4-30}$$

空气以临界流速流进

$$\dot{m}=C_{in}A_{in}\frac{0.686}{\sqrt{RT_0}}p_0,p\leqslant 0.528p_0 \tag{4-31}$$

空气以亚声速流出

$$\dot{m}=-C_{out}A_{out}p\sqrt{\frac{7}{RT}\left[\left(\frac{p_0}{p}\right)^{1.4286}-\left(\frac{p_0}{p}\right)^{1.7143}\right]},\frac{p_0}{0.528}>p>p_0 \tag{4-32}$$

空气以临界流速流出

$$\dot{m}=-C_{out}A_{out}\frac{0.686}{\sqrt{RT_0}}p,p>\frac{p_0}{0.528} \tag{4-33}$$

式中：$\dot{m}$ 为空气质量流量；C_{in} 为进气时阀的流量系数；A_{in} 为进气时阀的流通面积；ρ_0 为大气密度；A_{out} 为排气时阀的流通面积；C_{out} 为排气时阀的流量系数；p 为管内压力。

打开空气阀让空气流入，在空气被排出之前，气体满足恒定的完善气体方程：

$$pV=MRT \tag{4-34}$$

在时刻 t 可以近似得到差分方程：

$$p[V_0+0.5\Delta t(Q_i-Q_{px_i}-Q_{p_i}+Q_{p_i})=[m_0+0.5\Delta t(\dot{m}_0+\dot{m})]RT] \tag{4-35}$$

式中：Q_i 为 t_0 时刻流出断面 i 的流量；Q_{p_i} 为时刻 t 流出断面 i 的流量；Q_{px_i} 为 t_0 时刻流入断面 i 的流量；m_0 为 t_0 时刻空穴中空气的质量；$\dot{m}_0$ 为 t_0 时刻流入、流出空穴的空气流量；$\dot{m}$ 为 t 时刻流入、流出空穴的空气流量。

2. 水气两相流计算方程组

根据图 4-5 以及系列方程（流量连续性方程、流量与水位的关系、水头平衡方程、空气阀排气方程及理想气体的状态方程）建立水气两相流计算方程组，化简后可得到微分方程组如下：

流量连续性方程

$$\frac{dZ_1}{dt}=\frac{Q_1-A_0V}{A_1} \tag{4-36}$$

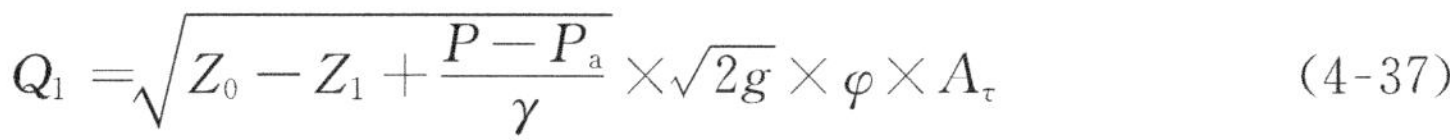

$$Q_1 = \sqrt{Z_0 - Z_1 + \frac{P - P_a}{\gamma}} \times \sqrt{2g} \times \varphi \times A_\tau \tag{4-37}$$

流量与水位关系

$$\frac{\mathrm{d}Z_2}{\mathrm{d}t} = \frac{A_0 V}{A_2} \tag{4-38}$$

水头平衡方程

$$\frac{\mathrm{d}V}{\mathrm{d}t} = \frac{g}{L}\left[Z_1 + \frac{P - P_a}{\gamma} - Z_2 - \alpha |V| V\right] \tag{4-39}$$

空气阀方程

$$\frac{\mathrm{d}m}{\mathrm{d}t} = f(P) \tag{4-40}$$

理想气体状态方程

$$\frac{\mathrm{d}P}{\mathrm{d}t} = \frac{\left[RT \cdot f(P) + (Q_1 - A_0 V) \cdot \left(\frac{P + P_a}{2}\right)\right]}{\left(\frac{mRT}{2P} + \frac{m_0 RT}{2P_a}\right)} \tag{4-41}$$

式中：Z_0为上库水位，m；Z_1为隧洞水位，m；Z_2为1号支洞水位，m；A_0为1号支洞的面积，m^2；A_1为隧洞实际的过流面积，m^2；V为管道流速，m/s；Q_1为隧洞内流量，m^3/s；P_a为当地大气压，为1.013×10^5 Pa；P为隧洞内气体的压强，Pa；g为重力加速度，取$9.81m/s^2$；A_τ为阀门处实际过流面积。

4.2 开阀水力过渡过程研究

岩塞体爆破瞬间有压管道会产生巨大水锤压力，极有可能对输水沿线管道及建筑物造成严重危害，为保证爆破后输水系统及下游建筑物的安全运行，需提前对管道内水力动态特性进行计算，并提出合理的水锤防护措施。本章将爆破瞬间近似于瞬间开阀过程，对某实际工程建立数学模型。

4.2.1 工程概况及工况选取

JHSD工程等级为Ⅰ等，工程规模为大（1）型。该工程取水口位于Q河水库库区右岸，岩塞位于Q河水库库内右侧山体，岩塞设计开口中心点高程为278.00m，Q河水库死水位为281.48m，正常高水位为318.48m，水库运行水位多在300.0～318.48m，水深较大。

本工程取水口采用岩塞爆破施工，岩塞爆破相关建筑物主要由进口岩塞爆破段、集渣坑、通风竖井、有压隧洞、1 号施工支洞、检修竖井及封堵体组成，爆破工程布置如图 4-6 所示。其中岩塞爆破段长度为 12m，岩塞体为漏斗形；集渣

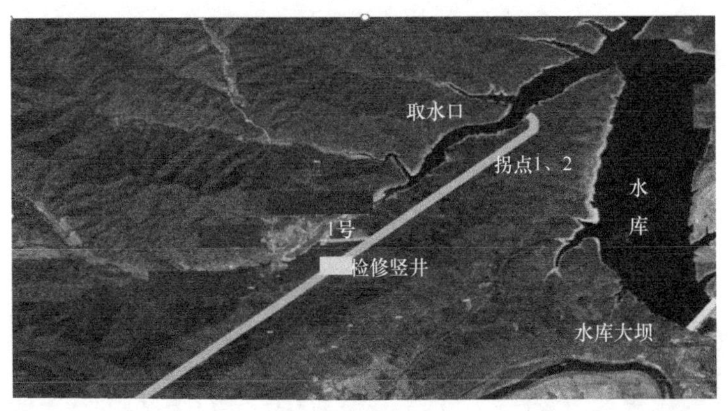

(a) 取水口布置示意图

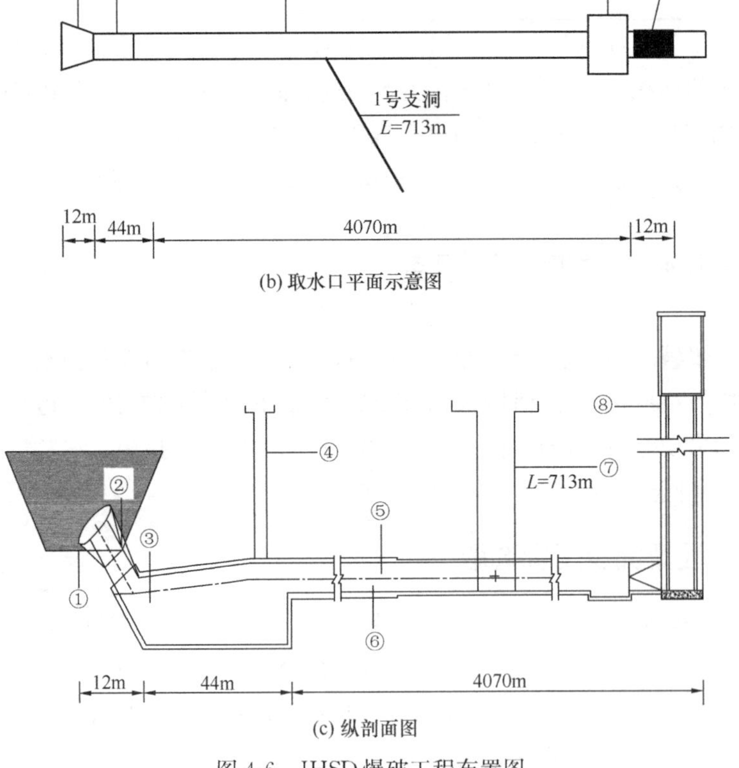

(c) 纵剖面图

图 4-6 JHSD 爆破工程布置图

坑位于岩塞体爆破段下侧，长度为44m；集渣坑下游为压力隧洞段，隧洞长度为4070m，洞径为7.3m；隧洞尾部为检修竖井，竖井高81.1m，长12.78m，宽11.60m；封堵体位于检修竖井下游，封堵体长12m；1号支洞首部距压力隧洞段首部距离为3129m，1号支洞长度为713m，1号支洞进口管道底部高程为260.37m，出口高程为320m，支洞管道直径为5.6m，在水力过渡过程数值模拟中将1号支洞当量为竖直调压井。需要对不同工况下的通风竖井、有压隧洞、检修竖井、封堵体、施工支洞等岩塞爆破相关建筑物进行水位、水压、流速、流量及涌水变化等特性的安全复核计算，以确保工程爆破后输水管道及建筑物能够安全运行。由于水库运行水位多在300.0～318.48m变化，经过前期不同水位的试算并综合多方面因素的考虑，最终确定上游水库水位为316m时进行不同工况下的数值模拟计算。

岩塞爆破水力过渡过程的数值模拟主要分为2个工况，具体计算工况如表4-1所示，上库水位为316m时进行岩塞体起爆工作，分别计算在隧洞有压状态下末端闸门井挡水及不挡水的情况下管道沿线各建筑物处的水压、流速、流量、涌水高度变化过程及溢流量的大小，并计算当末端检修闸门井不挡水时，涌水是否会超过人工操作台329m水位，闸门井是否会被淹没，造成闸门井事故。

岩塞爆破数值模拟计算工况表　　**表4-1**

工况	库区水位	隧洞水位	检修闸门井	计算内容
1	316.0m	267.85m	挡水	通风竖井、有压隧洞、1号支洞内的水压力、水流流速、流量、涌水变化过程及溢流总量
2	316.0m	267.85m	不挡水	检修闸门井、通风竖井、有压隧洞、1号支洞内的水压力、水流流速、流量、涌水变化过程及溢流总量

由工程概况可知，整条管线长度约为4.2km，根据实际布置方式，将整条管路分为62段，共计63个节点，节点布置如图4-7所示。上库水库为1号节点，距离上库较近的通风竖井为4号节点；1号支洞在数值模拟计算中当量为调

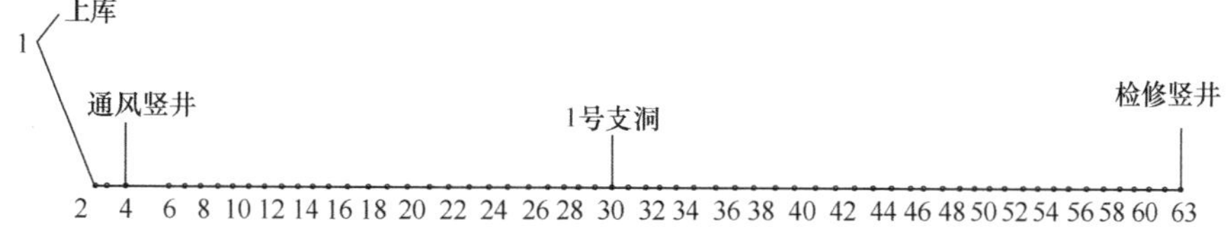

图4-7　岩塞爆破工程节点布置图

压井，为30号节点；检修闸门井为63号节点。工况1末端检修闸门井挡水时，根据实际工程情况，将通风竖井（号节点）、1号支洞（30号节点）溢流水位均设置为320m；在下游检修竖井（63号节点）进口处进行封堵，即此时63号节点的检修竖井相当于封堵体，流入检修竖井流量为0。工况2末端检修闸门井不挡水，利用竖井下游封堵体挡水，将通风竖井（号节点）、1号支洞（30号节点）的溢流水位同样设为320m；检修竖井相当于末端管道封堵的1进0出溢流式调压井，溢流水位设置为329m。

当采用特征线法进行水锤压力计算时，上库水位随时间的变化如图4-8所示，爆破开始至0.5s时间内，上库水位从岩塞体高程278m处迅速上升至395m，上升约130m，持续1s后又快速减小到水库的稳定水位316m，当爆破时间超过3s后，上库水位稳定在316m，恒定不变。

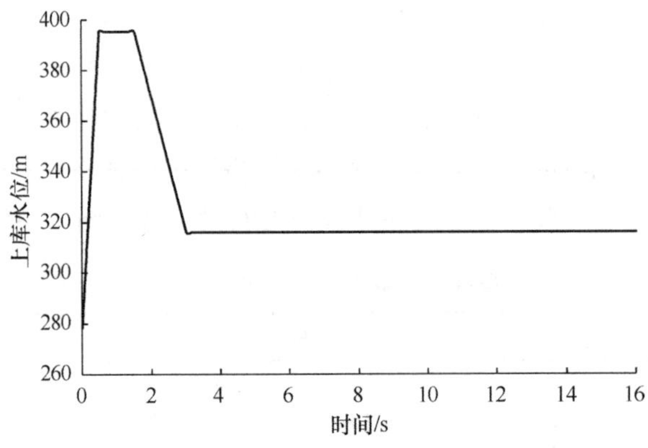

图4-8　爆破后上库水位随时间的变化

4.2.2　过渡过程计算结果及分析

当隧洞内被水体充满时，通过实际的工程布置进行一维特征线法建模，并计算工况1检修闸门井挡水及工况2检修闸门井不挡水时管道沿线及主要建筑物处的水锤压力、管道内流量变化过程及溢流量的大小。主要计算结果如下：

1. 管线压力极值分布

分别计算工况1和工况2管道沿线各个节点水锤压力极值大小，如图4-9所示，图4-9(a)为两种工况下水锤正压值极值分布，图4-9(b)为水锤负压值极值分布。由图4-9(a)可知，工况1及工况2的水锤压力在30号节点（1号支洞）前极值大小相同。正压极大值均为131.64m，发生在5号节点（通风竖井后

100m）处，整条管线较大的压力分布在 4 号节点（通风竖井）至 30 节点 1 号支洞之间，其压力值均大于 130m。通风竖井的最大压力为 131.59m，至 28 号节点处（126.17m）后又下降至 58m（30 号节点）（1 号支洞）。在工况 1 中，1 号支洞后各节点的压力值在 58m 左右，压力变化不大，由于检修闸门井封堵，闸门井内不过流，测得 63 号（检修闸门井）节点处管道静水压力为 3.65m。工况 2 中，1 号支洞后节点压力极值随着节点号的增大逐渐增大，从 58m 逐渐增大至 66m。整条管线各节点的负压极值如图 4-9(b）所示，由图可知，工况 1 及工况 2 负压极值在各节点处数值相等，管线压力最小值为−75.56m（负压），发生在 19 号节点（通风竖井和 1 号支洞中间位置）。从 4 号节点（通风竖井）至 1 号支洞位置，水锤负压极小值大多为−75m 左右，1 号支洞前管道处负压较大，1 号支洞后的压力几乎不变化，稳定在 3.65m。

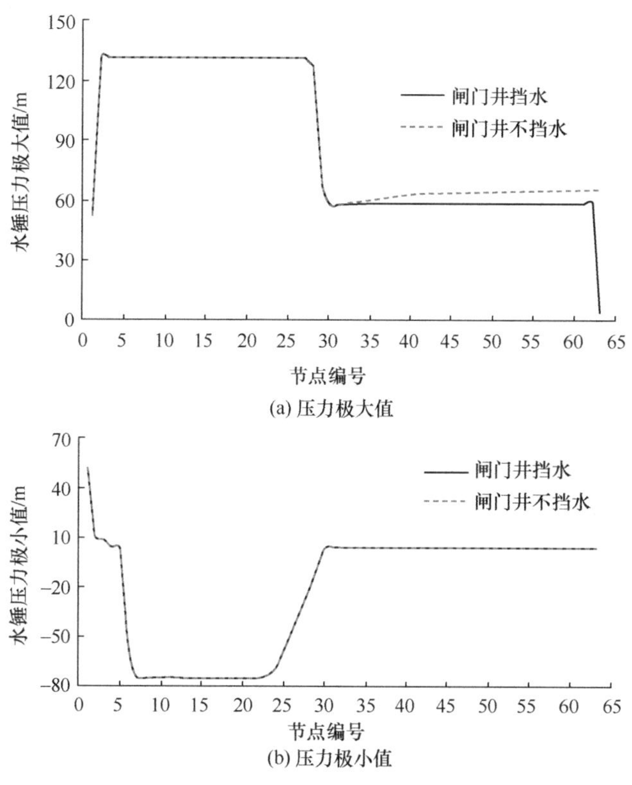

图 4-9　不同工况下各节点水锤压力极值分布

通过对两种工况下水锤压力极值的数值模拟计算可知，无论是否末端检修闸门井挡水，整个管线的水锤正压及负压值均较大，很有可能危及管道的安全，极易发生水锤事故。工况 1 中，当位于输水系统末端的检修闸门井挡水时，相当于整个系统内仅有通风竖井及 1 号支洞这两个溢流式调压井。从通风竖井到 1 号支洞之间位置的节点水锤正压极值很大，且负压非常大，在数值模拟计算中由于管道末端闸门井封堵，受通风竖井和 1 号支洞两个调压井水位波动和水锤波反射的影响，在这些节点处产生较大水锤压力，由于 1 号支洞的调压井面积较大，有效地截断了从上游传播过来的压力波，防止压力波再向下游传播，相当于有效缩短了压力管道的距离，所以 30 号节点之后节点的最大水锤压力均较小。虽然通风竖井作为调压井也可以减弱水锤压力的传播，但由于通风竖井的截面面积过小，仅为 1.13m^2，没有起到很好的水锤防护效果，当采用此工况进行爆破时会对整个管路系统造成破坏，管道十分危险。工况 2 中，当输水系统末端的检修闸门井不挡水时，检修闸门井相当于 1 进 0 出的溢流式调压室，相当于整条管道系统包含通风竖井、1 号支洞和检修闸门井三个调压井，工况 2 中压力极值分布与工况 1 大致相同，说明增设检修闸门井后，管道沿线的压力极值分布并未有效降低，说明检修闸门井没有起到较好的水锤防护作用，这是由于闸门井在管道末端，距离上游较远，且 1 号支洞调压井的当量面积足够大，管道主要依靠 1 号支洞进行压力波的消除。综上，无论工况 1 还是工况 2，管道的水锤压力极大，管道危险，容易造成水锤事故。下面将分析两种工况下典型节点处的水锤压力及流量等水力特性的变化。

2. 通风竖井内水锤压力及流量变化过程

通风竖井为 4 号节点，距离上库岩塞爆破口 25m，为圆形竖井，直径为 1.2m。在工况 1 及工况 2 中通风竖井内水锤压力、水位、流入/流出流量、溢流量随时间变化的关系如图 4-10 所示，由图可知，工况 1 及工况 2 的水锤压力、水位、流量及溢流量均相同，说明无论位于管道系统末端的检修闸门井是否挡水，通风竖井内的压力及流量的变化均不发生改变。由于通风竖井距离检修闸门井较远（约 4000m），对通风竖井产生的水锤压力没有消除作用，且二者之间还有面积较大的 1 号支洞对通风竖井的压力进行削减，所以管道末端检修闸门井是否挡水没有影响到通风竖井的水锤压力及其他水力特征的变化。由图 4-10(a) 可知，通风竖井内的最大水锤压力是第一波压力上升处的极值，为 131.6m，发生在爆破后的 1s 内，由于通风竖井距离岩塞爆破口较近，一开始爆破通风竖井内的压力便上升到最大值，后续水锤压力呈现周期性变化，有逐渐减小的趋势，第二波水锤压力最大值由 56.74m 逐渐减小到 53.17m。由图 4-10(b) 可知，通风竖井的水位在爆破后迅速上升至 323m，超过溢流水位 320m，竖井内发生溢流，经过一段时间后，水位逐渐振荡减小至 316m，趋于稳定并保持不变。通风竖井的流入、流出流量随时间的变化关系如图 4-10(c) 所示，流入、流出的流量为某一时刻通风竖井的进口流量值减去通风竖井出口的流量值，若二者差值为正，则说明调压井为流入状态，若二者差值为负，说明调压井为流出状态。由图可知，发生爆破后，通风竖井流入流量迅速达到最大为 42.11m^3/s，发生在爆破后 1s，出口流量最大为－17.03m^3/s，发生在爆破后的 7s 时刻。通风竖井的溢流量随时间的变化关系如图 4-10(d) 所示，由图可知，当发生爆破 1.8s 时，通风竖井发生溢流，最大溢流量为 27.98m^3，第一次溢流时间持续 2s，后期各时刻点陆续有水从竖井内涌出，共计涌出 3 次，第一次溢流的溢流量最大，20s 后不发生溢流。由上述分析可知，通风竖井处产生的水锤压力值较大，开始爆破后，通风竖井便开始溢流，且竖井内的过流量较大，管道较危险。

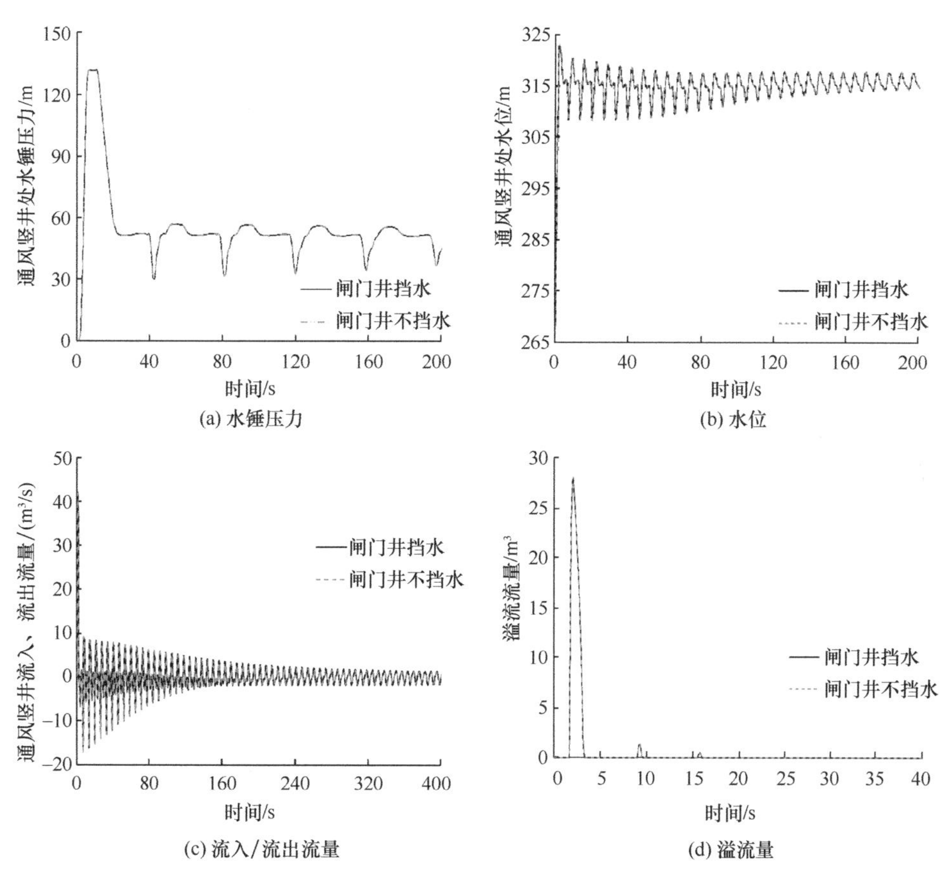

图 4-10　通风竖井处水力特性变化

3. 1号支洞处的水压、流速、流量变化过程及溢流总量

1号支洞（30节点）为直径5.6m的圆形有压隧洞，长713m，有压隧洞进口处管道高程为260.37m，出口处管道高程为320m。在进行水力过渡过程计算时，将1号支洞当量为一个一进一出溢流式调压井，当量后的调压井面积为313.9m^2，溢流水位设置为320m，若流入该调压井的涌水水位超过320m则自动发生溢流。图4-11为不同工况下1号支洞（30节点）发生爆破后水锤压力、流入/流出流量、流速及溢流量随时间变化的关系图。图4-11(a)为闸门井挡水及不挡水时1号支洞处的水锤压力变化，由图可知，闸门井挡水时最大压力为58m，发生在89.30s，闸门井不挡水时最大压力57.82m，发生在102.47s。工况1及工况2水锤压力的变化均是从管道静水压力3.65m迅速增大到最大压力值，100s后水锤压力值稳定在56m左右。1号支洞不同工况下水位的变化关系

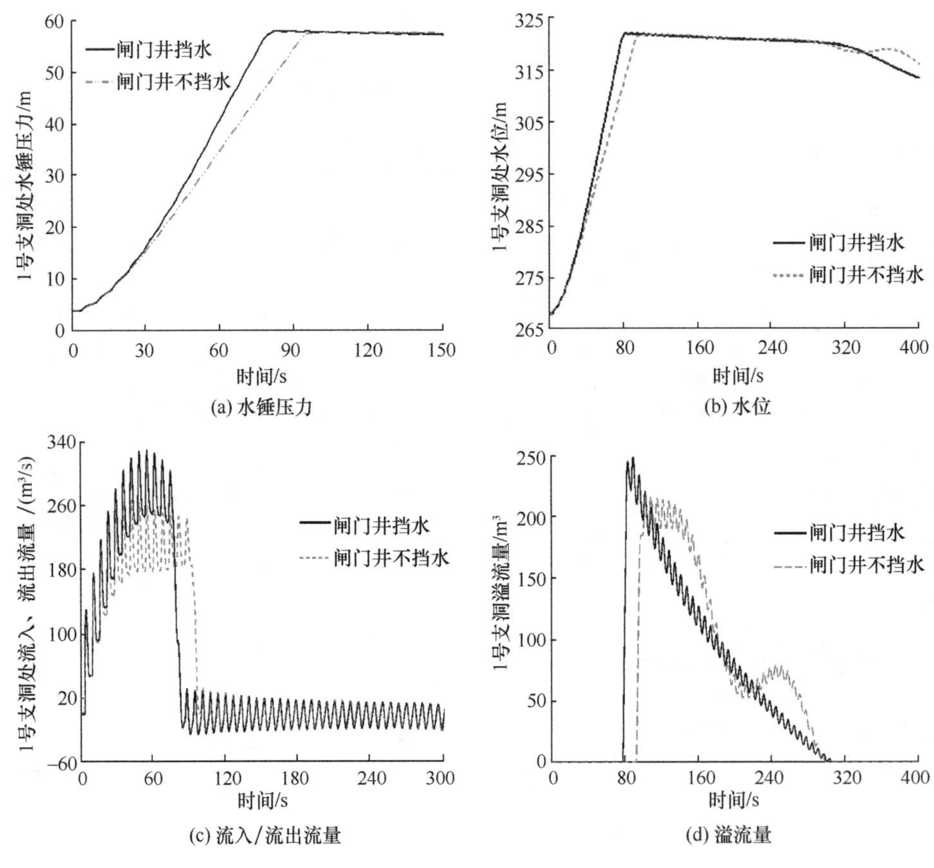

图4-11　1号支洞处水力特性变化

与压力变化关系一致，由图 4-11(b) 可知，在闸门井挡水时 1 号支洞内水位最大值为 321.98m，闸门井不挡水时 1 号支洞水位最大值为 321.81m。图 4-11(c) 为工况 1 及工况 2 中 1 号支洞流入、流出流量的变化，两种工况下爆破后水流均迅速流入 1 号支洞，当闸门井挡水时，从开始爆破后水流一直流入，持续时间为 83s，最大流量值为 330.73m^3/s；当闸门井不挡水时，水流流入持续时长为 102.63s，最大流量值为 267.30m^3/s，由于 1 号支洞当量直径较大，当发生爆破时，进出支洞的流量值也较大。图 4-11(d) 为工况 1 及工况 2 的溢流量随时间的变化关系，闸门井挡水及不挡水时 1 号支洞均超过溢流水位，发生溢流。当管道末端闸门井挡水时，1 号支洞在 77.81s 时发生溢流，溢流时间持续 277.28s，305.09s 后不再溢流，溢流过程中的最大溢流量为 321.81m^3；当管道末端闸门井不挡水时，1 号支洞在 92.64s 时发生溢流，溢流时间持续 205.95s，298.59s 后不再溢流，溢流过程中的最大溢流量为 248.79m^3。

由上可知，当末端闸门井挡水及不挡水时，1 号支洞处水锤压力、水位、流入流量及涌水变化趋势大致相同，不同之处在于：当闸门井挡水时，1 号支洞处的水锤压力及水位达到极值的时刻点要早于闸门井不挡水，闸门井挡水时流入的最大流量值大于不挡水的情况，1 号支洞在闸门井挡水时先发生溢流，且溢流量大于不挡水工况。分析原因，当闸门井挡水时，管道末端闸门井不过流，相当于封堵体；闸门井不挡水时，闸门井相当于一个 1 进 0 出的溢流式调压井。发生爆破后，较大的水锤压力从上游至下游传播，传播到封堵体处发生反射再回到 1 号支洞的时间要比闸门井不挡水时水锤波反射的周期短，所以闸门井挡水时，1 号支洞处的水锤压力极值发生的时刻要比闸门井不挡水时早。当闸门井挡水时，1 号支洞流入的流量及发生溢流时的溢流量均大于闸门井不挡水时，这是因为闸门井挡水时，水流流至闸门井处很快返回再流入 1 号支洞内，而闸门井不挡水时，闸门井处于打开状态，水流经过闸门井后大多流进闸门井中，不会大量回流至 1 号支洞，所以闸门井挡水时流入/流出流量及溢流量均大于闸门井不挡水。

4. 检修闸门井的压力、流速、流量变化过程及溢流总量

检修闸门井长 11.60m，宽 12.78m，高 81.1m，检修层水位为 329.0m，若水位超过检修层水位，将会使检修层遭到破坏，产生闸门井事故，当闸门井的最高水位低于 329m 时才能保证检修层不会被淹没。由于检修闸门井后设置了封堵体，不进行过流，在水力过渡过程计算时，检修闸门井相当于 1 进 0 出的溢流调压井，检修闸门井（63 号节点）溢流水位设置为 329m，当该节点水位超过 329m 时，检修闸门井处发生溢流。图 4-12 为检修闸门井挡水及不挡水的工况下，闸门井处的水锤压力、水位、流入/流出流量及溢流量随时间变化的关系图。由图可知，当闸门井挡水时，闸门井处不过流，在计算过渡过程时，把检修闸门井节点简化为封堵盲端，所以图中检修闸门井处的压力为静水压力 3.65m，水位为管顶高程 267.67m，流入流量为 $0m^3/s$，闸门井处不溢流，溢流量为 $0m^3$，以上变量均不随时间发生改变。当检修闸门井不挡水时，闸门井处水锤压力变化如图 4-12(a) 所示，由图可知，最大压力为第一波压力上升处的极值，在 97.64s 处达到最大值 65.94m，随后压力值稳定在 52m 处。由图 4-12(b) 可知，闸门井处水位的变化与压力变化一致，涌水在 97.97s 时达到最大水位 329.89m，第一波最大水位超过溢流水位 329m，闸门井的检修层将被水淹没。由图 4-12(c) 可知，闸门井流入流量在 65.48s 时达到最大值 $87.52m^3/s$，之后流入/流出流量呈现周期变化。当流入闸门井流量较大时，管道水位升高，达到溢流高度 329m 时，闸门井发生溢流，由图 4-12(d) 可知，闸门井在 94.13s 时发生溢流，溢流持续 23.66s，在 121.63s 后水位开始下降，不再溢流，溢流过程中的最大溢流量为 $41.62m^3$。由上述分析可知，当末端的检修闸门井不挡水时，井内涌水水位超

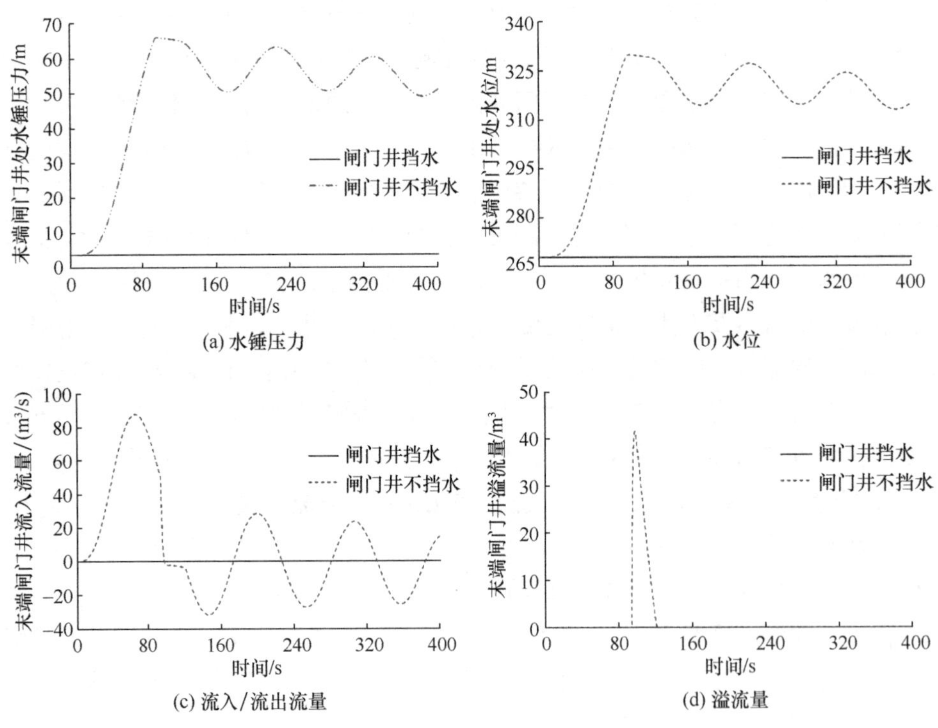

图 4-12　检修闸门井水力特性变化

过检修层最低水位，检修层会被淹没，闸门井可能发生危险。

5. 负压最低节点水锤压力及流量变化

19号节点在通风竖井和1号支洞之间位置，该点距1号支洞1463m，距离1号支洞首端1756m，在工况1及工况2的计算中，该节点是管道负压极值最大的节点。以该节点作为隧洞内典型节点分析过渡过程中水锤压力及流量变化。图4-13为19号节点的水锤压力及流量随时间变化的关系图，由图4-13(a)可知，发生爆破后3.16s闸门井挡水和闸门井不挡水水锤压力值均达到最大值131.26m，由于水锤波和通风竖井等调压井的反射，在5.49s达到压力最小值为−75.37m。水锤压力值呈现周期性变化，40s后闸门井挡水时的压力值要大于闸门井不挡水，时间为80s时，挡水时水锤压力为108.43m，不挡水时水锤压力为101.81m，受水锤波反射和两个调压井（通风竖井和1号支洞）的影响，虽然1

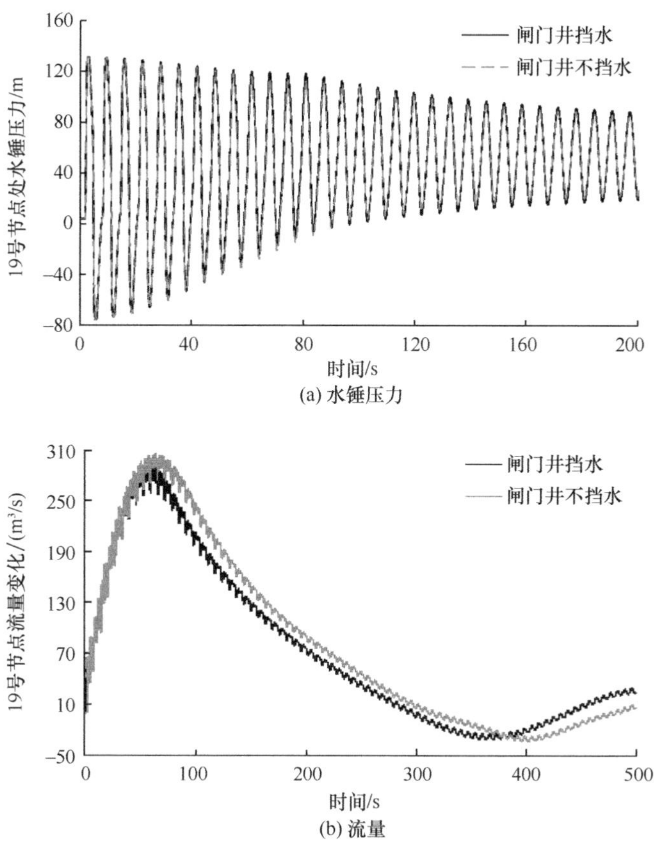

(a) 水锤压力

(b) 流量

图4-13　隧洞内19号节点处压力及流量变化

号支洞面积较大，削弱了部分水锤压力，但由于爆破产生巨大的压力，所以 19 号节点处仍产生较大水锤压力。当闸门井不挡水时，管道中相当于有三个调压井（通风竖井、1 号支洞和闸门井），爆破时除了通风竖井和 1 号支洞对水锤波的消减，管道末端的闸门井虽然距离 19 号节点较远，但仍起到了小部分消减压力的作用，所以在爆破后一段时间闸门井挡水时的管道压力值大于闸门井不挡水时的压力。图 4-13(b) 为 19 号节点不同工况下流量变化。由图可知，当闸门挡水和不挡水时，流量的变化趋势都是迅速上升后再下降，当闸门井挡水时，流量最大值为 293.81m^3/s，闸门井不挡水时流量最大值为 306.44m^3/s，闸门井挡水时流量小于不挡水时流量，这是由于闸门井挡水时 19 号节点处的压力大于不挡水时的压力，则挡水时压力差小于不挡水时压力差，所以挡水时流量小于不挡水。

6. 结果分析

通过以上对工况 1（闸门井挡水）及工况 2（闸门井不挡水）的计算结果可知，工况 1 中，通风竖井到 1 号支洞之间节点处的水锤压力正压与负压均较大，正压极值为 131.26m，负压极值为－71.42m。由于管道末端检修井封堵，导致水流无法流入闸门井，水流往回流动过程中水位升高，压力增大，过多的水流流入并在 1 号支洞及通风竖井位置发生溢流，虽然通风竖井作为调压井也可以减弱水锤压力，但由于通风竖井的截面面积过小，面积仅为 1.13m^2，没有起到很好的水锤防护效果，所以在通风竖井至 1 号支洞之间各节点的水锤压力过大，爆破过程产生的巨大水锤压力可能会对管道造成严重危害。工况 2 中压力极值分布与工况 1 大致相同，从通风竖井到 1 号支洞管道水锤正压及负压均较大。当闸门井不挡水时，相当于整个系统共有通风竖井、1 号支洞和检修闸门井 3 个调压井，增设检修闸门井后，管道沿线的压力极值分布并未降低很多，由于闸门井布置在管道末端，距离上游较远，且 1 号支洞调压井的当量面积足够大，管道主要依靠 1 号支洞削弱水锤压力波。通过计算可知检修闸门井的涌水最高水位为 329.89m，超过人工操作台 329m 水位近 1m，检修竖井内水位将淹没人工操作平台，造成闸门井事故，危害较大。

综上，无论工况 1 还是工况 2，当隧洞内完全充满水时，爆破过程中管道的水锤压力极大，管道危险，容易造成水锤事故，且当末端闸门井不挡水时，人工操作平台会被淹没，造成闸门井事故，损失无法预估，所以不建议采用工况 1 及工况 2 进行实际爆破。由于爆破后输水系统中管道压力过大，且负压严重，所以需要在系统布置的基础上增设水锤防护措施以确保管道安全。

4.2.3 水锤防护措施研究

通过对 JHSD 岩塞爆破过渡过程的模拟计算可知，管道沿线压力较大，负压较大，工况 1 及工况 2 中通风竖井至 1 号支洞之间的节点处负压值均在汽化压力（—10m）之下，此时管道会产生液柱分离现象，进而对输水系统造成严重破坏，并会造成严重损失。对于水锤压力较大的管道需要增加水锤防护措施以保证输水系统的安全，为了避免爆破过程中检修闸门井被淹没造成事故，应将闸门井封堵，故本节仅对末端闸门井挡水工况（工况 1）进行水锤防护措施研究，当闸门井挡水时，整个输水系统中主要有通风竖井和 1 号支洞作为水锤防护措施，但通风竖井的截面面积仅 1.13m^2，面积很小，不能有效反射水锤波和调节竖井内涌水的变化，没有起到较好降压效果，水锤防护效果差。由于岩塞体爆破后上库压力变化较大，水位波动较大，需要在输水管道上游处增设水锤防护措施来减小水锤压力。由于通风竖井距离水库较近，仅 44m，在此处设置防护措施可以保护引水隧洞的大部分管道免受水锤压力的破坏，若通风竖井面积足够大，可以有效削弱水锤波，使水锤压力有一个释放通道，便可以减小输水管道的压力。故本节主要研究当末端检修闸门井挡水时通风竖井截面面积的大小对管道中水锤压力的影响，通过对不同面积下通风竖井产生的水锤压力进行对比，选择一个满足管道承压标准且负压不低于汽化压力的竖井截面面积以达到水锤防护的效果。

为了分析不同截面面积的通风竖井水锤防护效果，分别将通风竖井直径设置为 1.2m、4m、6m、8m、10m 分别对工况 1 进行水力过渡过程计算。通过计算，不同通风竖井直径下各节点的压力极大值与极小值如图 4-14 所示。由图可知，当通风竖井直径增大后，通风竖井至 1 号支洞之间管道沿线压力逐渐减小，由于 1 号支洞（30 节点）截面面积较大，有效地降低了 30 节点后的水锤压力，1 号支洞后管道压力较小，通风竖井处面积的变化仅对通风竖井（节点）至 1 号支洞（30 节点）的压力产生较大变化。以 20 节点为例，当直径从 1.2m→4.0m→6.0m→8.0m→10.0m 时，正压极值从 131.48m→131.89m→114.61m→94.21m→78.40m，负压极值从—75.18m→—69.04m→—47.86m→—22.74m→—3.77m，当竖井直径 1.2m 增大到 4.0m 时，压力变化不大，说明管道水锤压力较大，4m 直径不能有效消减水锤波，当直径继续增大，压力变化较大，竖井截面面积对管道压力极值的影响较大，通风竖井截面面积越大，管道压力极值减小。以上结果说明加大通风竖井直径以减小水锤压力的防护措施是可行的。为了方便对比管道中通风竖井至 1 号支洞的压力极值变化，将通风竖井及 1 号支洞中间位置的压力

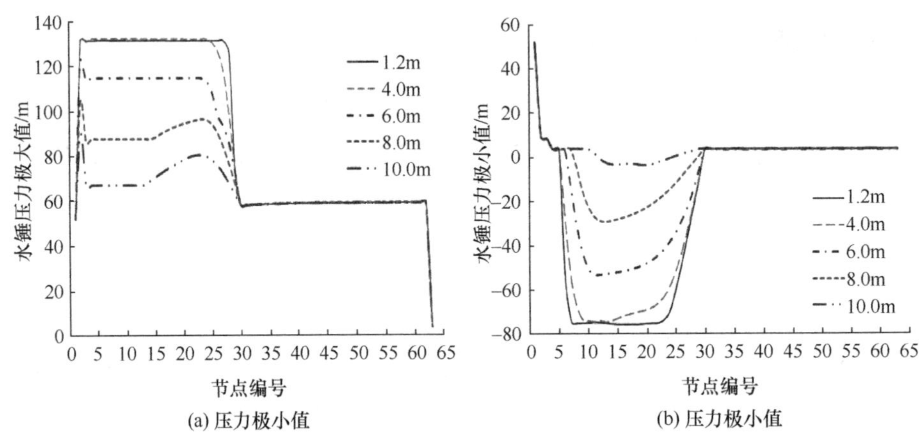

(a) 压力极小值　(b) 压力极小值

图 4-14　不同通风竖井直径水锤压力极值

极值汇总于表 4-2 与表 4-3 中。

由表 4-2 可知，通风竖井直径越大，位于通风竖井和 1 号支洞之间管道内的压力值越小。当竖井直径由 1.2m 增大到 10m 时，距通风竖井 150m 的位置处最大压力从 131.64m 减小到 67.02m；随着竖井直径的增大，距通风竖井 3000m 位置处最大压力从 71.30m 减小到 62.88m。当通风竖井直径由 1.2m 增大到 10m 后，通风竖井到 1 号支洞之间的正压最大值均小于 80m，说明竖井直径的增大可以有效减小水锤正压值。由表 4-2 可知，管道内的负压极值随通风竖井直径的增大逐渐减小。如距通风竖井 950m 处最大负压从 −75.29m 减小到 −3.45m；2250m 处最大负压从 −47.88m 减小到 1.44m。当竖井直径小于等于 8m 时，距离通风竖井 1750m 处的负压值大多低于 −10m，此时管道内极有可能出现液柱分离现象，危及管道安全。当通风竖井直径为 10m 时，通风竖井到 1 号支洞之间位置的负压最小值为 −3.53m，管道内负压极值在汽化压力之上，基本满足管道的承压标准，所以要使管道压力值高于汽化压力，通风竖井直径在 10m 左右。

不同通风竖井直径下不同位置处正压极值（单位：m）　　**表 4-2**

竖井直径	距通风竖井距离							
	150m	550m	950m	1350m	1750m	2250m	2650m	3000m
1.2m	131.64	131.6	131.58	131.5	131.46	131.41	126.17	71.3
4.0m	132.06	132.01	131.96	131.91	131.87	126.25	97.15	73.63
6.0m	114.73	114.69	114.65	114.62	114.58	97.97	85.74	73.2

续表

竖井直径	距通风竖井距离							
	150m	550m	950m	1350m	1750m	2250m	2650m	3000m
8.0m	87.48	87.46	87.44	92.32	95.61	89.88	76.17	67.46
10.0m	67.02	67.01	68.52	75.49	80.3	75.56	67.6	62.88

不同通风竖井直径下不同位置处负压极值（单位：m）　　**表 4-3**

竖井直径	距通风竖井距离							
	150m	550m	950m	1350m	1750m	2250m	2650m	3000m
1.2m	−54.7	−74.75	−75.29	−75.55	−74.84	−47.88	−22.59	−9.77
4.0m	−27.78	−74	−73.91	−70.33	−65.99	−42.89	−21.42	−8.97
6.0m	3.82	−50.31	−52.31	−50.04	−44.27	−28.63	−14.78	−5.38
8.0m	3.82	−22.25	−28.71	−25.34	−19.24	−8.75	−2.43	0.91
10.0m	3.82	3.82	−3.45	−3.33	−2.56	1.44	2.93	3.73

为了对比不同竖井直径下内水压力随时间的变化关系，将通风竖井（4 号节点）及 19 号节点处的压力随时间的变化绘于图 4-15 及图 4-16 中，为了便于看出不同直径压力变化规律，仅选取三个直径（1.2m、6m 及 10m）进行比较。图 4-15为不同直径下通风竖井处的压力随时间变化的关系图，由图可知，通风竖井节点处的压力随着直径的增大逐渐减小，随着竖井直径从 1.2m 增大到 6m 再增大为 10m，最大压力由 131.54m 减小到 114.61m 再减小到 67.02m。从图中

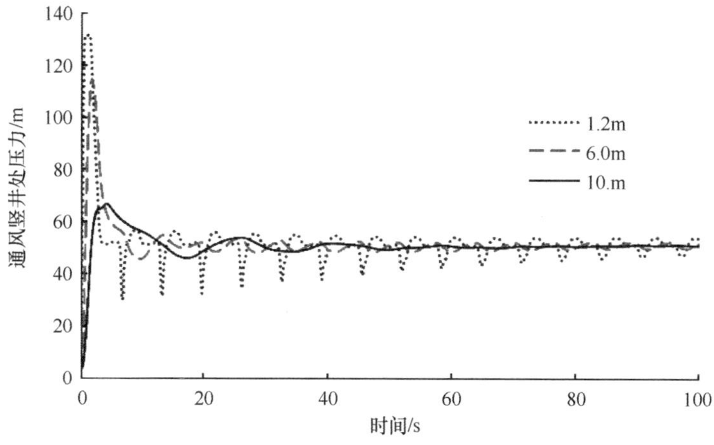

图 4-15　不同竖井直径下通风竖井处压力极值变化

还可看出，随着通风竖井面积的增大，竖井内压力及涌水的周期逐渐变长，压力的幅值逐渐减小，压力变化越小越有利于沿线水锤压力的防护。图 4-16 为不同直径下 19 号节点的压力随时间的变化关系，随着竖井直径增大，19 节点处的压力逐渐减小。随着竖井直径从 1.2m 增大到 6m 再增大为 10m 时，19 号节点处正压极值由 131.26m 减小到 114.41m 再减小到 76.97m，负压极值由－75.37m 变化到－48.75m 再变到－3.71m。说明随着通风竖井面积的增大，19 号节点处的最大正压呈下降趋势，真空度逐渐减小，且在管径为 10m 时，负压值在汽化压力－10m之上，满足管道的承压标准。

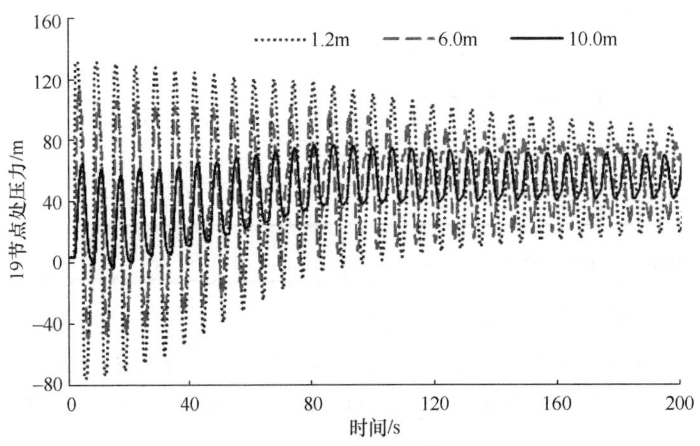

图 4-16　不同竖井直径下 19 节点处压力极值变化

通过以上计算结果可知，加大通风竖井截面面积对该爆破工程水锤防护是有利的。随着通风竖井面积的增大，管线的最大压力呈明显的下降趋势，正压及负压都得到了很好的控制，截面面积越大，压力值越小。当通风竖井直径为 10m 时，管道负压值均在汽化压力之上，满足管道负压安全控制的最低条件。所以该工程实际爆破前需要加大通风竖井的截面面积，竖井直径要保证不低于 10m，即面积不小于 78.54m^2 时水锤压力才能满足控制要求，方可保证管道安全。但经考察得知，通风竖井距离上库较近，该处地质不稳定，开挖 10m 直径的通风竖井，可能对岩石结构造成破坏，10m 直径调压井的花费太大，造价过高。综合考虑，不建议进行隧洞充满水即管道有压时爆破，以防止对输水管道造成严重破坏，综合考虑，为了消除过大的水锤压力，应在隧洞内水位低于管顶高程，隧洞内为无压流时进行爆破，这样可以很好地消除由水锤压力产生的负压。

4.3　水气过渡过程研究

由上节分析可知，若隧洞内充满水、管道为有压状态进行实际爆破时，爆破后水锤正压过大，负压较大，很可能会对输水系统及建筑物造成严重破坏，基于该工程的实际地质情况，实际工程中无法加大通风竖井面积进行有效的水锤防护，所以综合考虑，选择在隧洞没有完全充满水时进行实际爆破，将该方案的定为工况 3：即岩塞爆破时利用闸门井挡水，施工隧洞处于明渠无压流状态，上游库区水位 316m，隧洞内冲水水位 266m。隧洞内有大量气体存在，当发生爆破时，隧洞内呈现水气两相流流态，基于 HJSD 岩塞爆破工程的水气两相布置示意图（图 4-5）建立的水气两相流模型对隧洞及通风竖井的排气过程、气体压力、水体压力、气体质量、涌水高度等参数的变化过程进行了计算。

4.3.1　水气两相流计算结果及分析

1. 通风竖井处水位、压力及溢流高度的变化

通风竖井内的水位变化随时间的关系如图 4-17(a) 所示，由图可知，在岩塞体发生爆破后的 1540s 内，竖井内的水位均在 267m 上下浮动，说明此时管内仍有大量气体存在，气体压力较大，水流没有足够大压力向上冲击气体，水位几乎不变。爆破发生后 1543s，通风竖井内的水位开始迅速上升，在爆破后约 27min（1609s）时达到最大，为 325.36m，水位上升后持续波动 6min（361s）后开始下降，在爆破后 33min(1970s) 后水位下降至 316m，随后压力波动较小，最终水位基本维持在与上库水位一致的 316m 处，不再变化。图 4-17(b) 为通风竖井内的压力变化，由图可知，压力与水位变化趋势相同，通风竖井内压力最大值为 60.86m，2000s 后水压力维持在 51.5m，不再发生变化。发生岩塞爆破后，通风竖井内涌水高度随时间的变化过程如图 4-17(c) 所示，在工况 3 的水气两相流模型中，通风竖井的溢流高度设置为 320m，即通风竖井的水位超过 320m 后开始溢流。由图可知，在爆破后约 27min（1609s）时通风竖井开始溢流，溢流高度最大为 5.36m，持续总时长约 6min，之后竖井内水位均在溢流水位以下，不再溢流。

2. 1 号支洞处水位、压力、涌水、流速的变化

1 号支洞内的水位、压力及流速随时间变化的关系如图 4-18 所示，由图 4-18(a)可知，爆破发生后，1 号支洞的水位迅速上升，在爆破后 72s 时，第

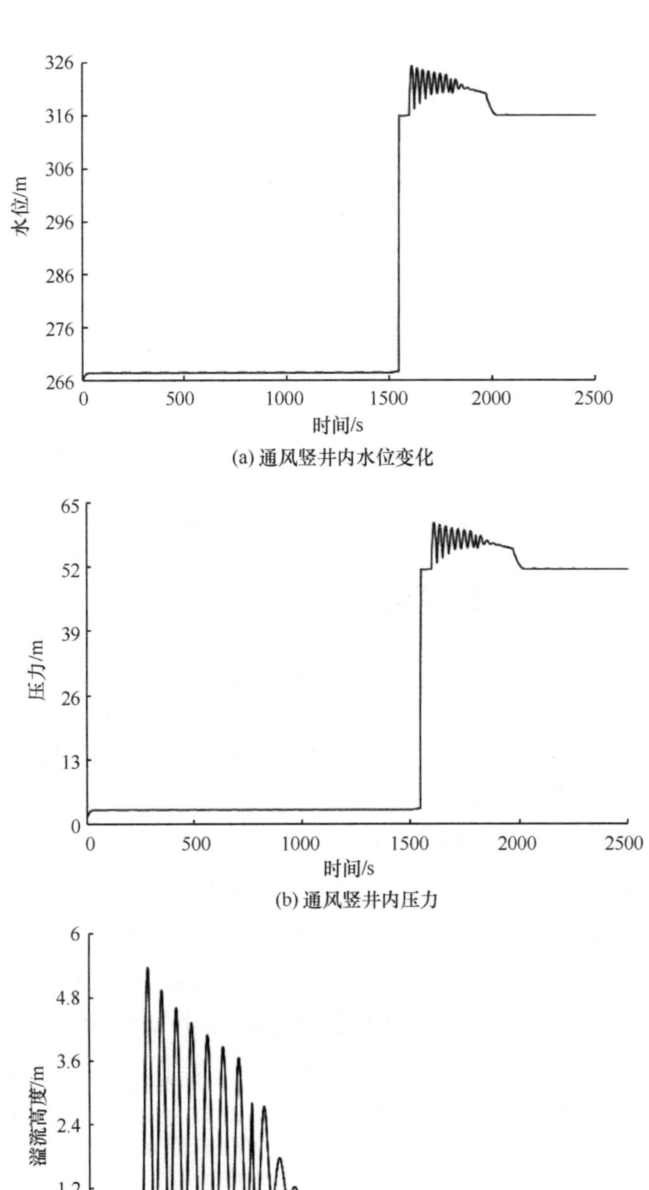

图 4-17　通风竖井水位、压力及溢流高度的变化

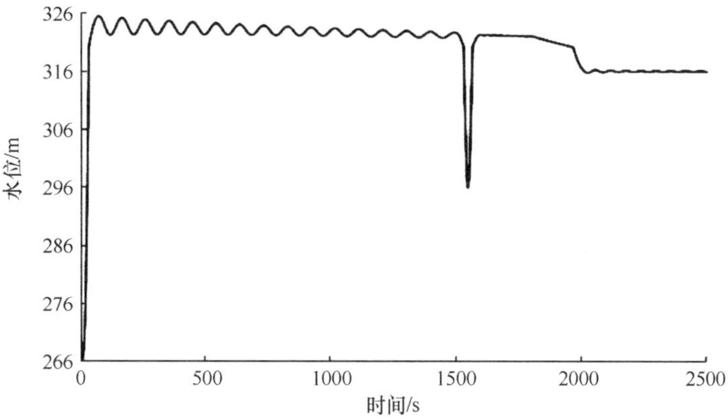

(a) 水位的变化

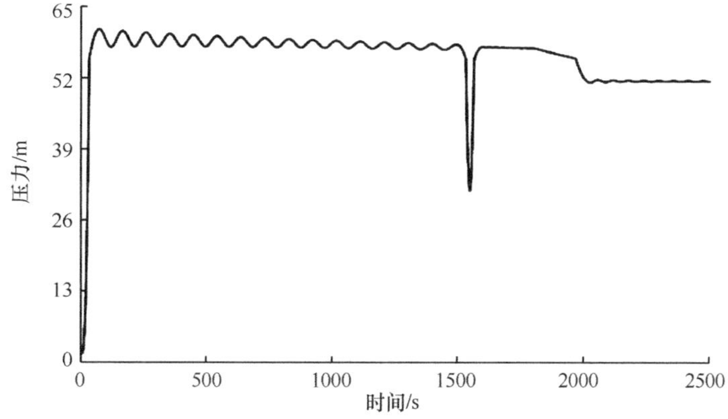

(b) 压力的变化

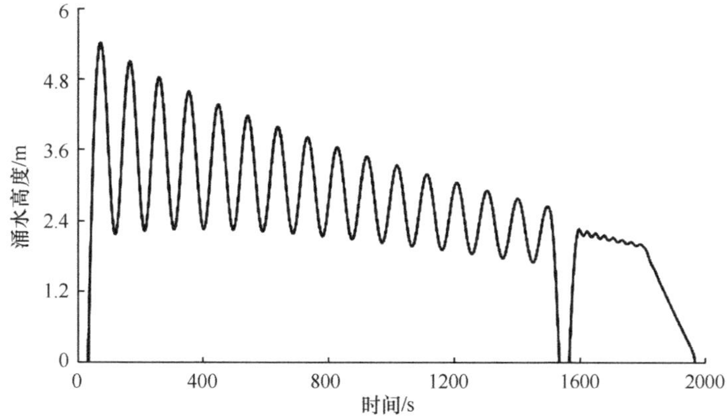

(c) 涌水高度的变化

图 4-18　1 号支洞水位、压力、涌水及速度的变化（一）

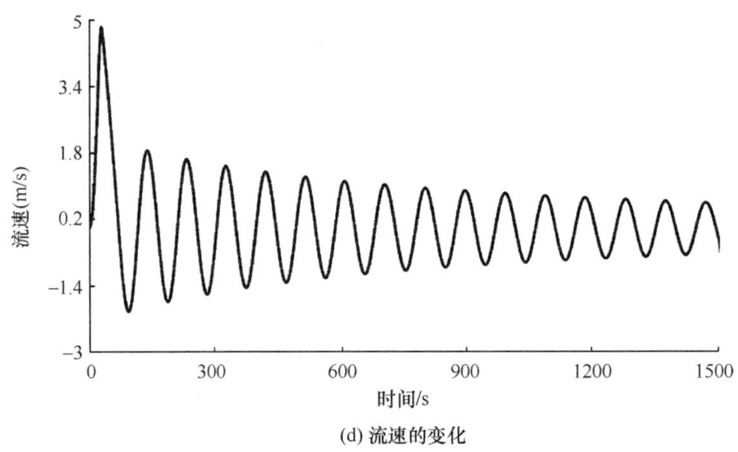

(d) 流速的变化

图 4-18　1 号支洞水位、压力、涌水及速度的变化（二）

一波压力达到最大值 325.42m。爆破后的 1500s 内 1 号支洞水位一直在 321～323m 上下波动，波动幅度较小。直到 1543s 后，水位突然降到最低点 296.3m，这是因为当爆破发生后 1543s 隧洞内的气体基本被排出，水体占据隧洞内气体体积，隧洞内的气体压力减小，而伴随着水压力上升隧洞及竖井内水压力开始增大，使通风竖井内的水位达到溢流高度并向上喷射，支洞处水流向隧洞竖井内流动，导致支洞的水位迅速下降。当爆破 2000s 后，1 号支洞的水位基本稳定在与上库水位一致的 316m 处，不随时间波动。由图 4-18(b) 可知，压力变化与水位变化趋势相同，压力在 72s 达到最大，最大值为 60.92m，2000s 后压力维持在 51.5m（水位 316m），随后压力不发生变化。1 号支洞出口处涌水高度随时间的变化过程如图 4-18(c) 所示，根据工程实际情况，1 号支洞的溢流水位设置为 320m，当支洞内水位超过 320m 后开始溢流，在爆破后约 72s 时 1 号支洞开始溢流，溢流高度最大为 5.42m，经计算总溢流量为 2.18 万 m^3，2000s 后 1 号支洞水位均在溢流水位以下，不再溢流。1 号支洞水流流速随时间的变化过程如图 4-18(d) 所示，由图可知，1 号支洞的最大流速为 4.81m/s，发生在爆破后 30.2s 时。

3. 隧洞内气体压力及质量的变化

在岩塞体爆破前，隧洞内有大量气体存在，隧洞内冲水水位为 266m，距离隧洞顶部高程还有 1.7m，经过计算，隧洞内气体的初始体积为 3.1 万 m^3。隧洞内的气体的压力随时间变化的关系如图 4-19(a) 所示，由图可知，当发生爆破后，由于上库水位较高，进入隧洞的水体压力较大，将隧洞内的气体向 1 号支洞处挤压，爆破后 119s 时，隧洞内气体压力达到最大为 75.11m，随后气体压力略有减小；当时间达到 1500s 时，气体压力骤然减小，从 62.03m 直接减小到 10.33m，在 1550s 后隧洞内气体已经全部通过通风竖井排出，隧洞内已经完全被水充满，气体压力为当地大气压 10.33m。隧洞内的气体的质量随时间变化的关系如图 4-19（b）所示，岩塞爆破后前 1500s 气体质量均为初始气体的质量 40220kg，不发生变化；在 1550s 后隧洞内气体迅速下降至 0kg，说明有压隧洞内的气体已经全部通过通风竖井排出，隧洞已被水充满。

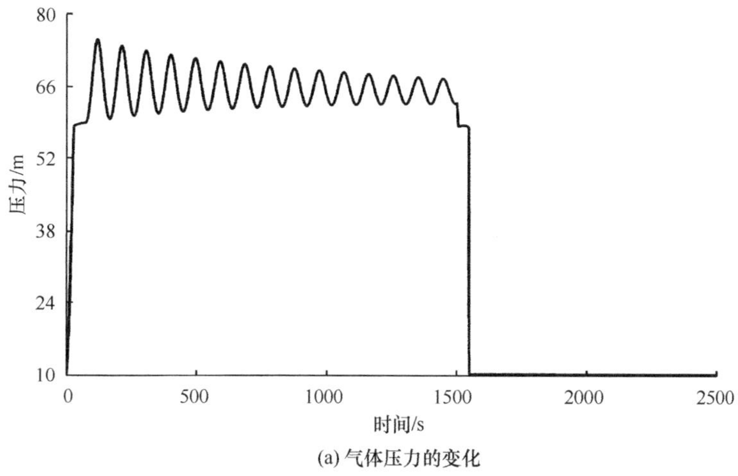

(a) 气体压力的变化

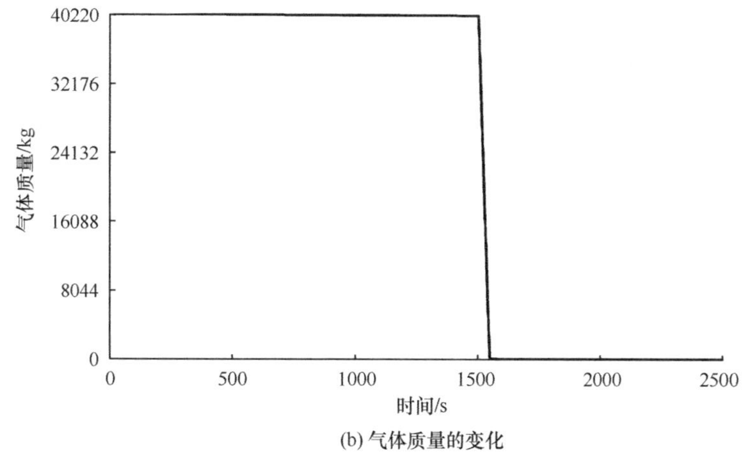

(b) 气体质量的变化

图 4-19　隧洞内气体压力及质量的变化

4.3.2 水气数值模拟结果与实际工程结果对比

岩塞爆破工程已于近日成功实施，实际岩塞爆破库水位为 316.0m，隧洞充水水位为 266.0m，爆破条件与所给建议工况 3 一致。利用竖井内的检修闸门进行挡水，其中通风竖井、1 号支洞为本次岩塞爆破的调压建筑物。爆破后，岩塞边坡未发生滑塌，稳定性较好；爆破前后地形变化不大，爆破效果良好。爆破过程中，检修闸门井振动较小，闸门井处于安全状态。综合各项监测成果，基本未发现爆破有害效应造成的影响，本次岩塞爆破达到了预期模拟计算的结果，与水气模型计算结果相差不大，爆破后的实测数据与水气数值模拟的结果对比分析如下：

1. 通风竖井的涌水复核

实际爆破过程中，通风竖井实际涌水高度如图 4-20 所示，由实时观测录像可知，通风竖井处在爆破结束 30min 后开始涌水，最大涌水高程为 326m，持续时间为 4min。在水气模型数值模拟计算中，通风竖井涌水情况如图 4-21 所示，由图可知，通风竖井在爆破后约 27min 后开始涌水，最大涌水高程为 325.36m（涌水高度 5.36m），持续总时长约 6min，以上结果说明通风竖井处爆破后的实测数据值与模拟结果较为相符。

图 4-20 实际爆破中通风竖井的涌水高度

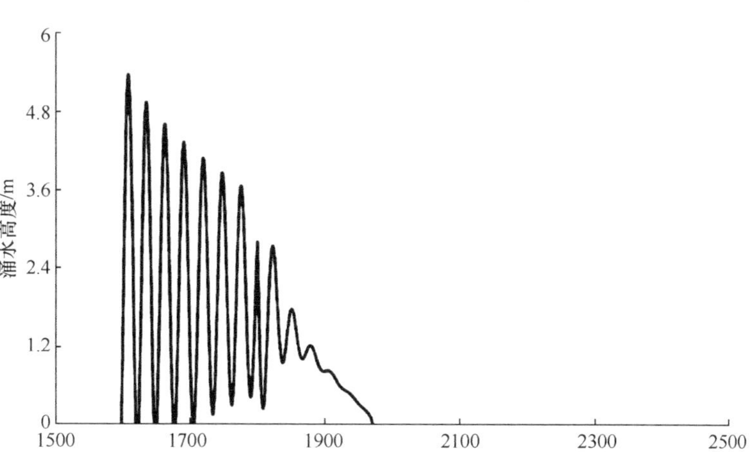

图 4-21　水气两相数值模拟计算中通风竖井的涌水高度

2. 1号支洞的涌水复核

实际爆破过程中，1号支洞实际涌水情况如图4-22所示，1号支洞平均溢流速度为6.4m/s，溢流最大高度为4.5m，平均为3.5m，溢流量为3.2万m^3。水气两相数值模拟计算中，1号支洞出口处的流速及涌水高度随时间的变化过程如图4-23所示，由图4-23(a)可知，1号支洞的最大流速为4.81m/s；由图4-23(b)可知，涌水最大高度为5.42m，平均为3.47m，总溢流量为2.18万m^3。以上结果说明爆破后1号支洞处的实测数据值与模拟结果较为相符。

图 4-22　实际爆破中1号支洞的涌水高度

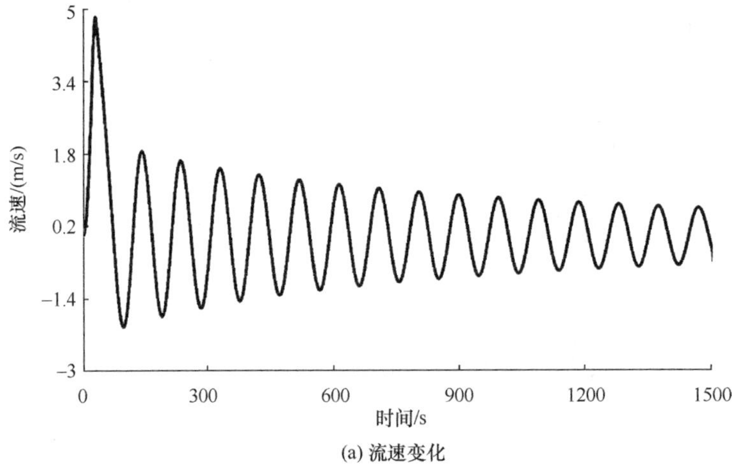

(a) 流速变化

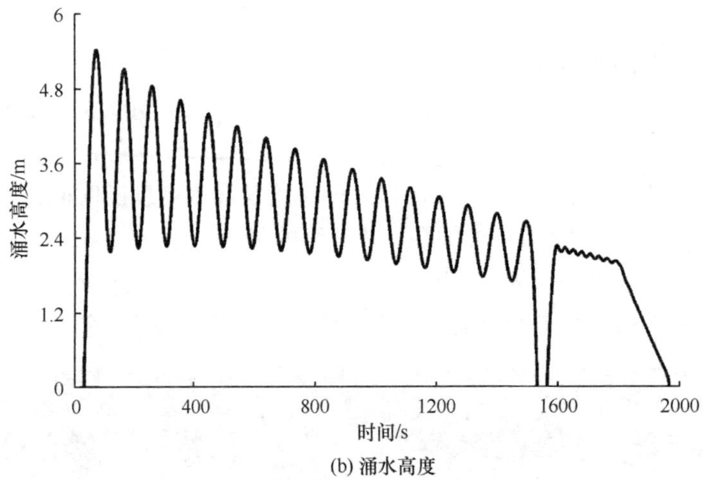

(b) 涌水高度

图 4-23　数值模拟计算中 1 号支洞流速及涌水高度变化

4.4　本章小结

本章分别在输水隧洞为有压满流状态和无压流状态时建立了特征线法模型和水气两相流模型，进行了岩塞爆破工程的数值模拟仿真计算。通过对隧洞内水流不同流态的数值模拟计算结果进行分析，并将模拟结果与实际工程数据进行对比，验证了数值模拟的可靠性。主要得到以下结论：

（1）基于水锤的基本理论用特征线法建立了数学模型用于模拟岩塞爆破工程

隧洞内为满管状态的水力过渡过程。根据模拟结果，在发生爆破后不同工况下管道中内均产生巨大水锤压力，系统末端检修闸门井挡水时的水锤压力超过不挡水时的压力。闸门井不挡水时涌水水位超过检修平台，可能造成闸门井事故。

(2) 由于水锤压力较大，在原系统布置的基础上提出了增大通风竖井面积的水锤防护措施以确保管道的安全，计算了不同的竖井面积对管道水锤压力的影响，当通风竖井直径达到10m时管道压力得到了较好的控制，达到了水锤防护的效果。

(3) 基于实际气体及液体的流动特性建立了水气两相流数学模型，采用Fortran语言编程计算了隧洞为无压状态时管道系统的水力特性。经过计算，当隧洞为无压流时，管道的压力值满足承压标准，且爆破过程无负压产生，建议选择隧洞无压状态进行爆破。

(4) 将数值模拟结果与实际爆破工程实测数据进行了对比，验证了数值模拟的可靠性。

第 5 章　关阀水锤规律及空气阀优化数值模拟研究

本章基于波特性法，针对起伏变化大、凸起点众多的输水工程，首先分析无防护措施下的关阀规律对管道水锤压力的影响，提出以空气阀作为主要防护措施，先消除管道的巨大负压使其处于汽化压力之上，对比研究普通空气阀和三动式空气阀的防护效果，并对三动式空气阀孔径参数进行敏感性分析，最后采用两阶段关阀联合三动式空气阀对该工程进行防护，以消除管道负压，为类似工程的水锤防护提供相应参考。

5.1　工程概况及模型建立

某工程位于新疆某地区，为有压重力流输水。起点为引水隧洞出口稳压水池 A。如图 5-1所示，最高水位 665m，终点为某市供水点，在桩号 94＋700 处设有一调压水池 B，设计水位 585m。选取桩号 0＋000 至 94＋700 段进行计算分析，

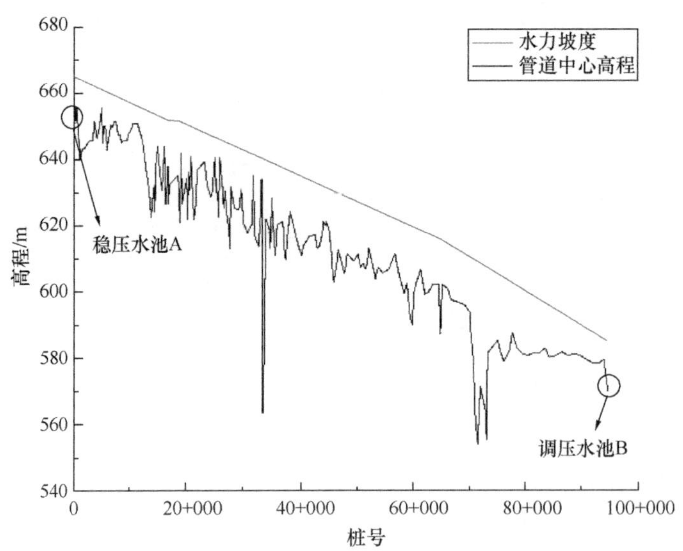

图 5-1　管线纵剖面图及测压管水头线

管道长度94.7km，设计流量17.1m³/s，其中桩号0+000～64+748段（长度64748m）为DN3400的PCCP管。桩号67+748～94+700段（长度26952m）为DN3200的PCCP管。输水管线中心高程以及稳态工况下的测压管水头线如图5-1所示。根据《城镇供水长距离输水管（渠）道工程技术规程》CECS 193：2005的规定，管道允许承压不应超过最大工作压力1.3～1.5倍，该工程全部以1.3倍工作压力为目标进行校核，即发生水锤时管道承压不超过105.3m水柱（最大工作压力为81m），管道最大负压值不超过－2.0m。计算得知关阀时间小于190s时会发生直接水锤，直接水锤在工程中是要避免的，因此关阀时间不应该小于该值。

5.2 计算原理及数学模型

5.2.1 波特性法介绍

波特性法是由美国肯塔基大学教授Wood以瞬态管流因为管道系统水力扰动引发的压力波的发生和传播这一物理概念为理论基础提出来的，数值求解采用的是拉格朗日法，是根据水击波的发生、传播和反射，来计算不同时间间隔内各个节点的瞬态压力值，它具有清晰直观的物理概念和边界条件便于计算机编程的优点，具备较高的计算效率。

5.2.2 阀门边界条件

阀门的计算模型如图5-2所示，图中Q_1、Q_2、Q_3、Q_4分别为水锤波到达前后由阀门流出的体积流量，H_1和H_2分别为阀门上、下游的初始水头，D_1、D_2

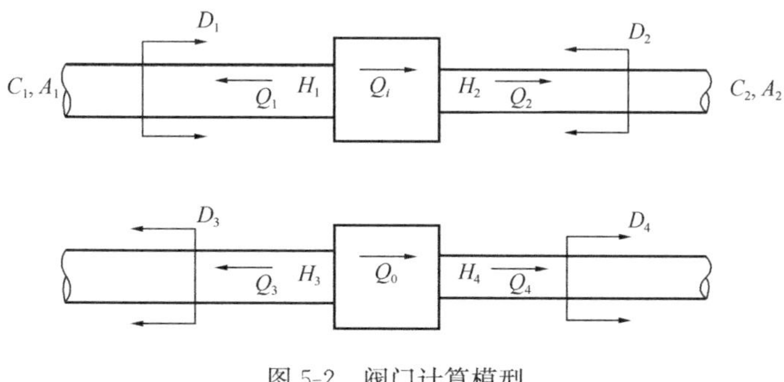

图5-2 阀门计算模型

分别为从上游和下游传向阀门的水锤波，D_3 和 D_4 分别为 D_1 和 D_2 到达阀门并发生相互作用后阀门上、下游的水锤波，C_1、A_1 和 C_2、A_2 分别为阀门两端管道的水锤波速和截面积。

假设流向阀门的流量方向为负，根据连续性定理可知：$Q_1=-Q_2$，$Q_3=-Q_4$。将基本的瞬态流方程应用于传播至阀门和由阀门传出的水锤波，可推导出流量-压力关系式如下：

$$D_3=D_1+F_1(Q_3-Q_1) \tag{5-1}$$

$$D_4=D_2+F_2(Q_4-Q_2) \tag{5-2}$$

式中：$F_1=C_1/gA_1$，$F_2=C_2/gA_2$。

产生水锤波作用后，阀门上、下游水头分别为：

$$H_3=H_4+D_1+D_3 \tag{5-3}$$

$$H_4=H_2+D_2+D_4 \tag{5-4}$$

假设流过阀门的流量及水头始终满足以下关系式：

$$\Delta H=A(t)+B(t)Q+C(t)Q\mid Q\mid \tag{5-5}$$

式中：ΔH 为阀门上、下游水头差，m；Q 为流过阀门的流量，L/s；$A(t)$、$B(t)$、$C(t)$ 均为一般特性方程系数。

在水锤波传播之后，有方程：

$$H_4-H_3=A(t)+B(t)\mid Q_0\mid+C(t)Q_0\mid Q_0\mid \tag{5-6}$$

式中：$A(t)$、$B(t)$和 $C(t)$均表示水锤波作用过程中的阀门特性值。

将式（5-3）和式（5-4）代入式（5-6）中可得：

$$C(t)Q_0\mid Q_0\mid+B(t)\mid Q_0\mid-(F_1+F_2)Q_0+M=0 \tag{5-7}$$

式中：$M=A(t)+H_1+2D_1-H_2-2D_2+(F_1+F_2)Q_i$

方程式（5-7）可采用二次公式或迭代法进行求解，首先假设近似解为 $Q_0=Q_i$，然后 $\mathrm{d}Q=f(Q_i)/f'(Q_i)$，经过递推计算之后可求得 Q_0的精确解。由连续性定理可知，$Q_3=-Q_0$，$Q_4=-Q_0$，分别联立式（5-1）～式（5-4）便可得 D_3、D_4 和 H_3、H_4。

5.3 末端阀门线性关阀规律优化

关阀规律一般可分为：线性关阀、两阶段关阀、多阶段关阀。其中两阶段关阀是先在较短时间内关闭较大角度，然后缓慢关闭剩余角度。本研究针对线性关阀和两阶段关阀角度进行优化研究。

5.3.1　线性关阀

为研究线性关阀对本工程的影响，分别对关阀时间200～1000s多种情况进行了线性关阀的数值模拟计算，选取200s、360s、520s、680s、840s、1000s六组关阀方案为例对最大、最小水锤压力的影响进行分析。

图5-3是阀门在6组不同线性关阀方案下管线沿程压力包络线。从图5-3可知，关阀时间为200s时，最大正压为572.31m，全线负压为−10m；关阀时间为360s时，最大正压为561.57m，全线负压为−10m；关阀时间为520s时，最大正压为538.34m，全线负压为−10m；关阀时间为680s时，最大正压为492.69m，全线负压为−10m；关阀时间为840s时，最大正压为527.11m，全线负压为−10m；关阀时间为1000s时，最大正压为581.07m，全线负压为−10m。由结果可知管线最大水锤压力发生在阀前处，随着关阀时间的延长，管道最大正压呈先减小后增大的趋势。根据常规线性关阀压力变化规律可知，管道内最大水锤压力随着关阀时间的增长呈减小趋势。故本试验计算结果与以往的关阀规律不同。通过观察管道负压变化发现不同线性关阀规律下的管道全线负压均为−10m，说明延长阀门关闭时间无法改变管道全线发生汽化。由于发生汽化，会在管道内部多处产生蒸汽空腔，导致发生严重的断流弥合水锤。

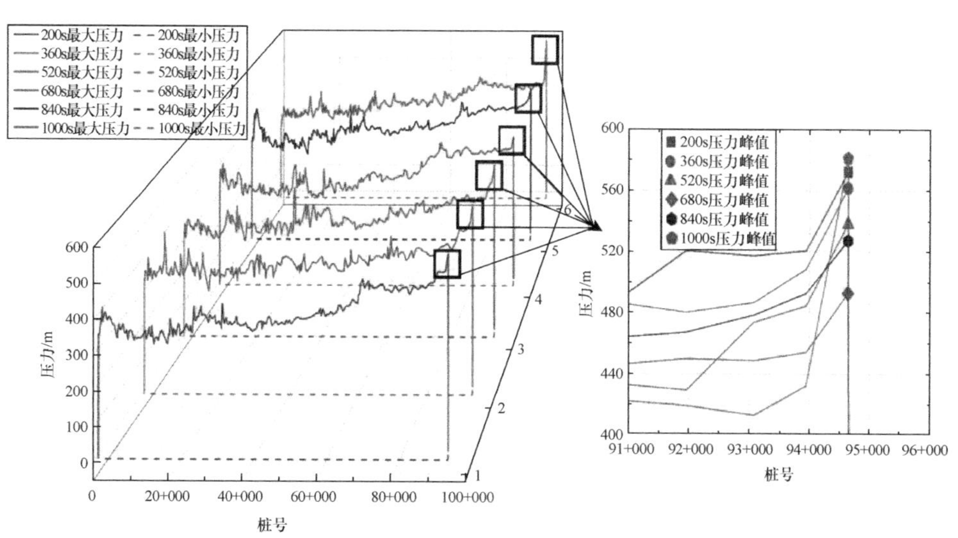

图5-3　无防护措施6组线性关阀下管道沿线水锤压力包络线

5.3.2 两阶段关阀

采用先快后慢的阀门关闭规律研究两阶段关阀方式对管线水锤压力的影响。两阶段关阀是将关阀过程分为“快关”和“慢关”两个阶段。鉴于快关段、慢关段的关阀速度以及不同折点角度有多种组合，结合阀门的特性曲线及线性关阀的研究结果，研究了关阀角度在60%～80%、总关阀时间在510～1000s的多种两阶段关阀方案，如图5-4所示，选取9组关阀方案进行说明。9组无防护的两阶段关阀方案下管线沿程压力包络线见图5-5。

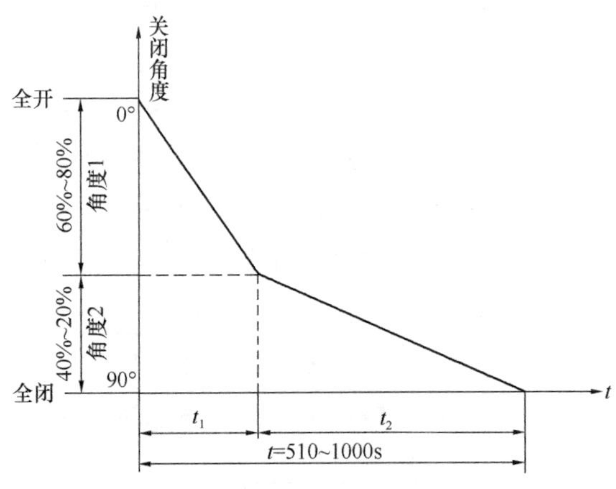

图5-4 两阶段阀门关闭曲线图

从图5-5(a) 可以看出，当关阀折点角度、慢关时间不变时，快关时间从10s增加到250s，最大压力由594.24m减小到475.19m，负压均在汽化压力－10.0m之下。快关角度不变时，随着快关阶段时间的增长，最大压力值减小，这是因为在相同的关阀角度下关阀越快，相同流体受到阻隔的时间就越短，动能转化压能就越多，因此管线总体压力升高越快；从图5-5(b) 可以看出，当快、慢关阀时间不变时，快关角度从60%变为80%，最大压力从507.71m先降低到473.84m又增大到480.46m，负压均在汽化压力之下。由最大压力先降低后增大的结果可以得到快关的折点角度并不是越大或越小越好，存在一个较优的中间值；从图5(c) 可以看出，当快关时间、关阀折点角度不变时，慢关时间从350s增长到700s时，最大压力从480.82m减小到473.84m又增大到486.79m，随着慢关时间的增加，负压均在汽化压力之下。

通过对比发现，线性关阀时间200～1000s、两阶段关阀快关时间10～250s、

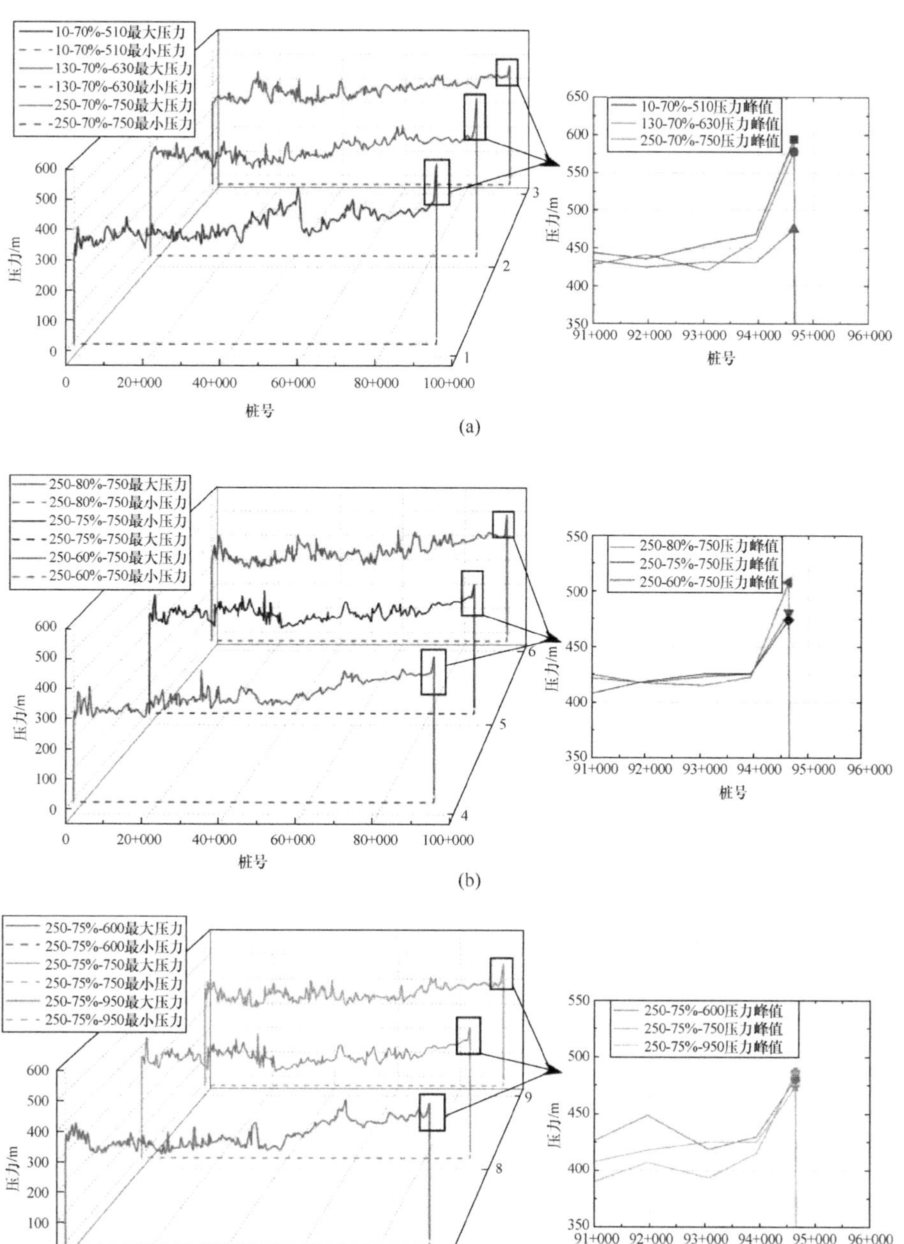

图5-5　两阶段关阀管道沿线水锤压力包络线

（注：图中各组关阀方案名称为“快关时间-快关角度-总关时间”）

快关 60%～80%、总关时间 510～950s 时水锤最大正压均远超管道承压值，且全线水锤负压均达到－10m 的汽化压力。该工程距离长、上下游高差大、线路起伏变化大，结合管线中的压力变化特征，判断水锤升压如此之高以及关阀措施对水锤压力没有规律性的影响应是因为管道多处负压过高，出现了蒸汽空腔产生水柱分离导致断流弥合水锤升压。为验证该猜想将无防护下关阀方案管道沿线最小压力包络线及阀前压力变化情况绘制于图 5-6。因工程实际中压力达到－10m 时水体已经汽化，此时最小压力只代表了负压的相对大小，实际中并不存在低于－10m 的压力。

由图 5-6(a) 可知，关阀时间 10s 时，管道沿线最小负压为－100m，阀前负压为－100m；关阀时间为 500s 时，最小负压为－100m，阀前负压为－79.83m；关阀时间为 1000s 时，最小负压为－97.61m，阀前负压为－76.6m；50-75%-500 方案最小负压为－94.1m，阀前负压为－62.21m。4 种关阀方案下，管线沿程最小负压及阀前负压值逐渐增大，且只有 10s 关阀时阀前达到－100m 的汽化压力。通过图 5-6(b) 中的水锤波形发现，在 10s 关阀时水锤波第一个波峰的压力为 259m，第二个波峰的压力为 322m，比首波压力高出 63m，500s、1000s、50-0.35-500的最大压力均出现在首个波峰。对比图 5-6(a) 可知，4 种方案下只有 10s 关阀时阀前压力达到了－100m，产生了蒸汽空腔，出现水柱中断，水柱再弥合时导致更为严重的断流弥合水锤升压。观察关阀总时间为 500s 下的线性关阀和两阶段关阀的阀前压力变化可知，线性关阀时阀前最大压力为 263m，最小压力为－79.83m，两阶段关阀时阀前最大压力为 228m，最小压力为－63m，

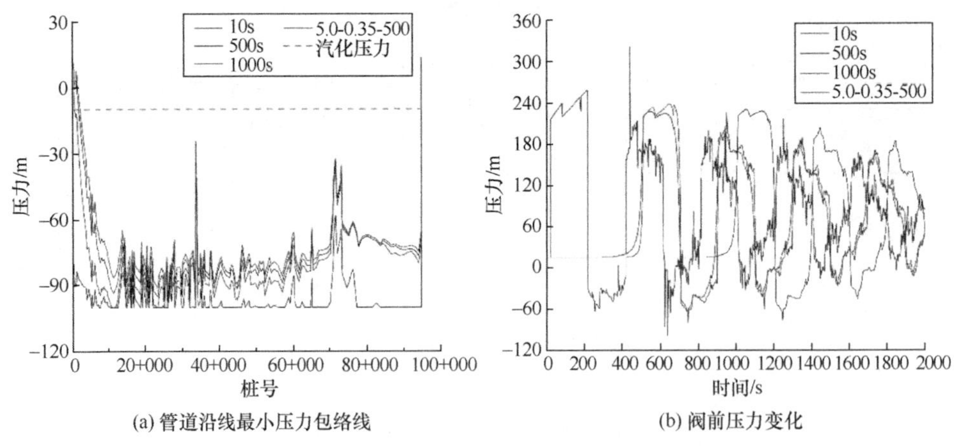

(a) 管道沿线最小压力包络线

(b) 阀前压力变化

图 5-6　管道沿线最小压力包络线及阀前压力变化

最大压力减小了35m，最小压力提高了16.83m，在总时间相同的情况下两阶段相比线性关阀而言，可降低水锤的正负压力。除此之外，总关阀时间为500s的两阶段关阀和1000s的线性关阀相比，不但节省了500s的时间，而且阀前最大压力减小了3m，阀前最小压力提高了13.6m。由此可见，相对于线性关阀方案，两阶段的关阀方案可在明显缩短关阀时间的同时减小关阀所产生的正、负水锤压力。

由此也说明对于此类距离较长、地形起伏变化较大的输水工程，在不设置水锤防护措施的情况下，仅依靠阀门的不同关闭方案来减小水锤压力对于管道沿线的最小压力没有作用，阀门关闭时间增大到较大值时，最小压力仍在汽化压力以下，产生断流弥合水锤。此时仅靠改变阀门关闭方式已不能对管线水锤压力起到明显的消减作用，需结合其他水锤防护措施来进行防护。

5.4　不同类型空气阀防护效果研究

为了降低管线中负压危害及水柱分离再弥合水锤危害，参考空气阀布置原则，在管线凸起点、输水管道长上升段每隔800m，长下降段每隔500m，平直段每隔500～1000m分别布置普通空气阀和三动式空气阀进行负压防护效果对比。

《城镇供水长距离输水管（渠）道工程技术规程》CECS 193:2005规定，空气阀进排气口径宜取输水管道直径的1/8～1/5。选取3种口径传统普通空气阀进行分析，普通空气阀参数见表5-1，模拟结果见图5-7。

普通空气阀参数表　　表5-1

方案	管径/mm	进排气口径/mm	管径/mm	进排气口径/mm
A	DN3400	500	DN3200	450
B	DN3400	550	DN3200	500
C	DN3400	600	DN3200	550

从图5-7可以看出，在使用传统普通空气阀后，管线沿线部分区段的负压得到了部分缓解，但绝大多数管段均存在较大负压，且多个管段的最小负压均低于−10m，管线中发生了汽化现象导致液柱分离，不满足水锤防护要求。对比有无空气阀防护下的负压结果可以看出，当发生关阀水锤后，降压波沿管线传播，沿

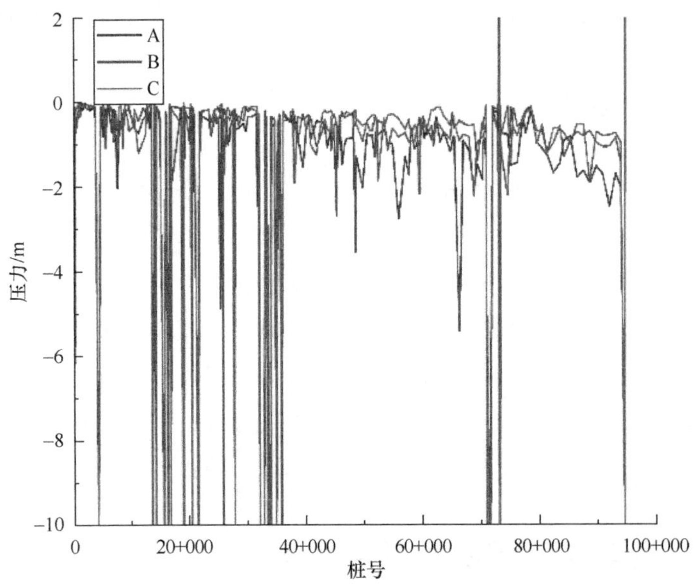

图 5-7 安装普通空气阀管道沿程最小压力包络线

线压力迅速降低，当压力低于一定值时，空气阀开始进气，气体快速进入管道破坏真空，管道沿程负压有所增大。但由于管道沿程起伏变化较大，依靠普通空气阀防护难以使得管内负压降到安全范围中。

为了充分研究空气阀的防护效果，通过参考相关文献资料发现，空气阀较大的进气口径和较小的排气口径对于水锤的防护更有效，当管道发生汽化，水流被截断时需要快速补气，防止负压过大，水流弥合时需要缓慢排气防止断流弥合水锤的二次危害。三动式空气阀具有负压时大量进气，空管充水时大量排气，正常状态下微量排气的作用，因此将管线沿线的普通空气阀替换为能高速进气缓慢排气的三动式空气阀。考虑到阀前压力过大，在阀前设置一个同类型的三动式空气阀。结合本工程特点对三动式空气阀进行试算初选，三动式空气阀口径参数初选见表 5-2。图 5-8 为设置三动式空气阀后的管道沿程最小压力包络线。

由图 5-8 可知，在管道上安装三动式空气阀对管线沿线的负压起到了良好的控制作用。在设置普通空气阀时，沿线管道负压严重超标，且多处负压达到−10m以下。设置三动式空气阀后，管道沿线有三处负压较为严重，分别是阀前负压为−10m、桩号 33+924 处负压为−7.91m、桩号 73+241 处负压为−8.59m、其余管段最低负压均控制−5m 以内，三动式空气阀对于负压的防护效果显著。

三动式空气阀口径参数初选　　表 5-2

管径/mm	D_1/mm	D_2/mm	D_3/mm
DN3400	530	170	17
DN3200	500	160	16

注：D_1 为进气口径、D_2 为大排气口径、D_3 为小排气口径。

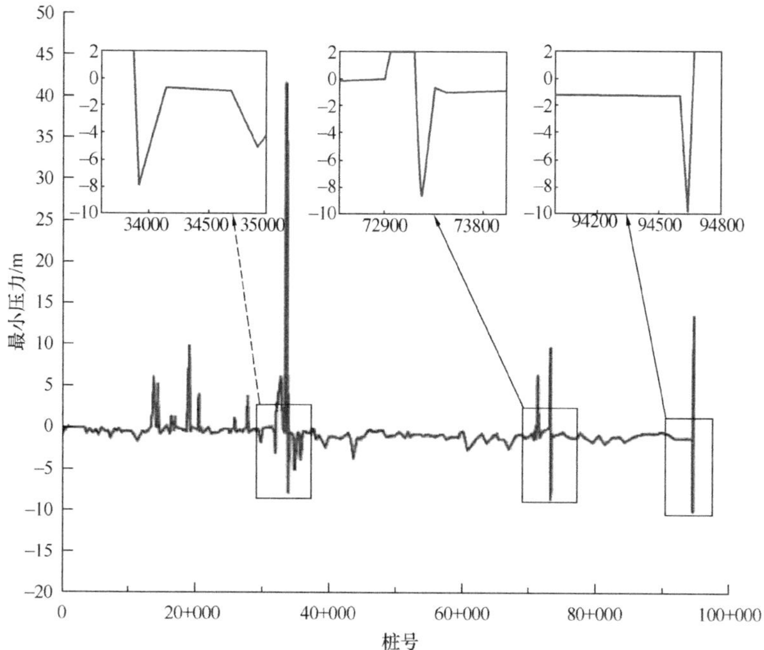

图 5-8　设置三动式空气阀管道沿线最小压力包络线

为研究三动式空气阀口径大小对于负压防护效果的影响，对三个口径的三动式空气阀进行敏感性分析。对于 DN3400/DN3200 管道，选取口径参数：D_1=430/400mm、530/500mm、630/600mm；D_2=110/100mm、140/130mm、170/160mm；D_3=10/9mm、17/16mm、34/32mm 进行数值模拟。参数方案见表 5-3，计算结果见图 5-9。

三动式空气阀口径参数　　表 5-3

口径	方案								
	A	B	C	D	E	F	G	H	I
D_1/mm	430/400	530/500	630/600	530/500	530/500	530/500	530/500	530/500	530/500
D_2/mm	170/160	170/160	170/160	110/100	140/130	170/160	110/100	110/100	110/100
D_3/mm	17/16	17/16	17/16	17/16	17/16	17/16	10/9	17/16	34/32

注：D_1 为进气口径、D_2 为大排气口径、D_3 为小排气口径。

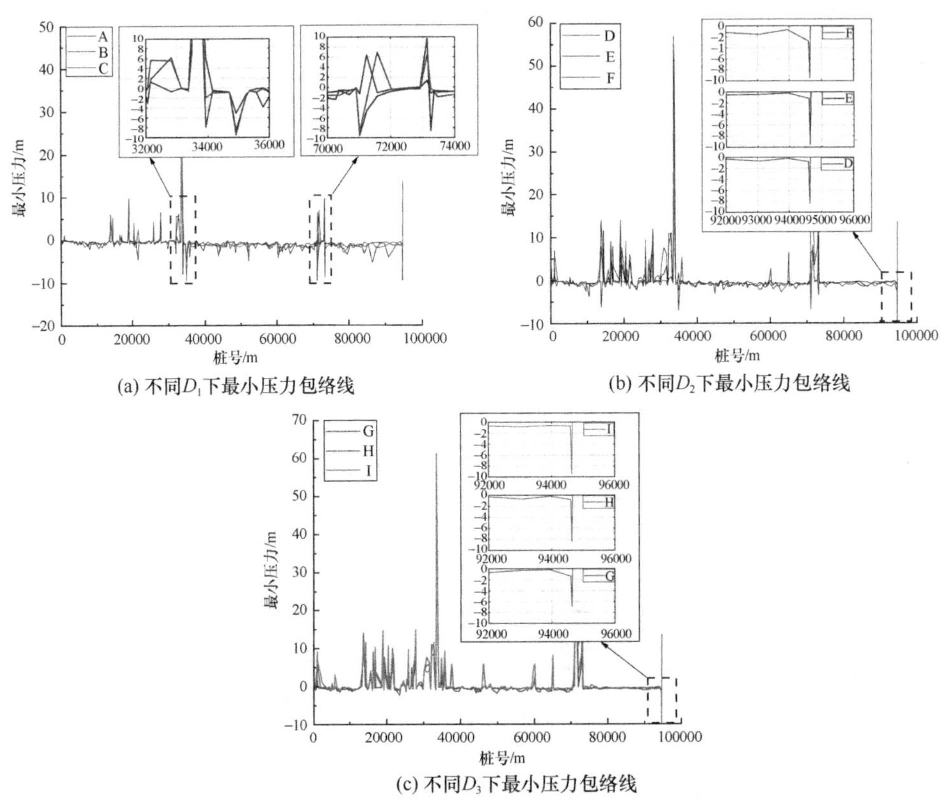

(a) 不同D_1下最小压力包络线

(b) 不同D_2下最小压力包络线

(c) 不同D_3下最小压力包络线

图 5-9　不同进排气口径下的管道沿程最小压力包络线

由图 5-9(a) 可知，在排气口径一定时改变进气口径，阀前最低压力均为－10m，除过阀前外，A 方案最低压力为－10m，B 方案最低压力为－8.59m，C 方案为－10m，由此可见并不是空气阀进气孔口口径越大，防护效果越好，存在理论上的最优解。由图 5-9(b) 可知，当进气孔口口径和小排气口径一定时改变大排气口径，D 方案最低负压为－8.42m，E 方案最低负压为－10m，F 方案最低负压为－10m。通过对比 E 和 F 方案可知，E 和 F 方案的阀前压力均为－10m，但通过观察管道沿线压力变化发现，F 方案管道沿程多处位置负压严重超标，E 方案虽存在多处负压，但均在－5m 以内。随着排气大孔口口径的增大，管道内的最低负压越来越小。由图 5-9(c) 可知，在进气口径和大排气口径一定时改变小排气口径，三种方案的最低负压均发生在阀前处，G 方案最低压力为－6.88m，H 方案最低负压为－8.42m，I 方案最低负压为－10m。随着小排气口径的增大，管道最低负压越来越小。空气阀最优参数为方案 G，即 D_1＝530/

500mm、$D_2=110/100$mm、$D_3=10/9$mm。证明了“快进缓排”的空气阀对于水锤负压的防护具有一定的作用，空气阀进气阶段快速进气有益于管道负压的消除，排气阶段缓慢排气可有效缓解水柱弥合时产生的瞬时水锤增压。

5.5 空气阀+两阶段关阀联合防护

由上述研究发现在管道沿程负压严重超标的情况下单纯改变阀门的关闭方式对于水锤压力并没有较好的削弱作用，对于管道沿线的负压问题，设置三动式空气阀可以起到较好的防护效果。但设置三动式空气阀后阀前仍存在较大负压，因此采取三动式空气阀联合两阶段关阀方式对管道进行防护。因5.3.2节中研究发现两阶段关阀的折点角度在75%时效果最好，故在其基础上进行两阶段关阀研究。经过大量试算，选取5组比较具有代表性的关闭规律，见表5-4，经瞬态计算得到各工况下最小水锤压力线，见图5-10。

两阶段关阀方案 表5-4

方案	A	B	C	D	E
第一阶段	20s关75%	20s关75%	20s关75%	20s关75%	20s关75%
第二阶段	100s关25%	200s关25%	300s关25%	400s关25%	500s关25%

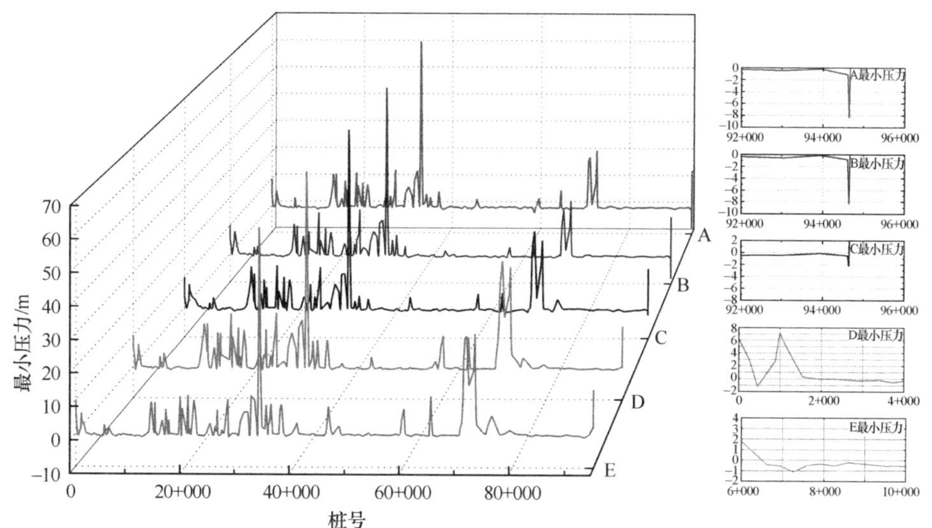

图5-10 各工况下管道沿程最小压力包络线

由图 5-10 可知，A 方案下管线最低负压为−8.32m，和原方案相比最低负压升高了 21%；B 方案下管线最低负压为−8.3m，和原方案相比最低负压升高了 20%；C 方案下管线最低负压为−2.17m，和原方案相比最低负压升高了 68%；D 方案下管线最低负压为−1.19m，和原方案相比最低负压升高了 83%；E 方案下管线最低负压为−1.1m，和原方案相比最低负压升高了 84%。因此，对于本工程而言，末端阀门关闭采用 D 方案为较优方案。从数值模拟结果可以看出，末端阀门两阶段关阀方案对水锤压力的影响很大。通过设置三动式空气阀可以有效消减管道中因严重负压导致的断流弥合水锤，结合合理的两阶段关阀方案，可有效消减管道沿程的水锤负压。

5.6 本章小结

本章针对长距离，多起伏重力流输水工程，模拟计算了不同关阀方式、不同类型空气阀以及两阶段关阀方式联合空气阀防护下的关阀水锤，得到以下结论：

(1) 长距离、大口径、多起伏的重力流输水管道，在末端阀门关闭时，若不采取水锤防护措施，会使得管道沿线产生过大的水锤压力，且全线负压达到汽化压力，发生水柱分离，产生更加严重的断流弥合水锤。仅靠改变阀门关闭的方式已无法对管道水锤压力起到防护作用。因此对于这类管道工程进行水锤防护时应首先考虑消除管道的较大负压。

(2) 在管线沿线合理设置快进缓排式的空气阀可有效降低管道负压，管道内最低负压为−6.88m，全程未出现汽化压力，消除了水柱分离带来的弥合水锤危害。联合较优的两阶段关阀的防护方案，管道内最低负压为−1.19m，满足不低于−2m 的控制标准。

(3) 对于快进缓排式的空气阀，其进气口径存在一个最优解，并非越大越好，需结合实际工程和数值模拟计算确定。

第6章 管道特性对水锤压力影响数值模拟研究

大量的研究表明，单一使用空气罐、调压塔等防护设备不仅花费巨大，且罐及塔所占的空间较大，施工要求较高，所以需要与空气阀、超压泄压阀等阀类设备进行联合防护，以降低工程造价。本章针对初步设计阶段的长距离输水工程，通过计算软件改变很小一部分输水管道的管径、材料等特性，研究管道特性的改变对水锤压力的影响规律，针对长距离重力流输水系统因末端阀门关闭引起的关阀水锤问题，以新疆某长距离重力流输水工程为例，通过数值模拟方法研究了管线末端管道的管径与材料对关阀水锤压力的影响。对比改变管道特性，安装空气罐、空气阀等防护设备等几种不同组合防护方案对水锤压力的影响，优化防护方案。

6.1 工程概况及模型建立

本工程为新疆AL输水工程的前半段，管线全长22.8km，由水库通过重力流系统输水至下游水库，上下游水位差为130.66m，线路管材选用直径为1000mm的球墨铸铁管（DIP管），管道末端（距下游水库23m）安装一台DN1000的节流控制阀（蝶阀）对管道中的流量及压力进行调节。输水管线布置简图见图6-1，纵断面图见图6-2，根据水锤波速公式，计算得到该管线中水锤波速为1017.2m/s，《城镇供水长距离输水管（渠）道工程技术规程》CECS

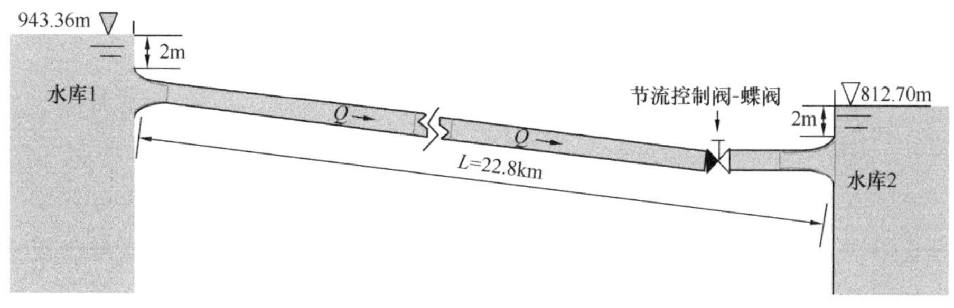

图6-1 输水管线布置简图

193:2005 要求管道承压不超过 300m 水柱，管道最大负压值不超过−5.0m。经计算，输水工程在正常运行时，管线流量可以达到设计运行流量 2.06m^3/s，管中水流流速为 2.62m/s。

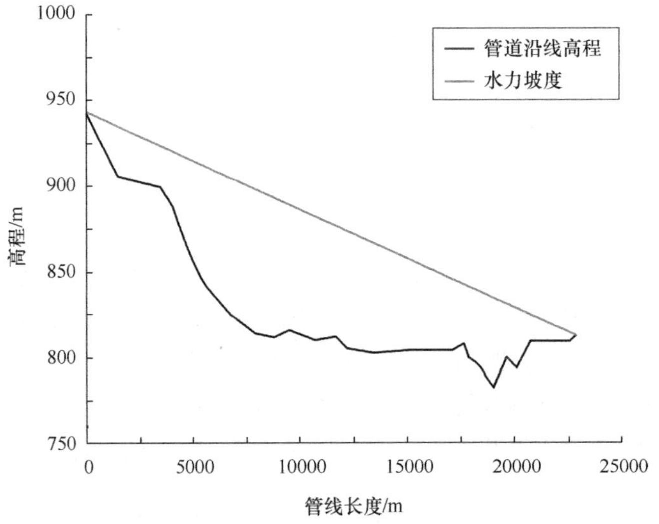

图 6-2　输水管线纵断面图

6.2　计算原理数学模型

6.2.1　水锤计算模型

本节采用 Bentley Hammer 软件进行数值仿真计算，该软件运用特征线法求解水锤的基本微分方程组。其数学模型包括运动方程（6-1）和连续性方程（6-2）。

$$\frac{\partial V}{\partial t}+V\frac{\partial V}{\partial x}+g\frac{\partial H}{\partial x}+\frac{f}{2d}V|V|=0 \tag{6-1}$$

$$\frac{a^2}{g}\frac{\partial V}{\partial x}+V\left(\frac{\partial H}{\partial x}+\sin\alpha\right)+\frac{\partial H}{\partial t}=0 \tag{6-2}$$

式中：H 为节点测压管水头，m；D 为管道直径，m；f 为管路摩阻系数；v 为水流流速，m/s；α 为管道与水平面间夹角，°；a 为水锤波传播速度，m/s；g 为重力加速度，m/s^2；x 为水锤波传播距离，m；t 为水锤波传播时间，s。

6.2.2　空气阀数学模型

假设气体流入、流出空气为等熵过程，并且进入管道后的气体仅停留在空气阀附近。此时，气体的温度接近液体的温度，并遵循等温定律。由于气体在进出阀门时具有不同的速度，空气阀的进排气边界条件可分为 4 种情况。下面是各种情况下空气流量的表达式：

空气以亚声速等熵流进时（$0.528 < p/p_0 < 1$），p/p_0 为管内绝对压力/管外气压：

$$\dot{m} = C_{\text{in}} A_{\text{in}} \sqrt{2 p_0 \rho_0 \left(\frac{k}{k-1}\right) \left[\left(\frac{p}{p_0}\right)^{2/k} - \left(\frac{p}{p_0}\right)^{(k+1)/k}\right]} \tag{6-3}$$

空气以临界流速等熵流进时（$p/p_0 \leqslant 0.528$）：

$$\dot{m} = C_{\text{in}} A_{\text{in}} \sqrt{k p_0 \rho_0 \left(\frac{2}{k+1}\right)^{(k+1)/(k-1)}} \tag{6-4}$$

空气以亚声速等熵流出时（$1 < p/p_0 < 1.894$）：

$$\dot{m} = - C_{\text{out}} A_{\text{out}} \sqrt{2 p \rho \left(\frac{k}{k-1}\right) \left[\left(\frac{p_0}{p}\right)^{2/k} - \left(\frac{p_0}{p}\right)^{(k+1)/k}\right]} \tag{6-5}$$

空气以临界流速等熵流出时（$p/p_0 \geqslant 1.894$）：

$$\dot{m} = - C_{\text{out}} A_{\text{out}} \sqrt{k p \rho \left(\frac{2}{k+1}\right)^{(k+1)/(k-1)}} \tag{6-6}$$

式中：$\dot{m}$ 为流入阀门的空气质量流量，kg/s；C_{in}、C_{out} 为阀门的进、排气流量系数；A_{in}、A_{out} 为进、排气时的流通面积，m^2；p_0 为管外气体压力，取标准的大气压值，Pa；ρ_0 为大气密度，kg/m^3；k 为气体的比热，一般取 1.4；p 为管内绝对压力，Pa；ρ 为阀门处的气体密度，kg/m^3。

6.2.3　空气罐数学模型

假设空气罐内压力均匀，并忽略气体与罐壁的摩擦力，同时认为气体符合可逆的多变关系，数学模型如图 6-3 所示，空气罐的边界条件如下。

气体多变方程：

$$pV^n = C \tag{6-7}$$

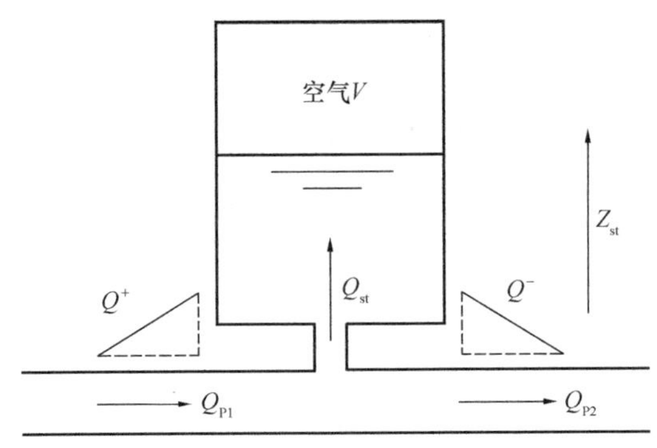

图 6-3　空气罐数学模型

流量连续方程：

$$Q_{P1} = Q_{st} + Q_{P2} \tag{6-8}$$

水头平衡方程：

$$H_P = Z_{st} + (p - p_0)/\gamma + kQ_{st} \mid Q_{st} \mid \tag{6-9}$$

罐内水位与流量方程：

$$A_{st}\mathrm{d}Z_{st}/\mathrm{d}t = Q_{st} \tag{6-10}$$

式中：p 为罐内气体绝对压力，Pa；V 为罐内气体体积，m^3；C 为气体状态常数；Q_{P1}、Q_{P2} 为罐上、下游流量，m^3/s；Q_{st} 为流经罐内流量，m^3/s；Z_{st} 为罐内水位，m；p_0 为罐外大气压，Pa；γ 为水的重度，N/m^3；k 为水力损失系数；A_{st} 为罐横截面积，m^2；H_P 为罐与管路连接处的压力，m。

6.2.4　超压泄压阀数学模型

超压泄压阀的数学模型如图 6-4 所示，由连续性原理可得超压泄压阀边界条件。

当管道压力未达到超压泄压阀设定的安全控制值时，$Q_{P5}=0$；当管道压力超过超压泄压阀设定的安全控制值时，阀门开启，泄流量为

$$Q_{P5} = C_d A_G \sqrt{2g(H_{P5} - H_0)} \tag{6-11}$$

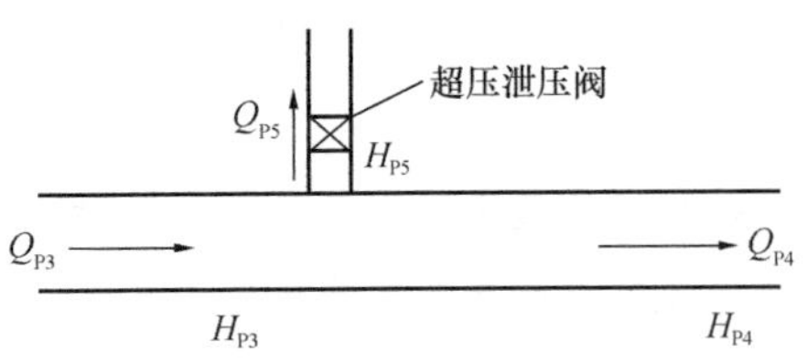

图 6-4　超压泄压阀数学模型

式中：C_d 为流量系数；A_G 为开口面积，m^3；H_0 为管道外部压力，m。

6.3 管道性质对关阀水锤计算与分析

在重力流输水工程中，可能因为阀门操作不当引发较大的水锤压力，从而对管线造成较大危害。工程中常常延长关阀时间来减小水锤最大升压值，但阀门关闭时间过长会对阀门的调节控制和使用寿命不利，因此也不宜选择较大关阀时间。经计算，该输水管道关阀时间从500s变化到800s时，最大水锤压力从416.75m变到424.94m，此关阀时间范围内的最小压力均在－10m以下，管内负压较大，达到汽化压力。以关阀时间为600s进行计算，重点研究改变末端管道的管径、管材来探究以上参数对重力流关阀产生的水锤压力的影响。

6.3.1 管径的影响

在考虑安全性和经济性的前提下，选取管道直径800～1400mm。仅改变管线最末端长度为237m管道，改变部分管长占总管长的1%，选择该长度的主要原因是改变管道直径过长，造价和施工花费较高，所以选择短距离进行改进。将该部分管道的直径设置为800mm、900mm、1000mm、1100mm、1200mm、1300mm、1400mm，粗糙度系数为120，阀门关闭时间为600s，相应不同直径下管道的波速值范围为1038.29～989.91m/s，其余管道特性均不变。

不同管径下的管线水锤最大压力值和沿线压力变化值如图6-5、图6-6所示，由图可知，随着管径的增大，最大水锤压力会有所减小，管径从800mm增大到

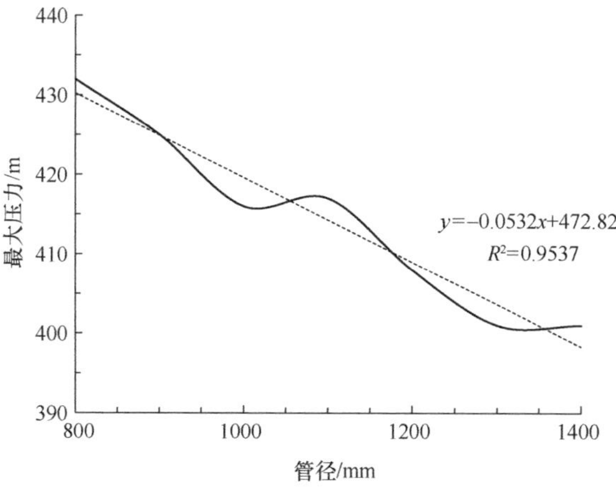

图6-5 最大压力随直径变化图

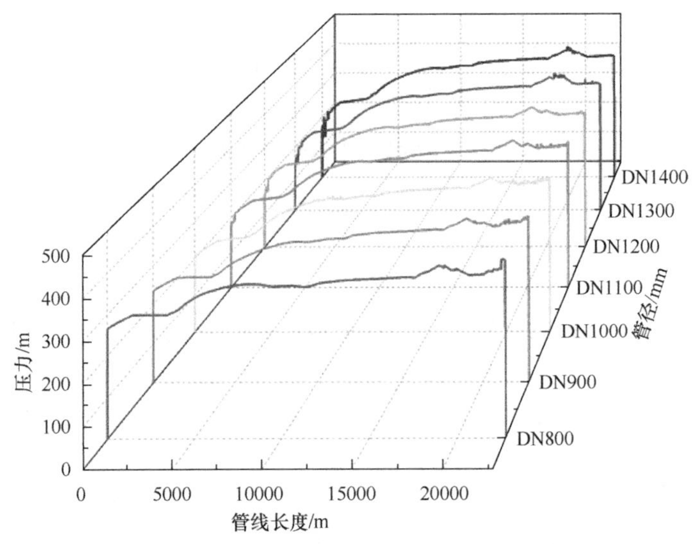

图 6-6　不同直径下管线沿线最大压力变化图

1400mm 时，最大水锤压力从 432m 减小到 401m，减小了 7.2%。在 DN1400 时，水锤压力值最小为 401m，与之前的管道 DN1000 相比，最大水锤压力降低了 3.6%。可见改变末端管道的直径可以改变水锤压力，管径的增大可以提供更大的容积，使得水锤波能够更好地被吸收和缓解，从而减小了水锤的影响。然而，因为改变管径的长度有限，仅为输水管线总长度的 1%，管径的增大仅对水锤压力的上升产生有限的影响。在 DN800～DN1200 范围内最大水锤压力减小趋势较大，超过 DN1200 以后最大压力趋于平稳。这一结果表明，在一定范围内适当调整管道直径可以改变水锤压力大小，因此，在设计和改造管道系统时，可以考虑管径对水锤压力的影响，以实现系统的安全、稳定和高效运行。

6.3.2　管材的影响

管道的粗糙度系数是指管道内表面的粗糙程度，它对水锤压力有着显著的影响。具体来说，粗糙度系数越大，管道内表面越粗糙，水流在管道中的摩擦阻力就会增大。通过改变管道材料的粗糙度系数可以影响水锤压力，假设球墨铸铁管道采用不同的内衬材料制造，粗糙度系数 C 在 110～150 之间变化，管道直径为 1000mm，阀门关闭时间为 600s，相应不同粗糙度系数下管道的流量值范围为 1.89～2.57m^3/s，其余管道特性均不变。

不同粗糙度系数下的管线水锤最大压力值和沿线压力变化值如图 6-7、

图 6-8所示，由图可知，随着粗糙度系数的增大，最大水锤压力也随之增大，粗糙度系数从 110 增大到 150 时，最大水锤压力从 397m 增大到 488m，增大了 22.9%。在粗糙度系数为 110 时，水锤压力值最小为 397m，与之前的管道粗糙度系数 120 相比，最大水锤压力降低了 6.3%。可见改变管道的粗糙度系数可以改变水锤压力，这是由于粗糙度系数 C 与水头损失 h_f 成反比，即粗糙度系数增大，水头损失减小，最大水锤增大。其中普通铸铁管的粗糙度系数为 100～110，

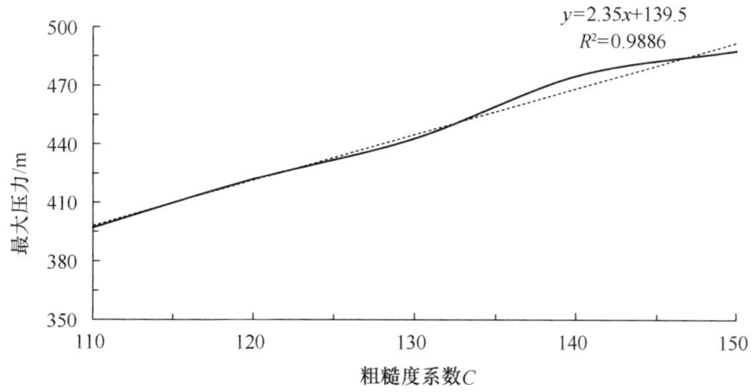

图 6-7　最大压力随粗糙度系数变化图

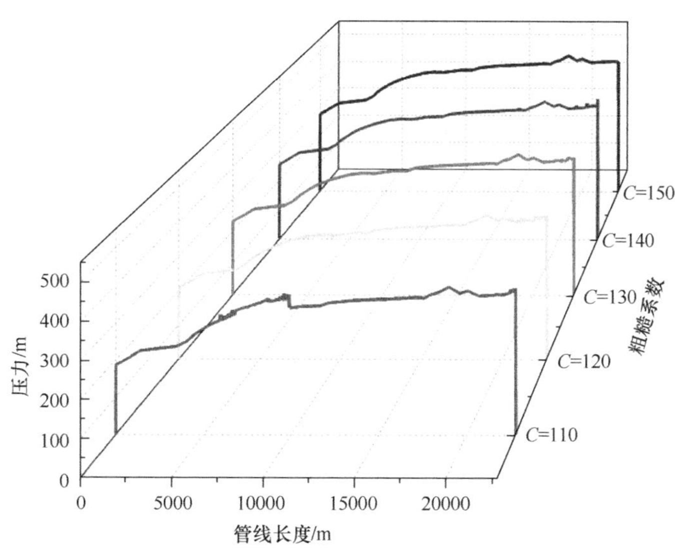

图 6-8　不同粗糙度系数下管线沿线最大压力变化图

衬水泥铸铁管粗糙度系数为 120，内衬水泥、树脂的铸铁管粗糙度系数为 130，因此，在设计和改造管道系统时，可以考虑采用不同内衬来改变管道的粗糙度系数，进而对水锤压力造成影响，以实现系统的安全、稳定和高效运行。

6.4 防护设备对关阀水锤计算与分析

通过以上研究可知，改变部分管道管径和材料，可以减小部分水锤最大压力，但对于水锤负压并无影响，管道沿线负压仍在汽化压力之下，因此在较优的管道直径与管材下，需要添加其他防护设备进行防护。在管线中添加空气罐、三动式空气阀、超压泄压阀等防护设备进行水锤防护效果的对比。

选择 4 种不同组合方案进行水锤防护效果分析，结果如表 6-1 所示。其中，蝶阀 600s 线性关闭，从 5s 开始关阀，605s 关阀结束，其他措施若采用则按如下布置：空气罐布置在蝶阀前，三动式空气阀布置在管线汽化压力处，超压泄压阀布置在空气罐后。

不同组合方案　　表 6-1

方案	1	2	3	4
组合情况	60m^3 空气罐	50m^3 空气罐＋28 个空气阀	50m^3 空气罐＋28 个空气阀＋1 个超压泄压阀	40m^3 空气罐＋20 个空气阀＋1 个超压泄压阀＋改变管道性质

6.4.1 空气罐＋空气阀＋泄压阀水锤防护

图 6-9 为不同组合方案下的布置情况图，图 6-9(a) 为方案 1 单一布置空气罐位置图，布置在蝶阀前，即桩号 22＋775，图 6-9(b) 为方案 2 在单一布置空气罐的基础上与空气阀联合布置位置图，在桩号 00＋000～04＋226 范围内布置 28 个空气阀，图 6-9(c) 为方案 3 空气阀、空气罐和超压泄压阀联合布置位置图，其在方案 2 的基础上在桩号 22＋776 布置一台超压泄压阀。根据《城镇供水长距离输水管（渠）道工程技术规程》CECS 193:2005 规定空气阀进排气口径宜取输水管道直径的 1/8～1/5，超压泄压阀口径宜取输水管道直径的 1/5～1/4，当采用三动式空气阀，选择吸气口径为 $D_1=1/5\times DN=200mm$，排气口径 $D_2=1/20\times DN=50mm$，微量排气口径 $D_3=1/200\times DN=5mm$，超压泄压阀口径 $D_4=1/5\times DN=200mm$。

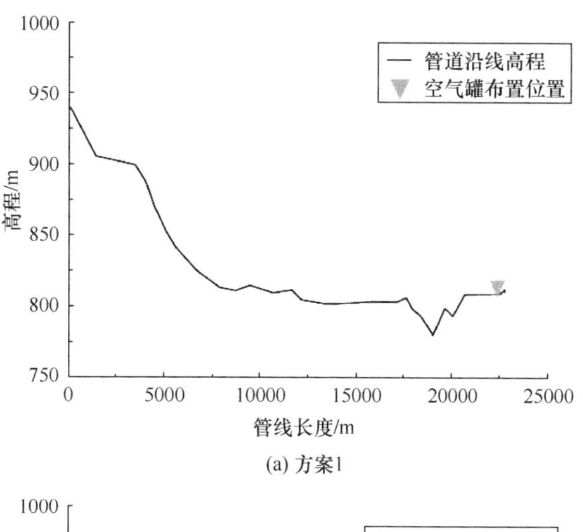

(a) 方案1

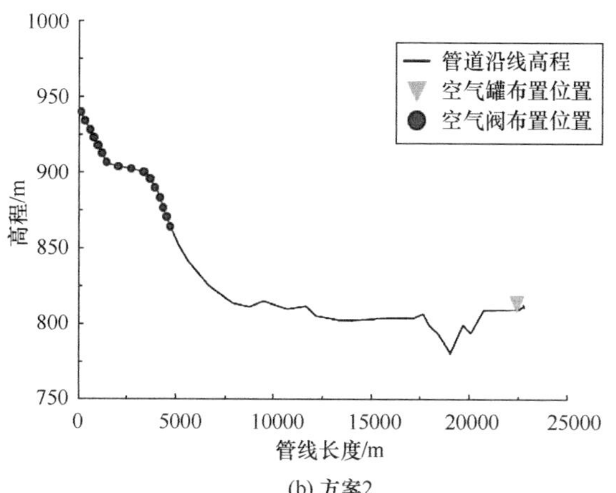

(b) 方案2

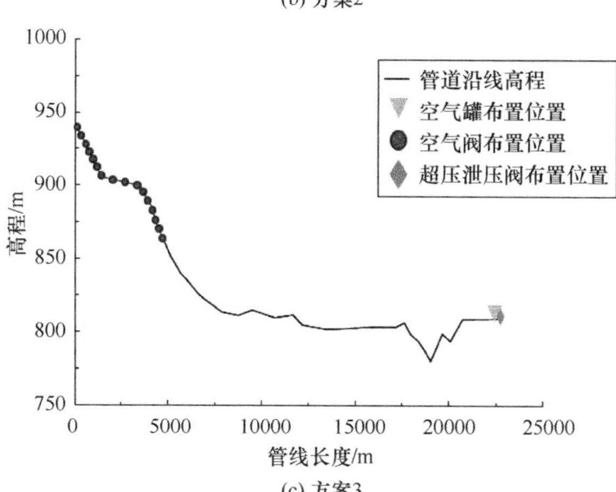

(c) 方案3

图 6-9　防护设备布置图

由图 6-10(a) 可知，当产生关阀水锤时，方案 1 在管线末端布置 60m^3 空气罐可以明显减小液柱分离现象的出现概率，并能有效提高蝶阀前的最小压力，其

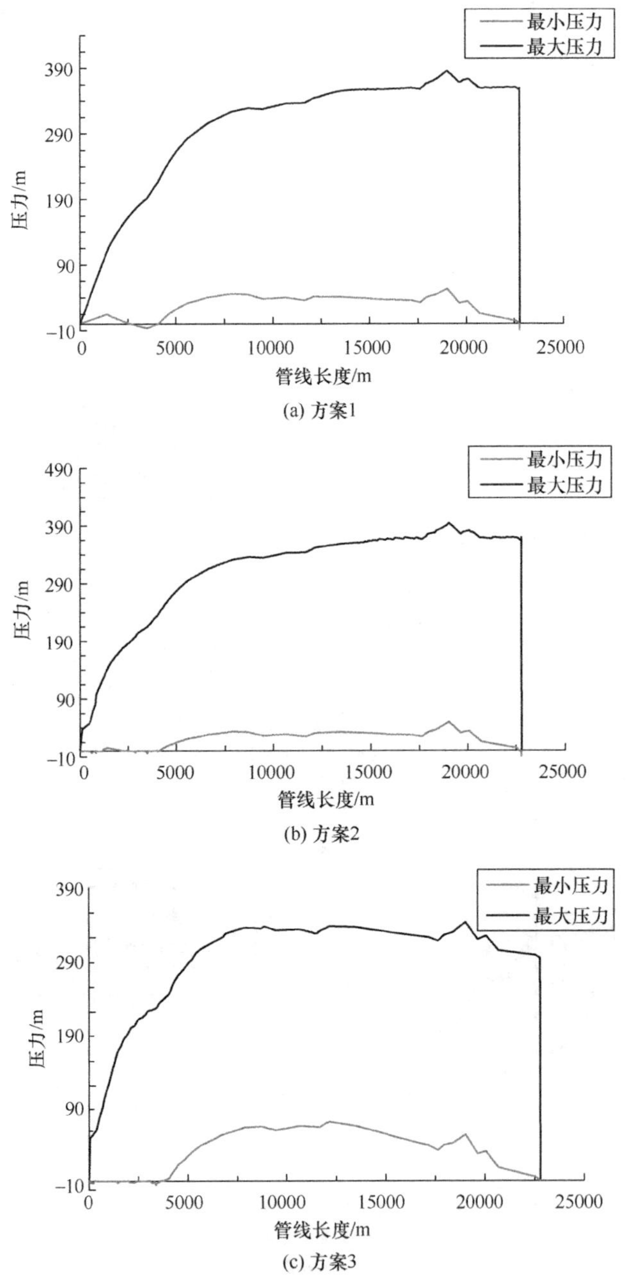

(a) 方案1

(b) 方案2

(c) 方案3

图 6-10 不同防护方案下压力包络线

中最大水锤压力为 385.41m，最小水锤压力为－6.54m，当布置 60m³ 空气罐时，在管段 00＋3273～00＋3573 的最小压力小于－5m，不符合规范要求，且管路正压相对较大。由此可见，在管线末端设置空气罐只能消除管线中的负压，并且仍有一部分负压未达到管道承压标准，同时对降低管路中的最大压力效果不大。因此，有必要采取其他水锤防护措施来控制管路的水锤压力。由于空气罐造价较高，采用大体积空气罐将会产生很大的建设成本，所以方案 2 在管线末端布置 50m³ 空气罐，在管线前端的最小压力仍小于－5m 的位置内安装三动式空气阀进行负压防护，对管线空气阀的位置及数量进行优化计算，最终模拟计算中以 28 个三动式空气阀和一个 50m³ 空气罐对管路进行防护。图 6-10(b) 为方案 2 联合防护系统压力包络线，其中最大水锤压力为 394.51m，最小水锤压力为－3.99m，由此可知，在负压较大的地方安装三动式空气阀，可以明显地提高最小压力，可是对于正压防护不明显，空气罐主要对其安装点前负压进行防护，三动式空气阀主要对其安装点附近负压进行防护，在桩号 05＋909 后其正压仍然大于 300m，必须采用其他防护设备进行防护。

图 6-10(c) 为方案 3 联合防护系统压力包络线，当设置超压泄压阀时发生关阀水锤，超压泄压阀达到界限压力 300m 水柱时会自动打开，泄除多余压力，其总排放量为 13.81m³，管线最大水锤压力为 299.36m，最小水锤压力为－4.4m，由此可知，重力流输水系统采用空气罐、空气阀与超压泄压阀联合防护后，满足管道的承压标准，相比沿线仅布置空气阀与空气罐，在桩号 05＋909～22＋800 最大正压大幅度下降，其最大水锤压力值下降 24.12%，满足工程中水锤防护要求，最大压力降低效果明显。

6.4.2　空气罐＋三动式空气阀＋超压泄压阀＋改变管道性质水锤防护

由图 6-5、图 6-7 可知，可以通过改变管道参数来降低水锤正压，所以在方案 3 的基础上改变末端管道参数，从而降低防护设备的造价，经过对管线的优化计算，最终改变末端 22＋539～22＋776 范围内 237m 的管道性质，采用 DN1200、粗糙度系数 C＝110 的铸铁管，20 个三动式空气阀＋1 个 40m³ 空气罐＋1 个超压泄压阀对管路进行防护，其中三动式空气阀布置在桩号 00＋000～03＋901 范围内，40m³ 空气罐位于桩号 22＋775 处，DN200 超压泄压阀位于桩号 22＋776 处。

在图 6-11 中可以得出方案 4，管线最大水锤压力为 296.61m，最小水锤压力为－3.72m，满足输水管道承压标准，相比于方案 3，最大水锤压力下降了

2.75m，最小水锤压力上升了为0.68m，在桩号11+562前方案3和方案4的压力包络线几乎重合，在桩号11+562后方案3的最大最小水锤压力均比方案4大，图6-12为末端237m管道压力波动图，如图所示，在605s后末端蝶阀完全关闭，压力迅速上升，方案4在18s后达到该管段的最大压力254.71m，方案3在28s后达到该管段的最大压力259.71m，在改变管道性质后方案4的最大压力比方案3小5m，且方案3的压力波动剧烈，方案4的压力波动较为平滑。

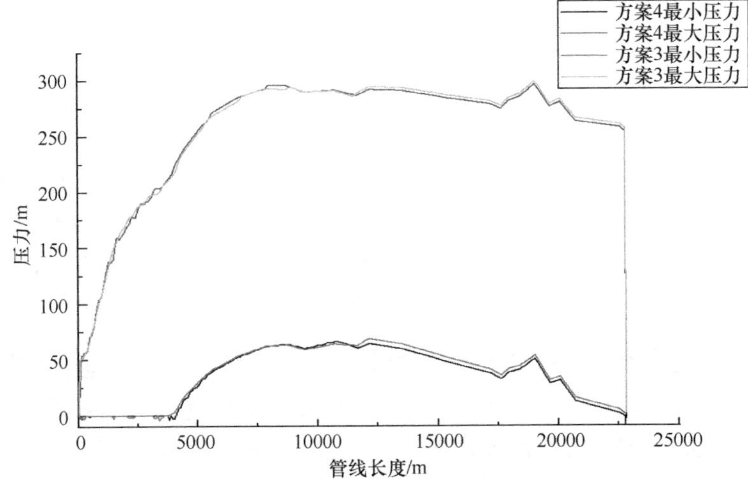

图6-11　方案3、4压力包络线图

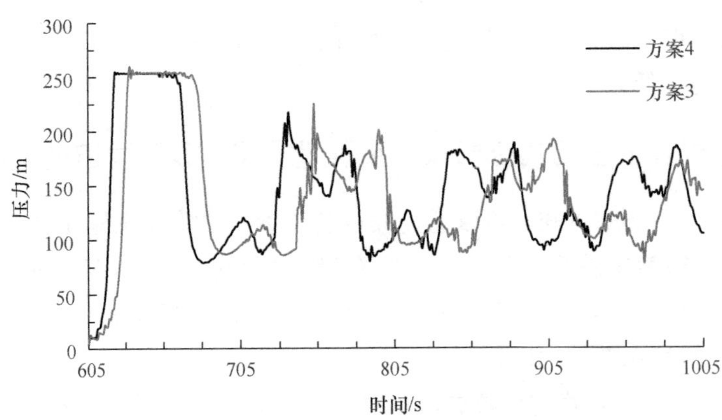

图6-12　末端管道压力图

在保证安全的前提下，改变了1%的管道参数，空气罐的体积由50m³降低至40m³，三动式空气阀的数量由28个降低至20个，超压泄压阀的泄水量由

13.81m^3 降低至 13.71m^3，由此可知，在一些工程当中，可以适当改变一部分管道性质，在保证安全性的条件下，降低防护设备的造价。

6.5　本章小结

本章提出了一种通过改变管道特性与空气罐、空气阀、超压泄压阀防护设备相结合，以减小空气罐的体积及空气阀的数量，同时减小超压泄压阀的泄流量的水锤防护方法。结合实际供水工程，分析了管道特性对关阀水锤的影响规律以及不同防护设备联合防护的效果，主要结论如下：

（1）通过改变输水管道末端管道直径及粗糙度系数的大小，可以对末端关阀水锤产生一定影响，其中管道直径与最大水锤压力成反比，由 DN1000 增加到 DN1400，最大水锤压力降低了 3.6%；管道粗糙度系数 C 与最大水锤压力成正比，C 由 150 降低到 110，其最大水锤压力降低 22.9%。

（2）在管道末端蝶阀前布置空气罐对罐前负压有一定的防护作用，安装后管线最小水锤压力提升 52.67m；空气阀对阀体附近负压有一定防护作用，安装后管线最小水锤压力提升 10.98m；超压泄压阀对管路最大正压有一定防护作用，安装后最大水锤压力降低 95.15m。

（3）与常规防护设备组合相比，在改变末端 1%长度管道的直径与粗糙度系数情况下与空气罐、空气阀、超压泄压阀联合防护，可以减小 10m^3 空气罐体积和节省 8 个空气阀，大大降低了投资运行成本。该方法可为供水工程的设计和运行提供一定的指导。

第 7 章　主要成果及展望

7.1　主要研究成果

由于实际工程水锤事故频繁发生，人们对输水系统发生的水力瞬变过程越来越重视，如何正确地预测系统内水锤压力的大小从而避免事故的发生对水力过渡过程的影响具有极大意义，需要进行深入研究。本书采用试验研究、数值模拟、理论分析与原型观测相结合的方法对黏弹性管道阀门不同开度下快速关阀产生的直接水锤进行了深入研究，并建立了相关数学模型对管道开阀产生的过渡过程进行了仿真模拟计算。对长距离多起伏重力流关阀水锤进行了研究，得到了最优关阀规律及较优防护组合。对比了改变管道参数对水锤压力的影响，将管道性质改变与防护措施防护效果进行对比，提出经济性方案。通过上述研究，主要得到以下结论：

（1）通过试验对有机玻璃管道不同流速下快速关阀时产生的直接水锤的压力、波速、周期等参数进行了量测。试验结果表明：在两种开度下实测的直接水锤压力上升值均大于直接水锤公式计算升压值，传统的直接水锤公式若适用于黏弹性管道，会对管内直接水锤的计算造成较大误差。无论阀门初始开度如何，直接水锤压力大小均与关阀时间有关，关阀时间越短，产生的直接水锤压力越大。由于直接水锤压力公式计算出的水锤压力结果偏安全，在黏弹性管道的工程设计中应加大管道水锤压力的控制值以满足管道的安全要求。

（2）开展了两种不同阀门初始开度下快速关阀直接水锤试验，根据试验结果对比了阀门开度为 100%及 30%时快速关阀产生的直接水锤压力大小。结果表明：30%开度关阀产生的直接水锤压力超过 100%开度产生的压力，不同流速下超出百分比最大可达 10%，说明黏弹性直接水锤压力的大小不仅与关阀时间有关，还与阀门开度有关，阀门开度越小产生的直接水锤压力越大。根据对阀门底部流态的三维数值模拟结果可知，当阀门开度为 100%时，阀门两端速度值较小，阀门处的流态较平稳；开度为 30%时，阀板两端形成的高速流速值较大，阀门处的流态较紊乱。在进口流速一定时，30%开度的平均流速明显大于 100%

开度。

（3）根据水锤基本理论建立了引水隧洞岩塞爆破时水力过渡过程数学模型，将爆破过程等效为水力过渡的开阀过程，研究了隧洞为有压及无压状态下水力特性与压力变化规律。数值模拟结果表明：发生爆破后输水系统中管道压力较大，沿线负压较大，且当末端闸门井不挡水时，人工操作平台会被淹没，造成闸门井事故。在计算结果的基础上，提出了加大通风竖井面积的防护措施来保证管道系统的安全运行，随着通风竖井面积的增大，管线的最大压力呈明显的下降趋势，正压及负压都得到了很好的控制，通过对不同通风竖井面积的模拟计算可知，当通风竖井面积足够大时，满足管道负压安全控制的最低条件。隧洞为水气流动状态，管内无负压产生，正压满足管道的承压标准。将实际工程爆破后的结果与数值模拟结果进行对比，数值模拟计算结果与实际爆破结果非常接近，进一步说明数值模拟结果的可信度较高。

（4）通过数值模拟方法对长距离、大口径、多起伏的重力流输水管道在末端阀门关闭时水锤压力变化进行了对比研究，探讨了不同水锤防护条件下的压力上升规律。结果表明：若不采取水锤防护措施，会使得管道沿线产生过大的水锤压力，且全线负压达到汽化压力，发生水柱分离，产生更加严重的断流弥合水锤。仅靠改变阀门关闭的方式已无法对管道水锤压力起到防护作用。在管线沿程合理设置快进缓排式的空气阀可有效降低管道负压，管道内最低负压为−6.88m，全程未出现汽化压力，消除了水柱分离带来的弥合水锤危害。联合较优的两阶段关阀的防护方案，管道内最低负压为−1.19m，不低于−2m 的控制标准。对于快进缓排式的空气阀，其进气口径存在一个最优解，并非越大越好，需结合实际工程和数值模拟计算确定。

（5）通过数值模拟方法对比了不同管道参数（管道材质、直径）及防护设备对末端关阀水锤效应的影响。结果表明：管道性质可以对末端关阀水锤产生一定影响，管道直径与最大水锤压力成反比，管道粗糙度系数 C 与最大水锤压力成正比。改变末端管道的直径与粗糙度系数，同时与空气罐、空气阀、超压泄压阀联合防护，最大、最小水锤压力均满足管道压力需求，减小了空气罐容积和空气阀数量，降低了超压泄压阀的泄放量。

7.2　展望

本书通过室内试验、理论分析、数值模拟相结合的手段对输水管道水锤特性及水锤安全防护进行了系统探讨。但由于试验条件及作者的学术水平有限，很多工作还不够完善，作者认为以下问题还需做进一步的研究与探讨：

（1）目前仅对有机玻璃管道这一类黏弹性管道进行了试验研究，对其他黏弹性管道材料（如 PVC、PE、PPR 等）未进行试验研究，后续需加强对其他黏弹性管道材料水锤变化规律及产生机理的研究，得到不同管材条件下的水力过渡过程影响机制，开展管道本构特性对黏弹性管道水力瞬变影响的机制研究，建立不同管道材料的数学预测模型。

（2）长距离多起伏重力流关阀水锤效应的研究中不仅对管道负压有防护效果，对管道正压也有一定的防护效果，但研究中仅对比了管道负压的影响，对于管道最大正压未进行研究，在后续的研究工作中值得进一步探讨。

（3）对于水锤防护设备方面，主要进行了空气阀、空气罐、止回阀等不同种类设备的防护效果研究，对于联合防护优化布置仅进行了单一数量的预测，后续还可以根据不同防护设备防护效果，建立综合评价模型，引入经济性评价指标和安全性评价指标，对水锤防护方案进行综合性评价。

主要参考文献

[1] MENABREA L F. Note sur les effets du choc de l'eau dans les conduites[M]. Mallet-Bachelier, 1858.

[2] JOUKOWSKY N. Water hammer[J]. Proceedings of American Water Works Association, 1904, (24): 341-424.

[3] FRIZELL J P. Pressures resulting from changes of velocity of water in pipes[J]. Transactions of the American Society of Civil Engineers, 1898, 39(1): 1-7.

[4] ALLIEVI L. Theory of water-hammer[M]. 1925.

[5] STREETER, VICTOR L. Hydraulic transients[M]. McGraw-Hill, 1967.

[6] 秋元德三. 水击与压力脉动[M]. 北京：电力工业出版社，1981.

[7] 王树人. 水击理论与水击计算[M]. 北京：清华大学出版社，1981.

[8] 怀利，斯特里特. 瞬变流[M]. 北京：水利电力出版社，1983.

[9] M. H. 乔德里. 实用水力过渡过程[Z]. 1985.

[10] 刘竹溪，刘光临. 泵站水锤及其防护[M]. 北京：水利电力出版社，1988.

[11] 金锥，姜乃昌，汪兴华. 停泵水锤及其防护[M]. 北京：中国建筑工业出版社，1993.

[12] IKEO S, KOBORI T. Waterhammer Caused by Valve Stroking in a Pipe Line with Two Valves[J]. Bulletin of JSME, 1975, 18(124): 1151-1157.

[13] LOHRASBI A R, ATTARNEJAD R. Water Hammer Analysis by Characteristic Method [J]. American Journal of Engineering and Applied Science, 2008, 1(4): 287-289.

[14] BERGANT A, VAN'T WESTENDE J M C, KOPPEL T, et al. Water hammer and column separation due to accidental simultaneous closure of control valves in a large scale two-phase flow experimental test rig[C]//Pressure Vessels and Piping Conference. 2010, 49224: 923-932.

[15] LIOU J C P. Understanding line packing in frictional water hammer[J]. Journal of Fluids Engineering, 2016, 138(8): 081303.

[16] KARADŽIĆ U, JANKOVIĆ M, STRUNJAŠ F, et al. Water Hammer and Column Separation Induced by Simultaneous and Delayed Closure of Two Valves[J]. Journal of Mechanical Engineering/Strojniški Vestnik, 2018, 64(9): 525-535.

[17] 党志良. 重力流输水管道系统减压池减压问题初探[J]. 水资源与水工程学报，1993，4(1): 58-62.

[18] 张健，俞晓东，朱永忠. 长距离供水工程的关阀水锤与线路充填[J]. 水力发电学报，2010，29(2)：183-189.

[19] 李建宇，魏举旺. 长距离重力流输水管线末端关阀水锤分析及防护[J]. 中国给水排水，2022，38(7)：51-55.

[20] 莫旭颖，郑源，阚阚，等. 不同关阀规律与出水口形式对管路水锤的影响[J]. 排灌机械工程学报，2021，39(4)：392-396.

[21] 张雷，李明，佟继有，等. 长距离重力流输水管线水锤计算及防护研究[J]. 水资源与水工程学报，2023，34(1)：121-126.

[22] 王焰康，张健，何城. 长距离重力流输水工程的关阀方案优化[J]. 人民黄河，2017，39(5)：131-134+139.

[23] 袁林，李雲龙，寇自洋. 长距离重力流输水工程首末两端阀门关阀方案研究[J]. 水电能源科学，2022，40(6)：118-121+109.

[24] 孙巍，张文胜. 长距离重力流输水管道关阀水锤防护措施分析[J]. 给水排水，2014，50(7)：102-104.

[25] 王政平，贾东远，马追. 长距离重力流输水工程关阀方案优化研究[J]. 人民黄河，2021，43(4)：142-146.

[26] 黄源，赵明，张清周，等. 输配水管网系统中关阀水锤的优化控制研究[J]. 给水排水，2017，53(2)：123-127.

[27] 陈亚飞，顾卫国，王德忠，等. 球型调节阀关阀水锤效应的试验研究与数值计算[J]. 排灌机械工程学报，2021，39(10)：1027-1032.

[28] 张小莹，边少康，冯梦雪，等. 有机玻璃管道直接水锤压力特性试验研究[J]. 排灌机械工程学报，2024，42(1)：37-42.

[29] 杨瑞虎，王彤，尚渝钧，等. 供水管网气液两相流关阀水锤[J]. 排灌机械工程学报，2022，40(6)：596-602.

[30] 闫晓彤，杨春霞，郑源. 含重力流支线的泵站加压供水系统水锤防护[J]. 南水北调与水利科技(中英文)，2023，21(2)：371-378.

[31] 郭子琪，弓学敏，谢英柏. 阀门调节对水锤压力的控制效果对比研究[J]. 水电能源科学，2023，41(3)：95-98.

[32] 李博，罗爽，刘志勇. 空气阀在带局部凸起点管道系统中的水锤防护效果[J]. 中国农村水利水电，2022，(4)：176-180+185.

[33] 赵斌娟，曹可凡，刘雨露，等. 长距离输水泵站中空气罐参数敏感度分析及正交优化设计[J]. 排灌机械工程学报，2024，42(3)：243-249.

[34] 张明，李志鹏，廖志芳，等. 空气阀缓冲阀瓣对水锤防护效果分析[J]. 给水排水，2018，54(10)：106-110.

[35] 赵立杨，冯梦雪，李昊，等. 气垫调压室联合单向塔的停泵水锤防护研究[J]. 水电能

源科学，2023，41(5)：81-84+47.

[36] 杨春霞，李倩，于洋，等. 空气罐参数对多驼峰输水系统水锤防护的影响研究[J]. 中国农村水利水电，2023，(5)：166-171.

[37] 曲兴辉. U型管结构双向水力调压塔模型试验及应用探讨[J]. 给水排水，2014，50(12)：104-108.

[38] 石晓悟，何武全，田雨丰，等. 山丘区自压输水管道水锤防护措施研究[J]. 灌溉排水学报，2023，42(9)：138-144.

[39] CHEN X，ZHANG J，ZHU D Z，et al. Surge Analysis of Air Vessel with Different Connection Types in Pressurized Water Delivery Systems[J]. Journal of Hydraulic Engineering，2024，150(1)：04023055.

[40] DE MARTINO G，FONTANA N. Simplified approach for the optimal sizing of throttled air chambers[J]. Journal of Hydraulic Engineering，2012，138(12)：1101-1109.

[41] AMMAR H T，AL-ZAHRANI M A. Water hammer analysis for Khobar - Dammam water transmission ring line[J]. Arabian Journal for Science and Engineering，2015，40：2183-2199.

[42] MOGHADDAS S M J，SAMANI H M V，HAGHIGHI A. Transient protection optimization of pipelines using air-chamber and air-inlet valves[J]. KSCE Journal of Civil Engineering，2017，21：1991-1997.

[43] 刘梅清，孙兰凤，周龙才，等. 长管道泵系统中空气阀的水锤防护特性模拟[J]. 武汉大学学报(工学版)，2004，(5)：23-27.

[44] 刘志勇，刘梅清. 空气阀水锤防护特性的主要影响参数分析及优化[J]. 农业机械学报，2009，40(6)：85-89.

[45] 刘竹青，毕慧丽，王福军. 空气阀在有压输水管路中的水锤防护作用[J]. 排灌机械工程学报，2011，29(4)：333-337.

[46] 李小周，朱满林，陶灿. 空气阀型式对压力管道水锤防护的影响[J]. 排灌机械工程学报，2015，33(7)：599-605.

[47] 徐放，李志鹏，李豪，等. 缓闭式空气阀口径和孔口面积比对停泵水锤防护的影响[J]. 流体机械，2018，46(3)：28-33.

[48] BERGANT A，SIMPSON A R，SIJAMHODZIC E. Water hammer analysis of pumping systems for control of water in underground mines[C]//Proceedings of Mine Water Congress Ljubljana. 1991：9-20.

[49] STEPHENSON D. Simple guide for design of air vessels for water hammer protection of pumping lines[J]. Journal of Hydraulic Engineering，2002，128(8)：792-797.

[50] ZHAO W，YU X，TANG R，et al. Negative pressure protection of water supply systems with multi-undulating terrain by one-way surge tanks[J]. AQUA—Water Infrastructure，

Ecosystems and Society，2023，72(11)：2138-2151.

[51] 刘光临，刘梅清，贾琦．泵系统中调压塔水锤防护特性的研究[J]．水利学报，1995，(3)：1-11.

[52] 刘光临，刘志勇，王昕权，等．单向调压塔水锤防护特性的研究[J]．给水排水，2002，(2)：82-85.

[53] 蒋劲，赵红芳，李继珊．泵系统管线局部凸起水锤防护措施的研究[J]．华中科技大学学报(自然科学版)，2003，(5)：65-67.

[54] 齐敦哲，郝建志，吴福臣，等．长管道工程中空气阀与单向调压塔水锤防护比较与优化[J]．中国农村水利水电，2012，(12)：134-136.

[55] SUN Q，WU Y B，XU Y，et al. Optimal sizing of an air vessel in a long-distance water-supply pumping system using the SQP method[J]. Journal of Pipeline Systems Engineering and Practice，2016，7(3)：05016001(1-6).

[56] MIAO D，ZHANG J，CHEN S，et al. An approximate analytical method to size an air vessel in a water supply system[J]. Water Science and Technology：Water Supply，2017，17(4)：1016-1021.

[57] REZAEI V，CALAMAK M，BOZKUS Z. Performance of a pumped discharge line with combined application of protection devices against water hammer[J]. KSCE Journal of Civil Engineering，2017，21：1493-1500.

[58] MIAO D，ZHANG J，CHEN S，et al. Water hammer suppression for long distance water supply systems by combining the air vessel and valve[J]. Journal of Water Supply：Research and Technology—AQUA，2017，66(5)：319-326.

[59] 冉红，蒋劲，廖志芳，等．基于 EFAST 的空气罐水锤防护效果的全局敏感性分析[J]．中国农村水利水电，2021，(8)：216-220.

[60] 张白云，王俊新，唐泽润，等．长距离输水泵站中空气罐进出口阻力系数对其水锤防护效果影响的研究[J]．中国农村水利水电，2021，(6)：197-201.

[61] 汪顺生，郭新源．基于 Bentley Hammer 的气囊式空气罐的水锤防护研究[J]．振动与冲击，2022，41(6)：177-182+244.

[62] 杨玉思，徐艳艳，羡巨智．长距离高扬程多起伏输水管道水锤防护的研究[J]．给水排水，2009，45(4)：108-111.

[63] 邱秀云．水力学[M]．乌鲁木齐：新疆电子出版社，2008.

附录　黏弹性管道关阀水锤部分试验数据

附录 A　阀门 100%全开关阀试验数据

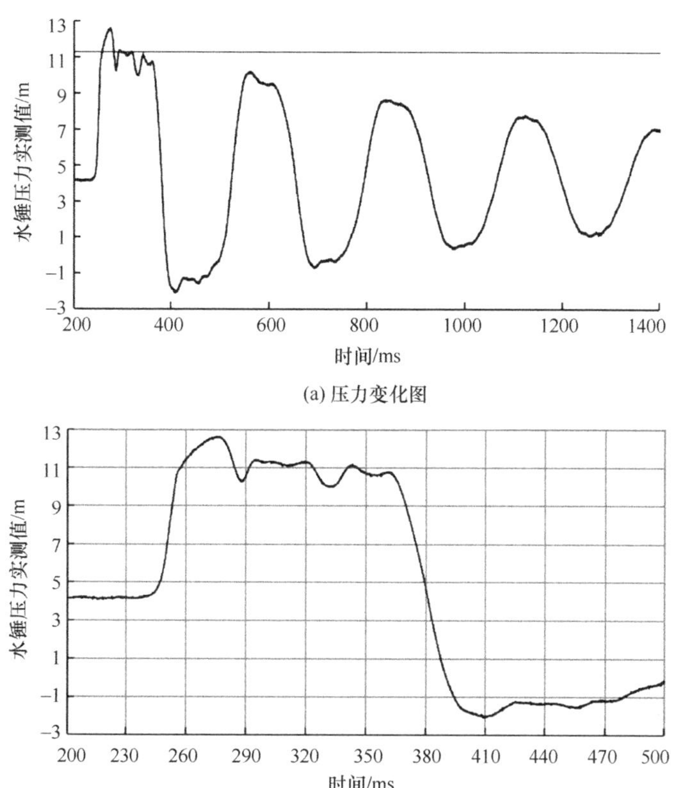

(a) 压力变化图

(b) 压力局部放大图

图 A-1　V=0.11m/s 阀门全开关阀水锤压力实测图（一）

V=0.11m/s 阀门开度 100%试验参数统计（一）　　表 A-1

编号	阀门开度	管道流速/(m/s)	关阀时间/ms	周期/s	实测波速/(m/s)	理论升压/m	实测升压/m	实测与理论升压差/m	超出百分比/%
1-2	100%	0.11	42	0.27	627.7	7.14	8.46	1.32	18.5

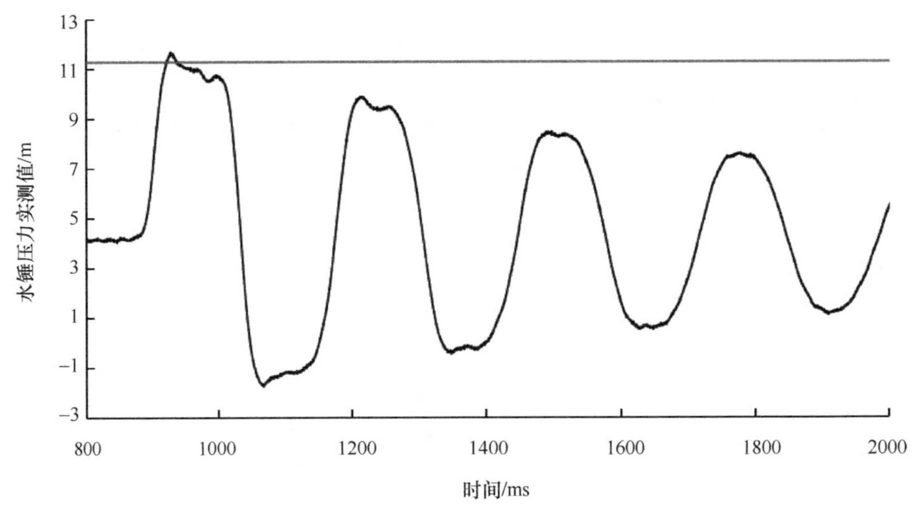

(a) 压力变化图

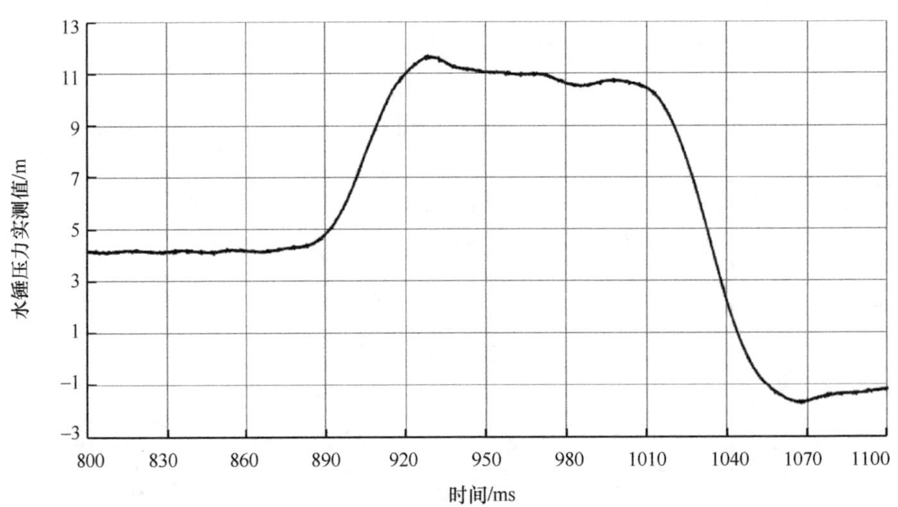

(b) 压力局部放大图

图 A-2　V=0.11m/s 阀门全开关阀水锤压力实测图(二)

V=0.11m/s 阀门开度 100%试验参数统计(二)　　　　表 A-2

编号	阀门开度	管道流速 /(m/s)	关阀时间 /ms	周期 /s	实测波速 /(m/s)	理论升压 /m	实测升压 /m	实测与理论升压差/m	超出百分比 /%
1-8	100%	0.11	60	0.27	624.0	7.14	7.55	0.41	5.74

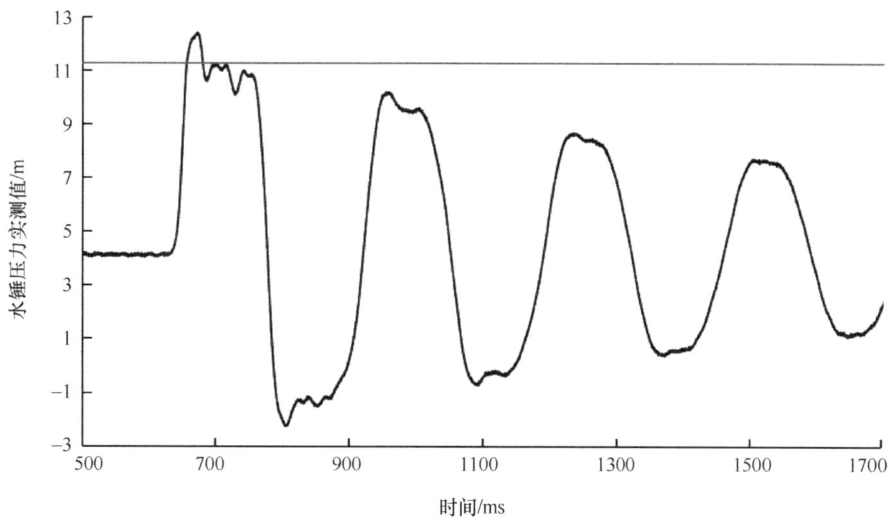

(a) 压力变化图

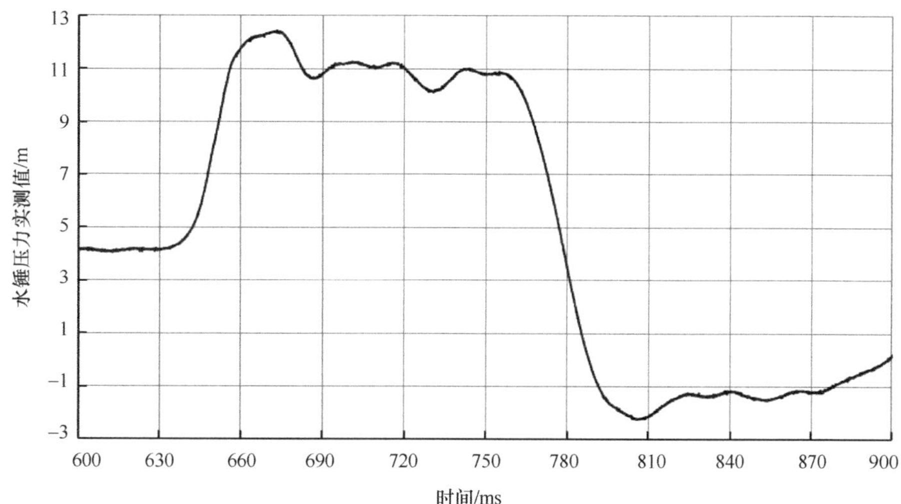

(b) 压力局部放大图

图 A-3　V=0.11m/s 阀门全开关阀水锤压力实测图(三)

V=0.11m/s 阀门开度 100%试验参数统计(三)　　　　**表 A-3**

编号	阀门开度	管道流速 /(m/s)	关阀时间 /ms	周期 /s	实测波速 /(m/s)	理论升压 /m	实测升压 /m	实测与理论升压差/m	超出百分比 /%
1-9	100%	0.11	46	0.27	630.5	7.14	8.28	1.14	15.97

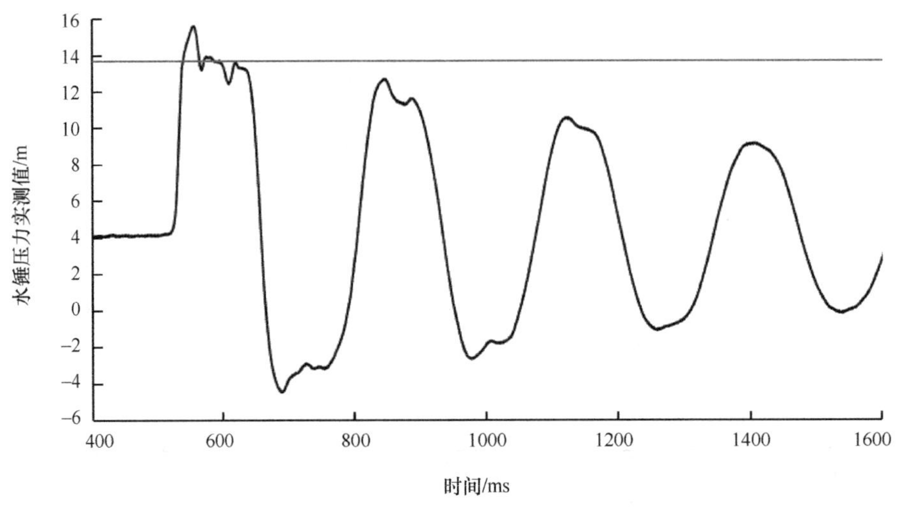

(a) 压力变化图

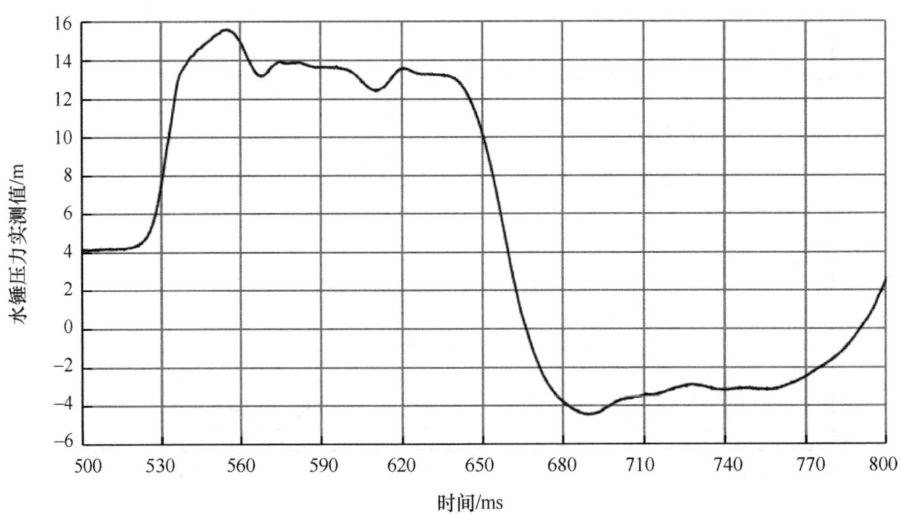

(b) 压力局部放大图

图 A-4 V=0.147m/s 阀门全开关阀压力实测图(一)

V=0.147m/s 阀门开度 100%试验参数统计(一) **表 A-4**

编号	阀门开度	管道流速 /(m/s)	关阀时间 /ms	周期 /s	实测波速 /(m/s)	理论升压 /m	实测升压 /m	实测与理论升压差/m	超出百分比 /%
2-2	100%	0.147	40	0.27	626.0	9.55	11.49	1.94	20.31

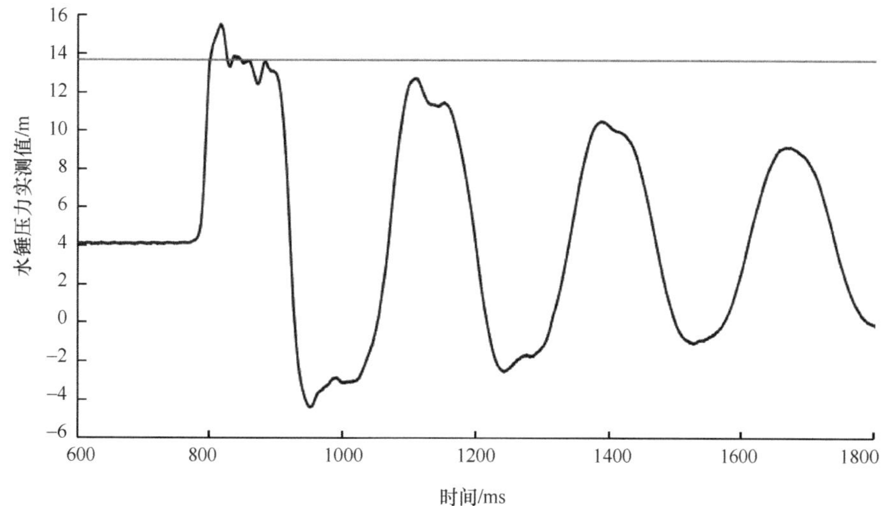

(a) 压力变化图

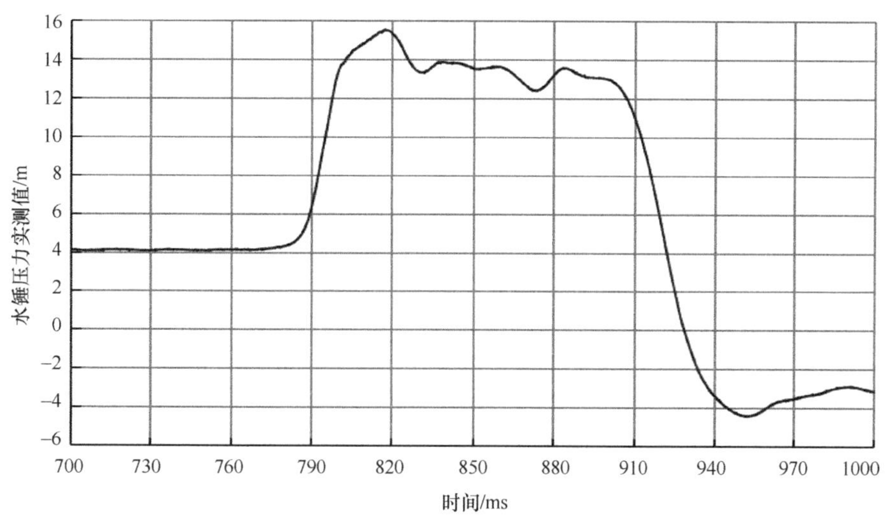

(b) 压力局部放大图

图 A-5　V=0.147m/s 阀门全开关阀压力实测图(二)

V=0.147m/s 阀门开度 100%试验参数统计(二)　　表 A-5

编号	阀门开度	管道流速/(m/s)	关阀时间/ms	周期/s	实测波速/(m/s)	理论升压/m	实测升压/m	实测与理论升压差/m	超出百分比/%
2-9	100%	0.146	41	0.27	626.0	9.55	11.44	1.89	19.79

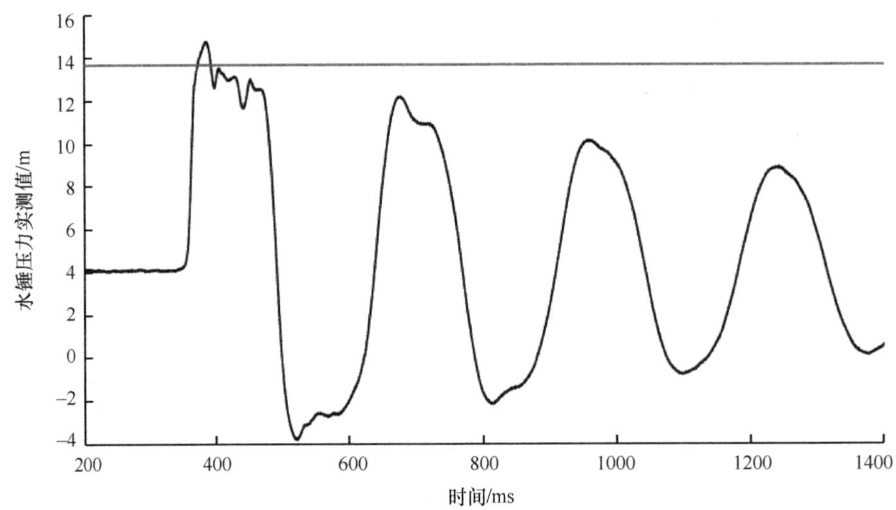

(a) 压力变化图

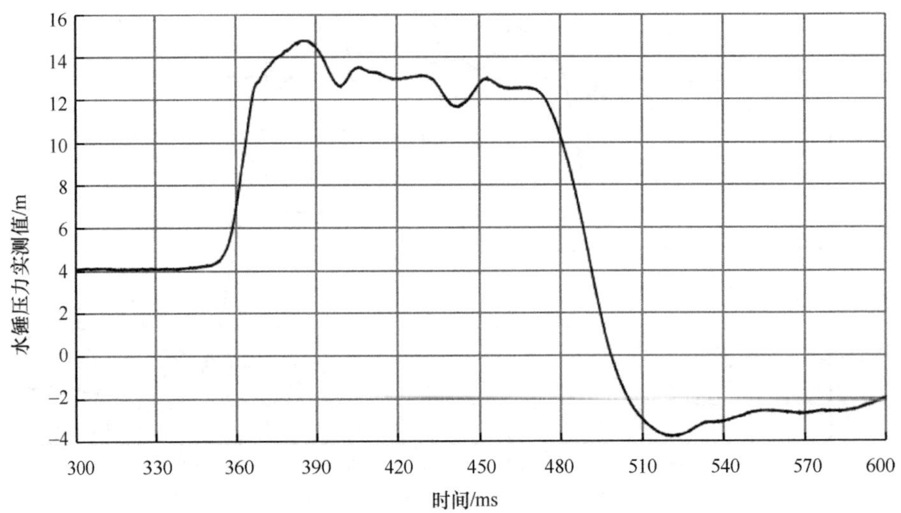

(b) 压力局部放大图

图 A-6 V=0.147m/s 阀门全开关阀压力实测图(三)

V=0.147m/s 阀门开度 100%试验参数统计(三) **表 A-6**

编号	阀门开度	管道流速/(m/s)	关阀时间/ms	周期/s	实测波速/(m/s)	理论升压/m	实测升压/m	实测与理论升压差/m	超出百分比/%
2-15	100%	0.145	46	0.27	619.7	9.55	10.65	1.1	11.52

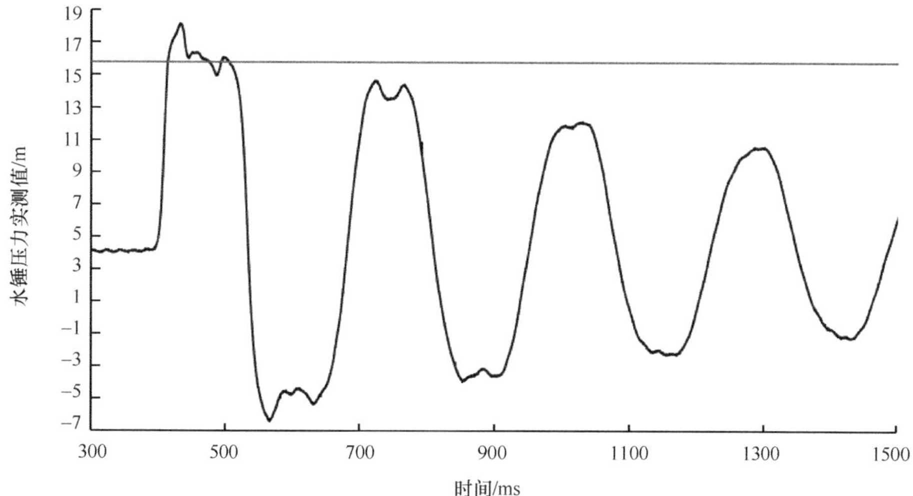

(a) 压力变化图

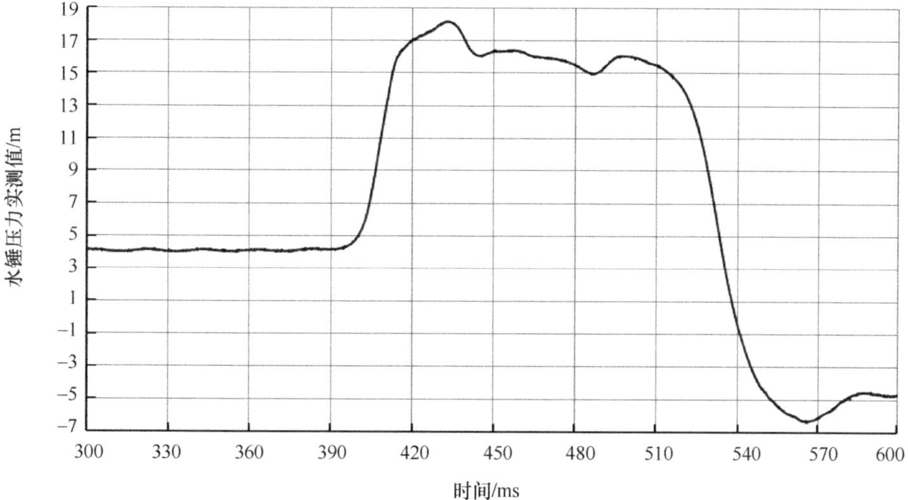

(b) 压力局部放大图

图 A-7　V＝0.183m/s 阀门全开关阀压力实测图(一)

V＝0.183m/s 阀门开度 100％试验参数统计(一)　　　　表 A-7

编号	阀门开度	管道流速/(m/s)	关阀时间/ms	周期/s	实测波速/(m/s)	理论升压/m	实测升压/m	实测与理论升压差/m	超出百分比/％
3-6	100％	0.184	43	0.27	636.7	11.88	14.06	2.18	18.35

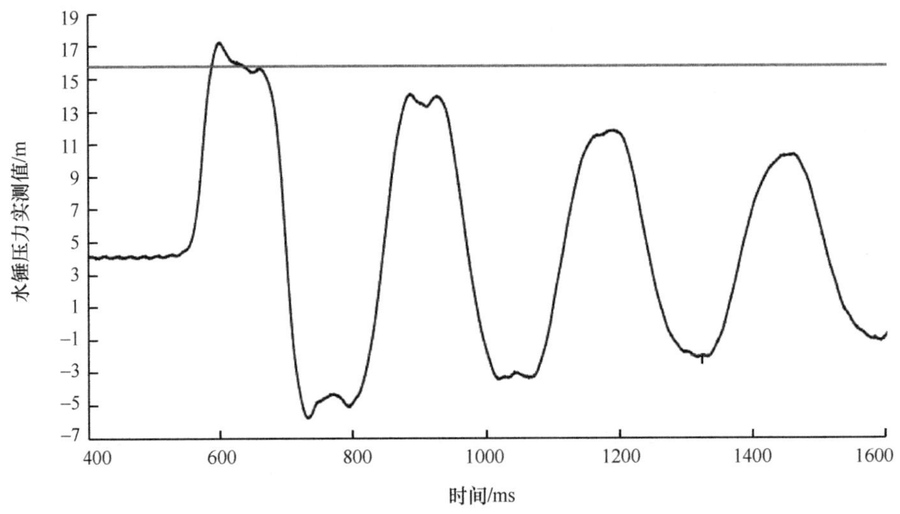

(a) 压力变化图

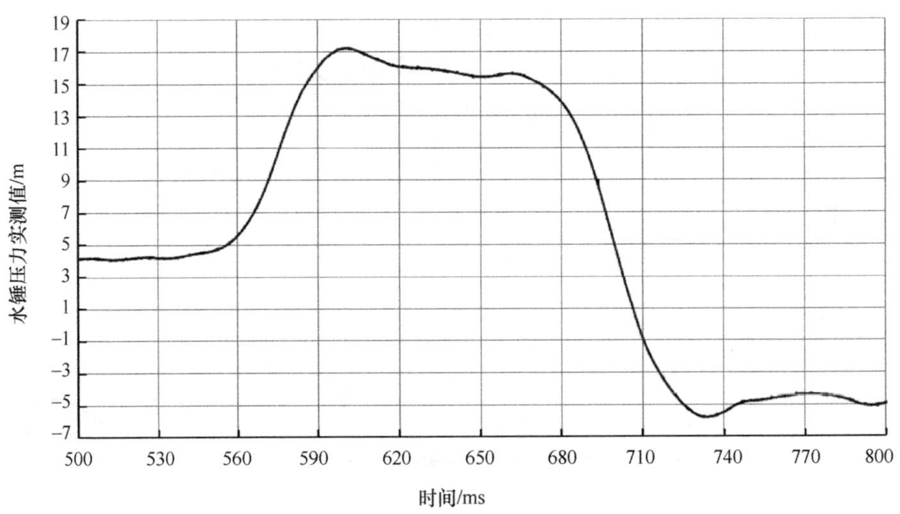

(b) 压力局部放大图

图 A-8 $V=0.183$m/s 阀门全开关阀压力实测图(二)

V=0.183m/s 阀门开度 100%试验参数统计(二) **表 A-8**

编号	阀门开度	管道流速 /(m/s)	关阀时间 /ms	周期 /s	实测波速 /(m/s)	理论升压 /m	实测升压 /m	实测与理论升压差/m	超出百分比 /%
3-8	100%	0.185	65	0.26	640.0	11.88	13.15	1.27	10.69

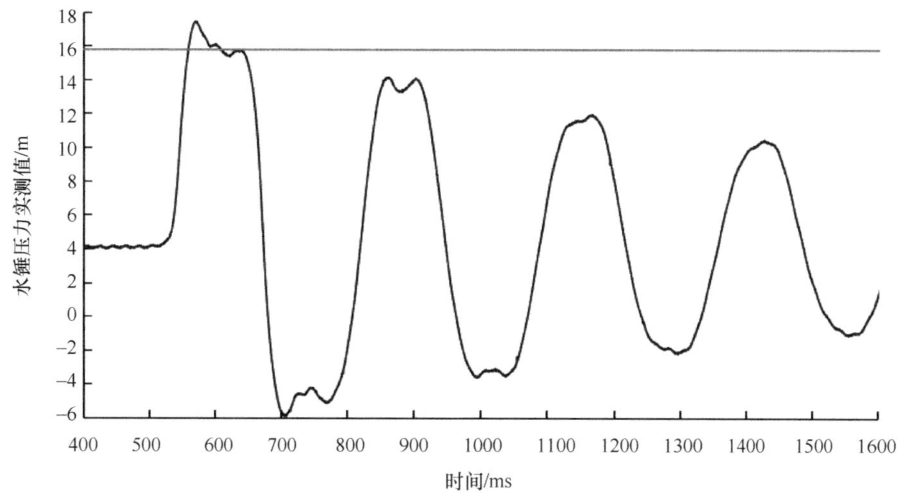

(a) 压力变化图

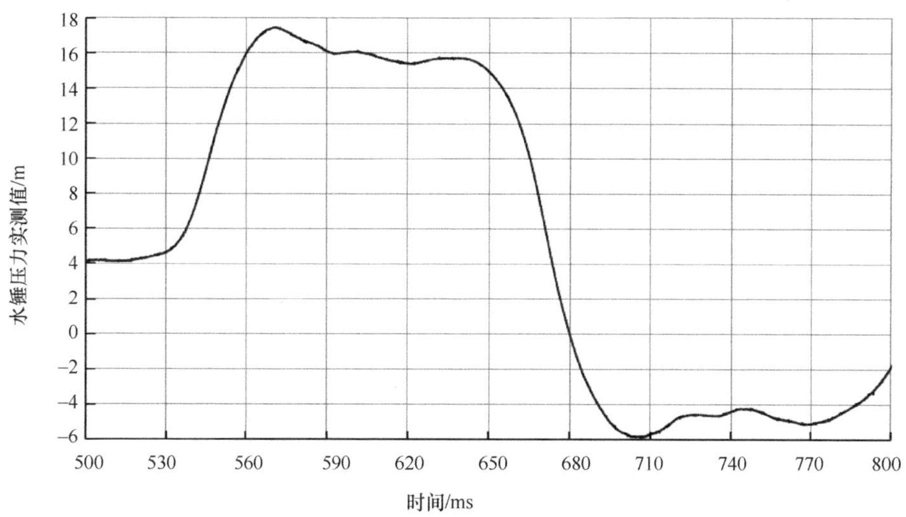

(b) 压力局部放大图

图 A-9　V=0.183m/s 阀门全开关阀压力实测图(三)

V=0.183m/s 阀门开度 100%试验参数统计(三)　　　　**表 A-9**

编号	阀门开度	管道流速 /(m/s)	关阀时间 /ms	周期 /s	实测波速 /(m/s)	理论升压 /m	实测升压 /m	实测与理论升压差/m	超出百分比 /%
3-9	100%	0.184	54	0.26	644.4	11.88	13.36	1.48	12.46

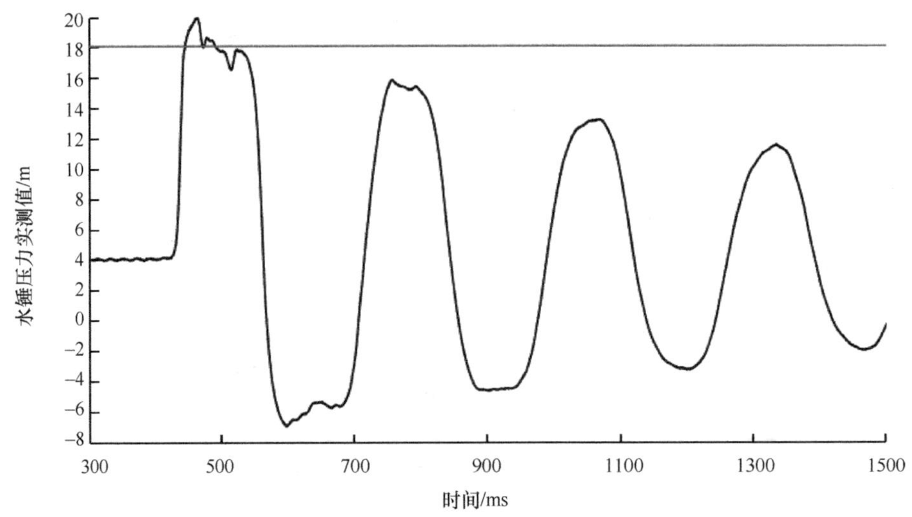

(a) 压力变化图

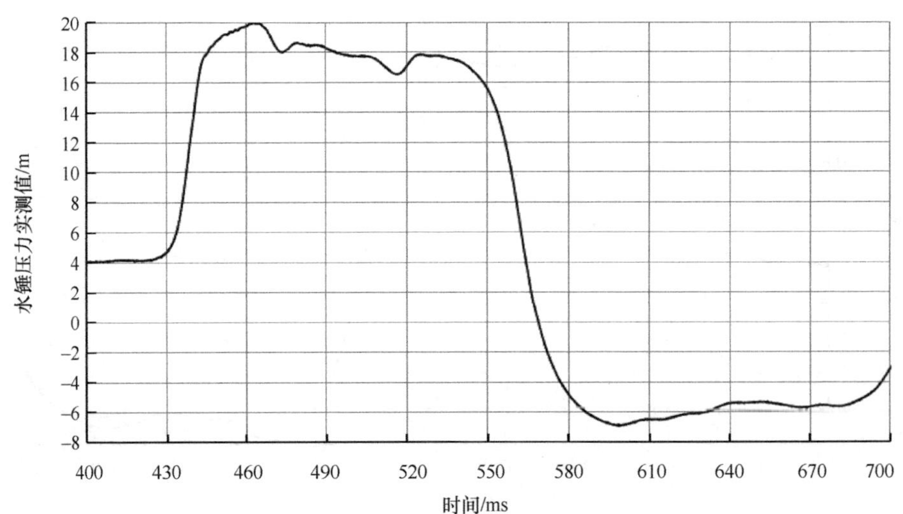

(b) 压力局部放大图

图 A-10　V=0.216m/s 阀门全开关阀压力实测图(一)

V=0.216m/s 阀门开度 100%试验参数统计(一)　　　　**表 A-10**

编号	阀门开度	管道流速/(m/s)	关阀时间/ms	周期/s	实测波速/(m/s)	理论升压/m	实测升压/m	实测与理论升压差/m	超出百分比/%
4-1	100%	0.216	46	0.27	636.5	14.03	15.95	1.92	13.68

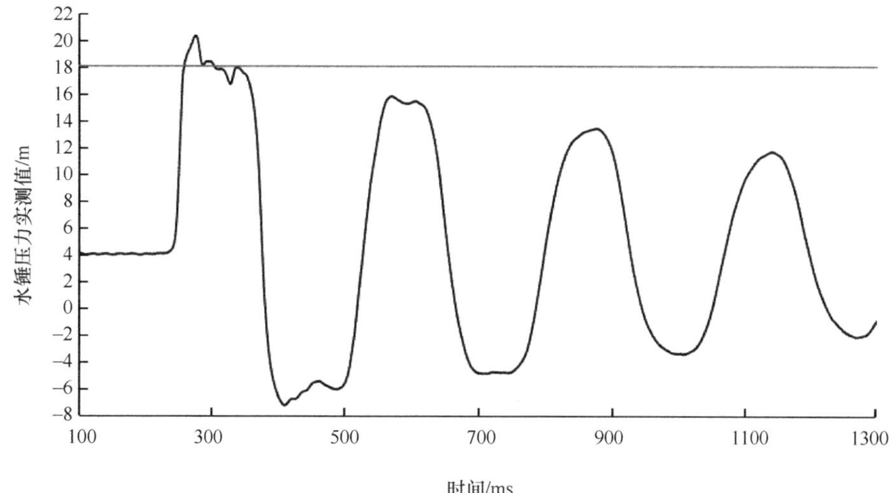

(a) 压力变化图

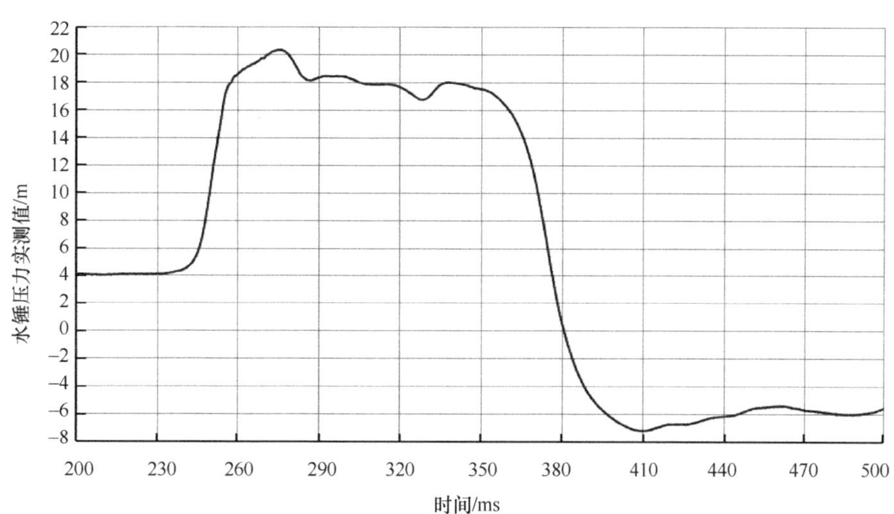

(b) 压力局部放大图

图 A-11　V=0.216m/s 阀门全开关阀压力实测图(二)

V=0.216m/s 阀门开度 100%试验参数统计(二)　　　　**表 A-11**

编号	阀门开度	管道流速/(m/s)	关阀时间/ms	周期/s	实测波速/(m/s)	理论升压/m	实测升压/m	实测与理论升压差/m	超出百分比/%
4-5	100%	0.215	42	0.26	642.6	14.03	16.32	2.29	16.32

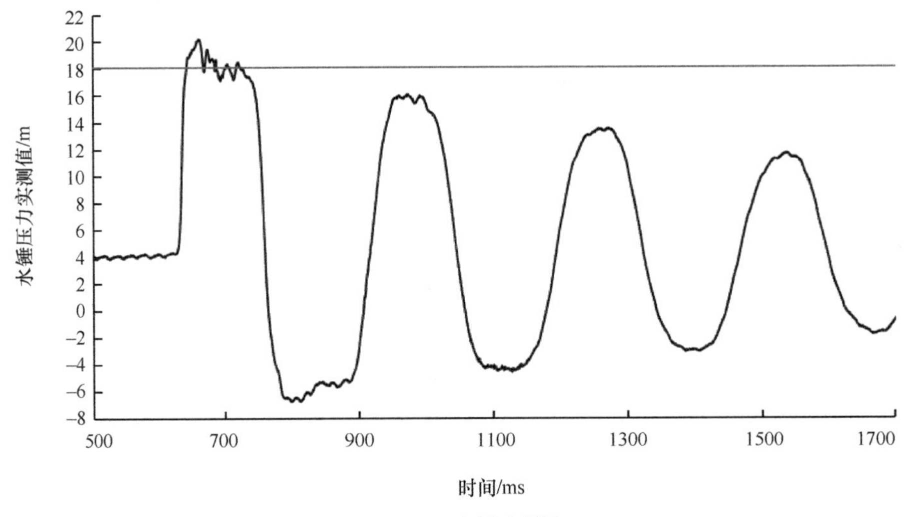

(a) 压力变化图

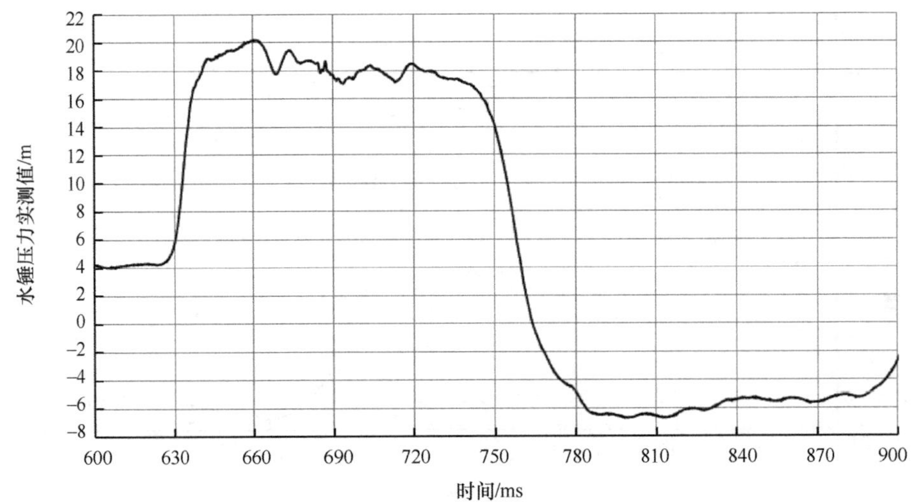

(b) 压力局部放大图

图 A-12　V=0.216m/s 阀门全开关阀压力实测图(三)

V=0.216m/s 阀门开度 100%试验参数统计(三)　　表 A-12

编号	阀门开度	管道流速/(m/s)	关阀时间/ms	周期/s	实测波速/(m/s)	理论升压/m	实测升压/m	实测与理论升压差/m	超出百分比/%
4-6	100%	0.216	43	0.27	619.9	14.03	16.15	2.12	15.11

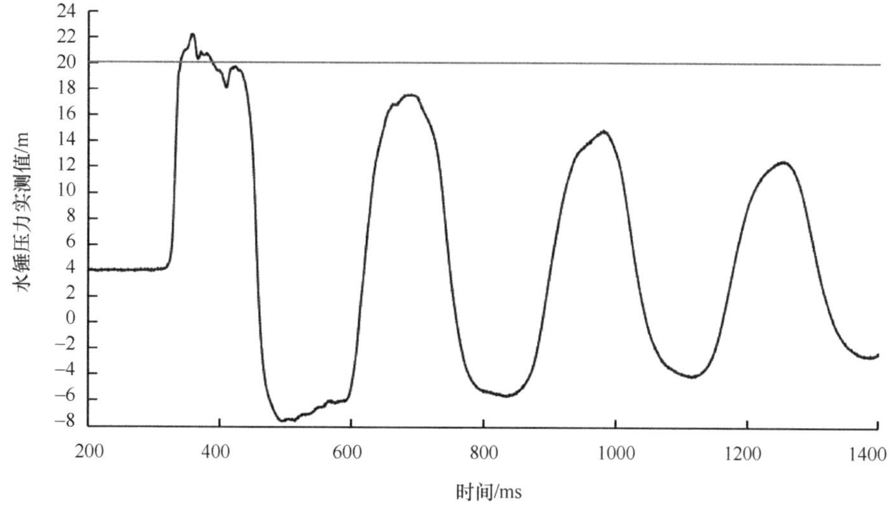

(a) 压力变化图

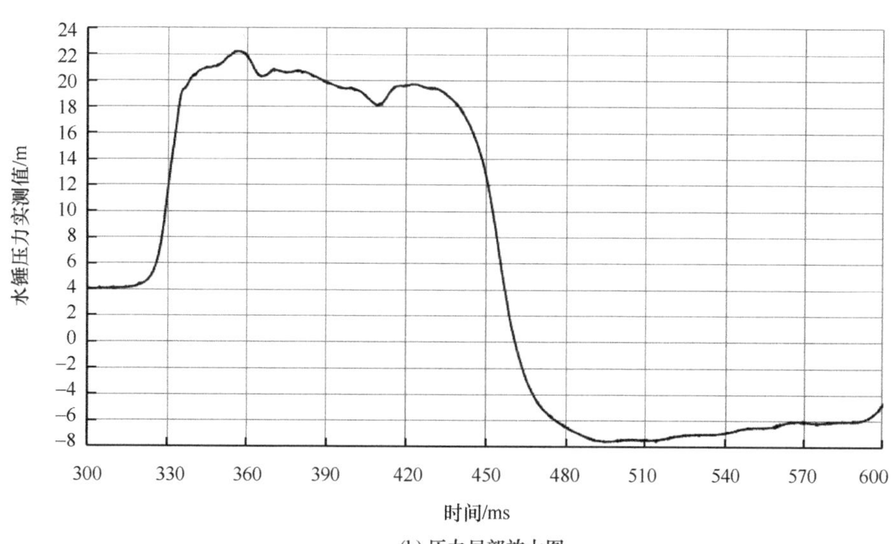

(b) 压力局部放大图

图 A-13　V=0.247m/s 阀门全开关阀压力实测图(一)

V=0.247m/s 阀门开度 100%试验参数统计(一)　　　　表 A-13

编号	阀门开度	管道流速 /(m/s)	关阀时间 /ms	周期 /s	实测波速 /(m/s)	理论升压 /m	实测升压 /m	实测与理论升压差/m	超出百分比 /%
5-2	100%	0.247	48	0.27	620.4	16.04	18.21	2.17	13.53

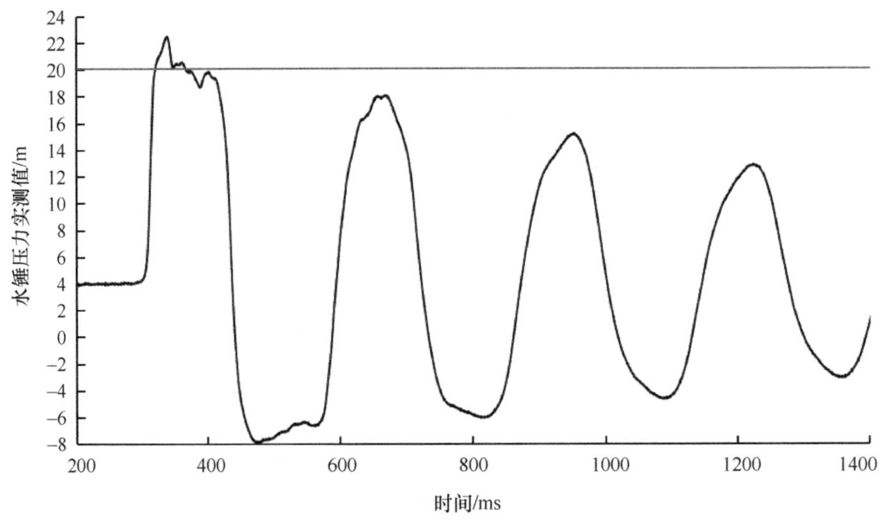

(a) 压力变化图

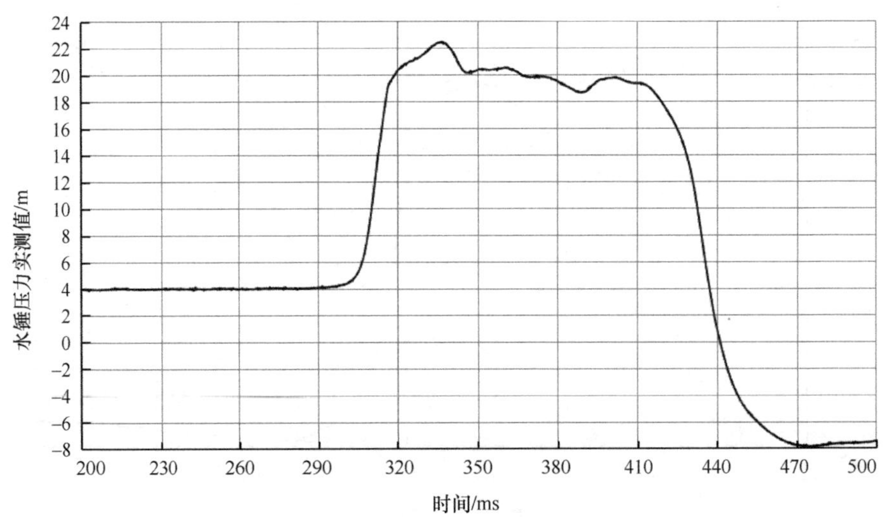

(b) 压力局部放大图

图 A-14 V=0.247m/s 阀门全开关阀压力实测图(二)

V=0.247m/s 阀门开度 100%试验参数统计(二) **表 A-14**

编号	阀门开度	管道流速/(m/s)	关阀时间/ms	周期/s	实测波速/(m/s)	理论升压/m	实测升压/m	实测与理论升压差/m	超出百分比/%
5-6	100%	0.245	46	0.26	641.5	16.04	18.46	2.42	15.09

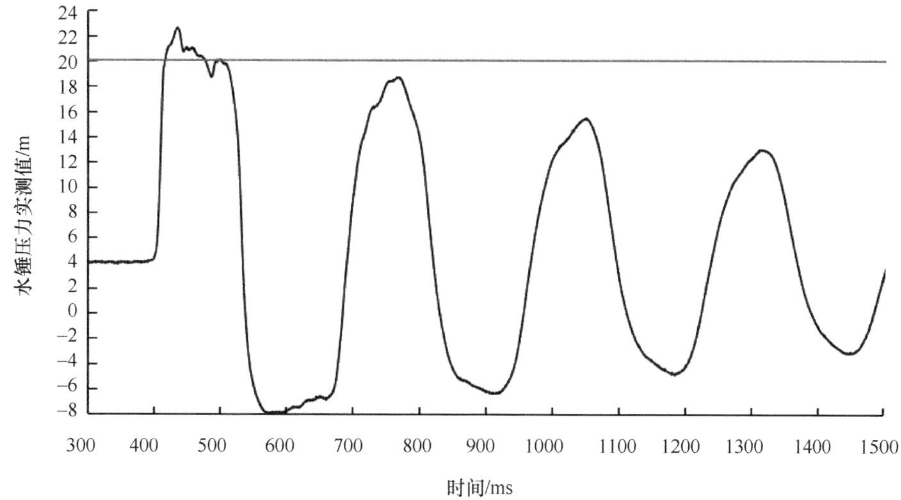

(a) 压力变化图

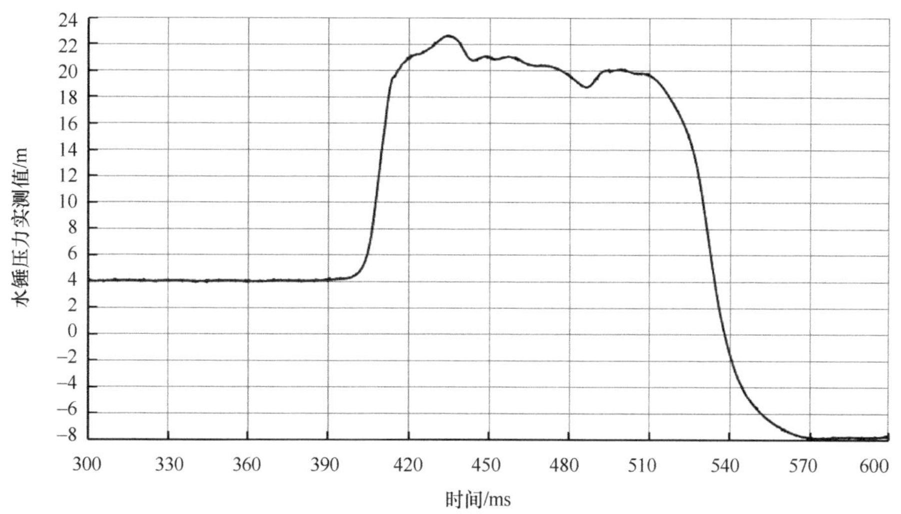

(b) 压力局部放大图

图 A-15　V=0.247m/s 阀门全开关阀压力实测图(三)

V=0.247m/s 阀门开度 100%试验参数统计(三)　　　　表 A-15

编号	阀门开度	管道流速 /(m/s)	关阀时间 /ms	周期 /s	实测波速 /(m/s)	理论升压 /m	实测升压 /m	实测与理论升压差/m	超出百分比 /%
5-10	100%	0.248	43	0.27	628.6	16.04	18.63	2.59	16.15

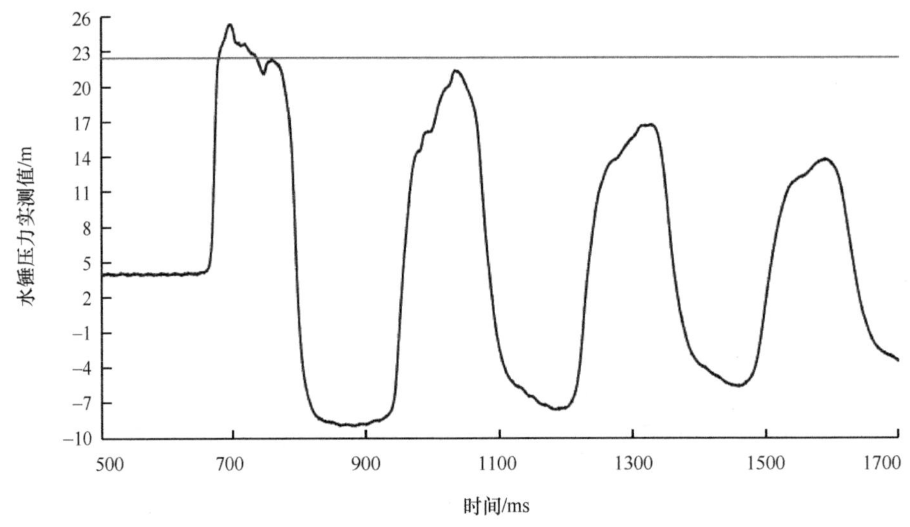

(a) 压力变化图

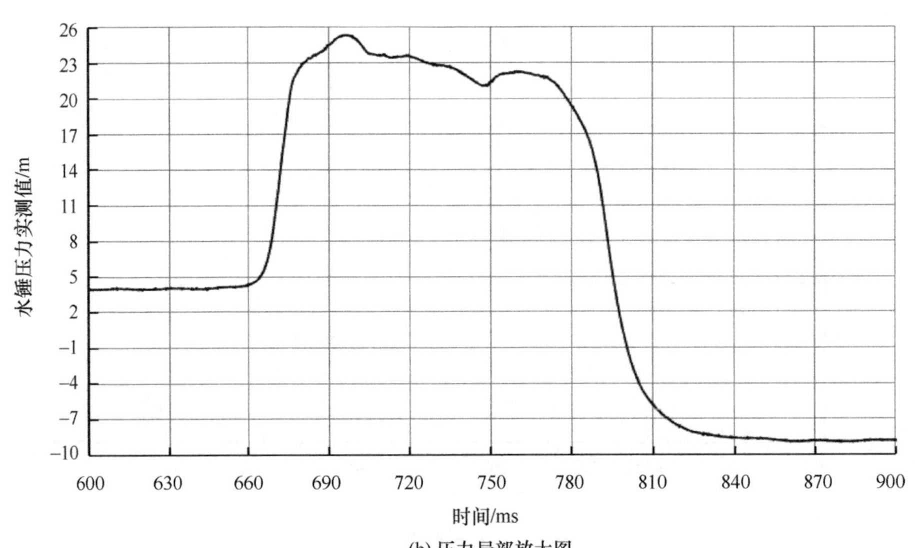

(b) 压力局部放大图

图 A-16　V=0.283m/s 阀门全开关阀压力实测图(一)

V=0.283m/s 阀门开度 100%试验参数统计(一)　　　　**表 A-16**

编号	阀门开度	管道流速 /(m/s)	关阀时间 /ms	周期 /s	实测波速 /(m/s)	理论升压 /m	实测升压 /m	实测与理论升压差/m	超出百分比 /%
6-5	100%	0.284	44	0.26	642.6	18.44	21.36	2.92	15.84

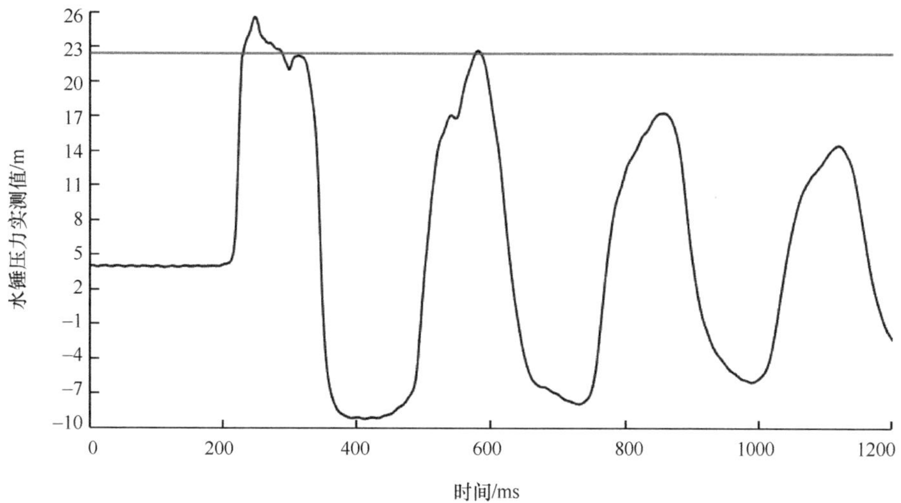

(a) 压力变化图

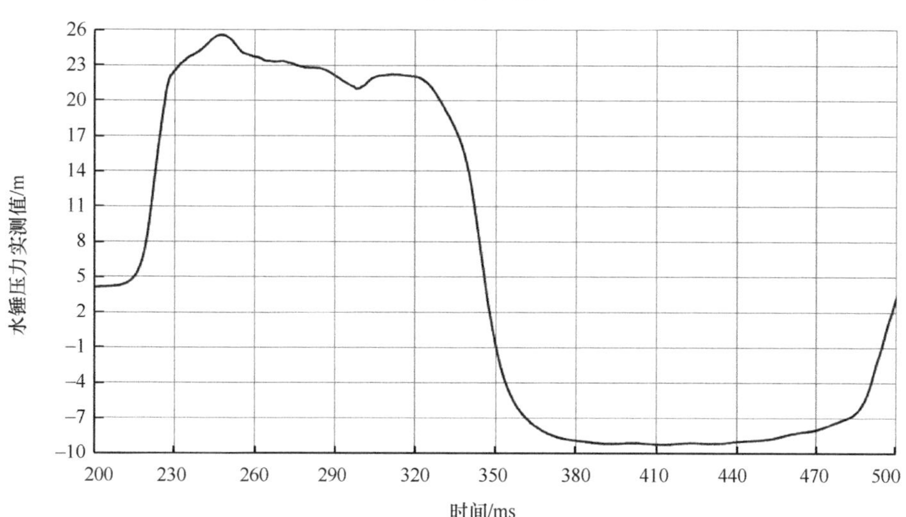

(b) 压力局部放大图

图 A-17　V=0.283m/s 阀门全开关阀压力实测图(二)

V=0.283m/s 阀门开度 100%试验参数统计(二)　　　　**表 A-17**

编号	阀门开度	管道流速/(m/s)	关阀时间/ms	周期/s	实测波速/(m/s)	理论升压/m	实测升压/m	实测与理论升压差/m	超出百分比/%
6-7	100%	0.284	42	0.26	650.7	18.44	21.61	3.17	17.19

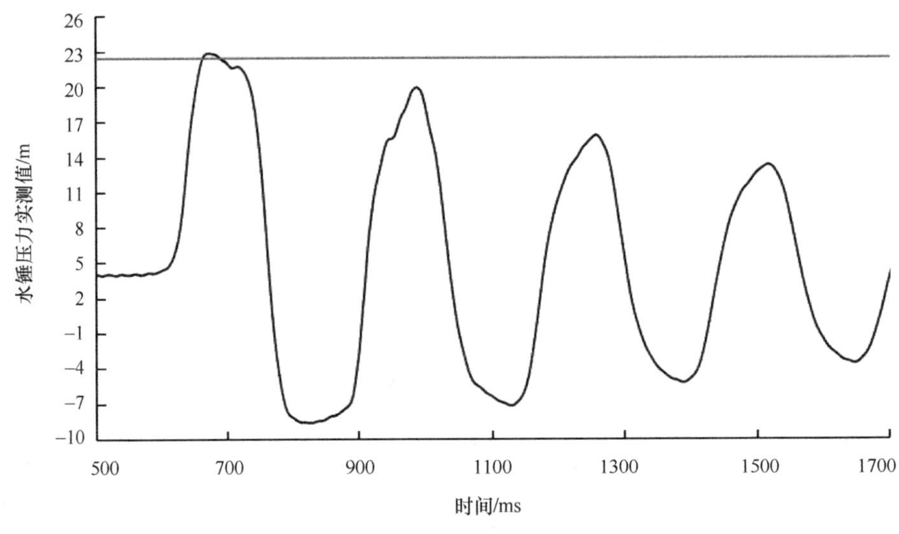

(a) 压力变化图

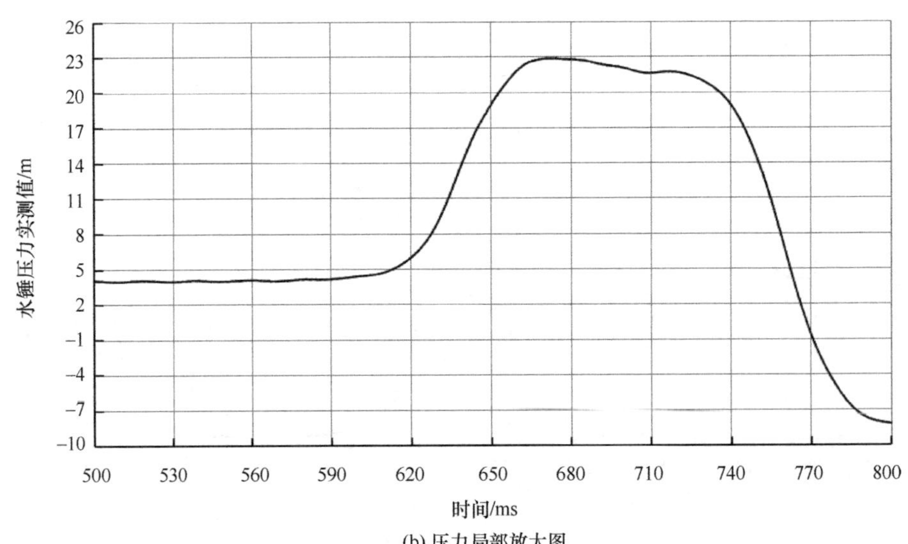

(b) 压力局部放大图

图 A-18 V=0.283m/s 阀门全开关阀压力实测图(三)

V=0.283m/s 阀门开度 100%试验参数统计(三) **表 A-18**

编号	阀门开度	管道流速 /(m/s)	关阀时间 /ms	周期 /s	实测波速 /(m/s)	理论升压 /m	实测升压 /m	实测与理论升压差/m	超出百分比 /%
6-10	100%	0.285	78	0.26	655.9	18.44	18.90	0.46	2.49

附录 B　阀门 30%开度关阀试验数据

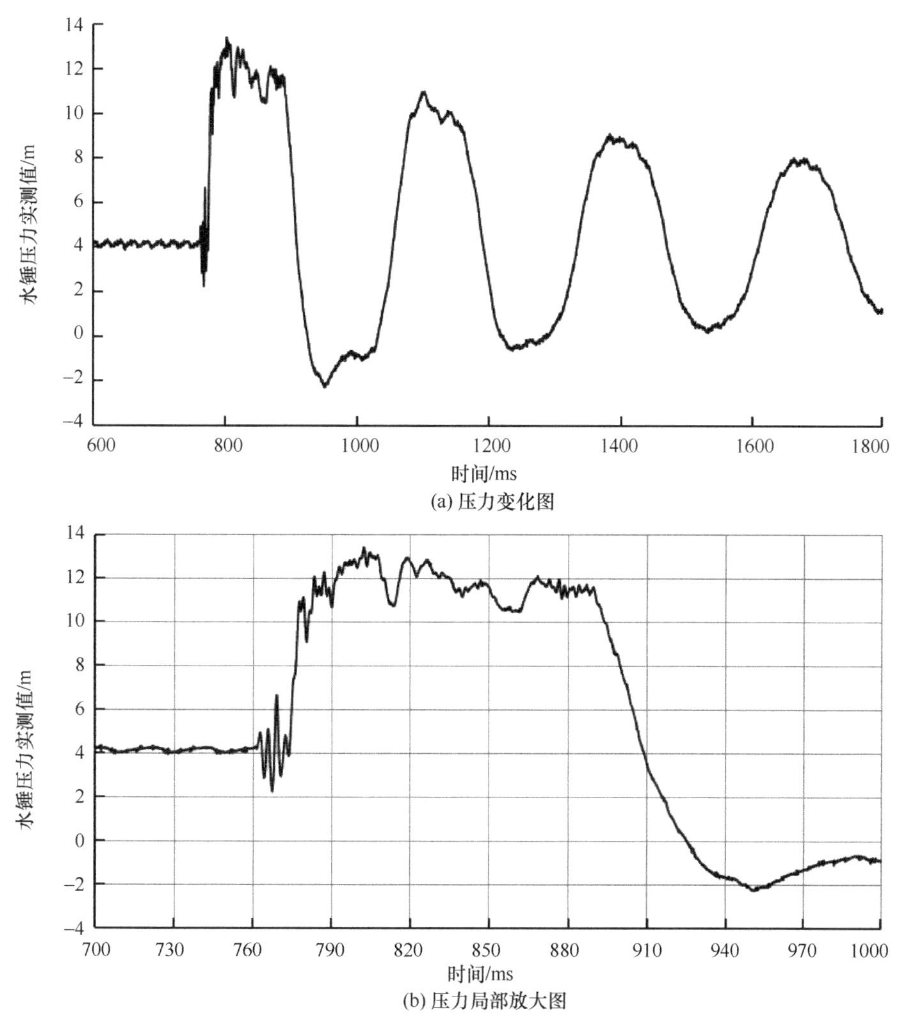

图 B-1　V=0.11m/s 阀门开度 30%关阀压力实测图(一)

V=0.11m/s 阀门开度 30%试验参数统计(一)　　**表 B-1**

编号	阀门开度	管道流速/(m/s)	关阀时间/ms	周期/s	实测波速/(m/s)	理论升压/m	实测升压/m	实测与理论升压差/m	超出百分比/%
1′-1	30%	0.112	41	0.28	613.6	7.14	9.29	2.15	30.11

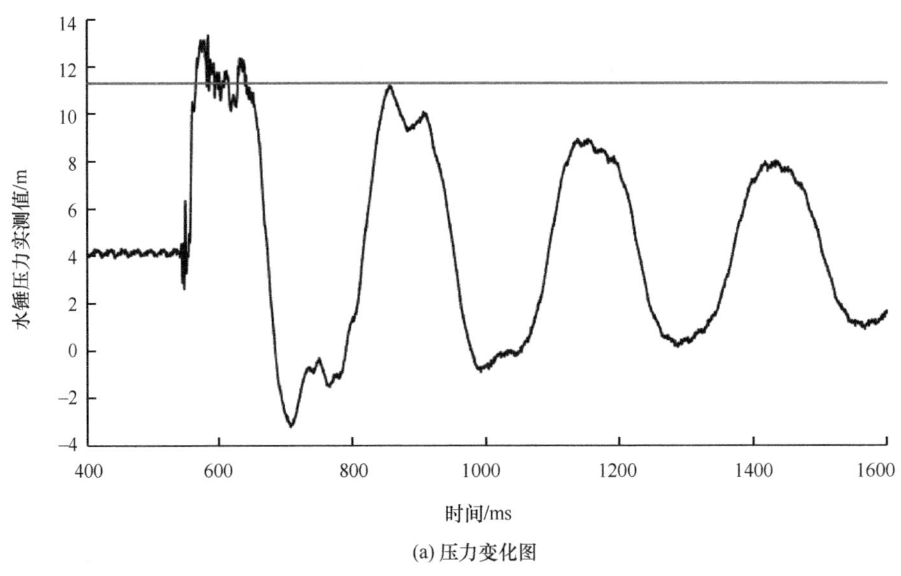

(a) 压力变化图

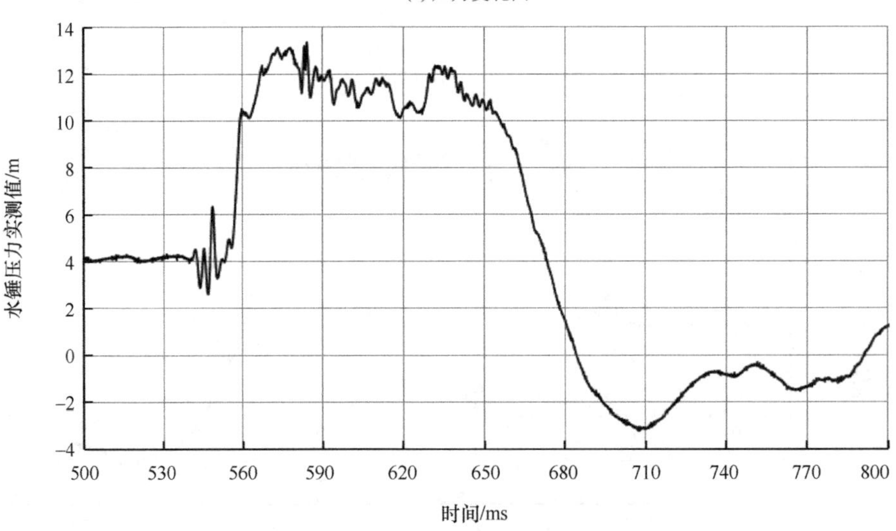

(b) 压力局部放大图

图 B-2 V=0.11m/s 阀门开度 30%关阀压力实测图(二)

V=0.11m/s 阀门开度 30%试验参数统计(二) **表 B-2**

编号	阀门开度	管道流速/(m/s)	关阀时间/ms	周期/s	实测波速/(m/s)	理论升压/m	实测升压/m	实测与理论升压差/m	超出百分比/%
1′-5	30%	0.112	43	0.28	614.5	7.14	9.19	2.05	28.71

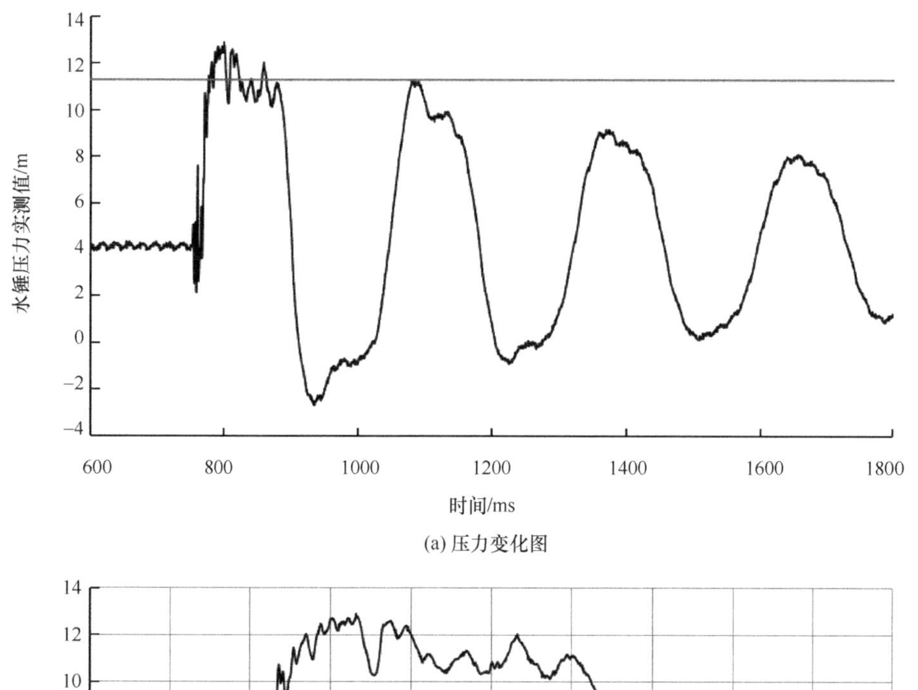

(a) 压力变化图

(b) 压力局部放大图

图 B-3　V=0.11m/s 阀门开度 30%关阀压力实测图(三)

V=0.11m/s 阀门开度 30%试验参数统计(三)　　　　**表 B-3**

编号	阀门开度	管道流速/(m/s)	关阀时间/ms	周期/s	实测波速/(m/s)	理论升压/m	实测升压/m	实测与理论升压差/m	超出百分比/%
1′-6	30%	0.110	49	0.27	618.5	7.14	8.76	1.62	22.69

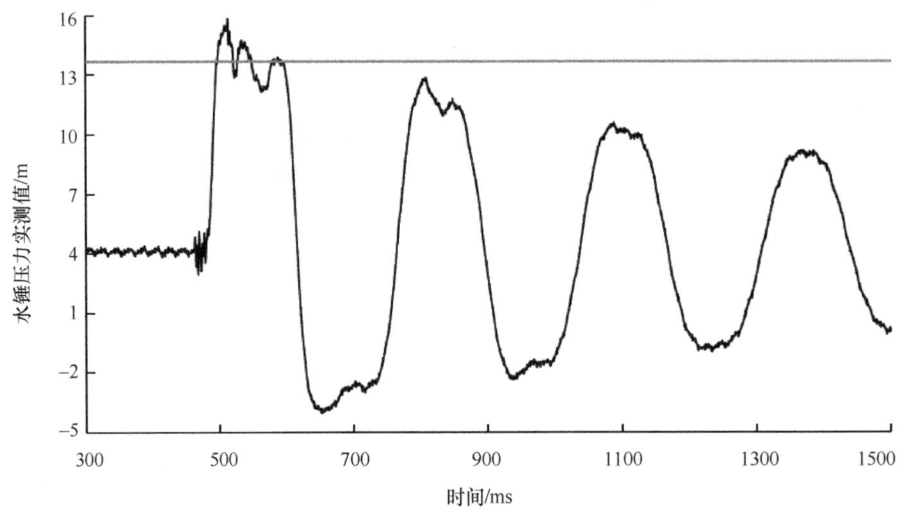

(a) 压力变化图

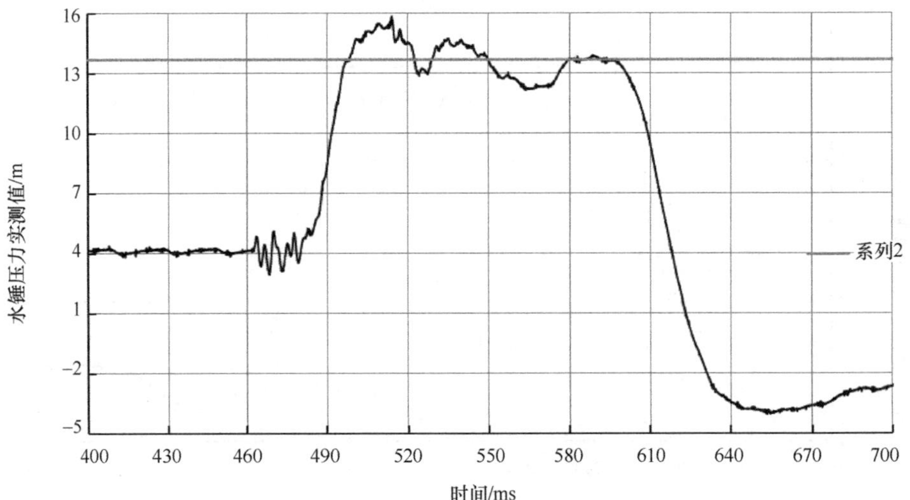

(b) 压力局部放大图

图 B-4　V=0.147m/s 阀门开度 30%关阀压力实测图(一)

V=0.147m/s 阀门开度 30%试验参数统计(一)　　　　表 B-4

编号	阀门开度	管道流速/(m/s)	关阀时间/ms	周期/s	实测波速/(m/s)	理论升压/m	实测升压/m	实测与理论升压差/m	超出百分比/%
2′-1	30%	0.146	52	0.27	624.9	9.55	11.71	2.16	22.62

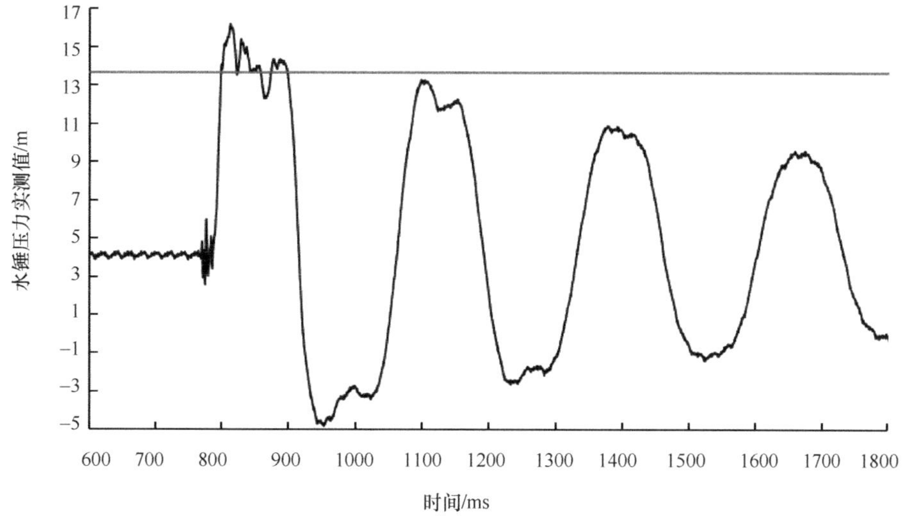

(a) 压力变化图

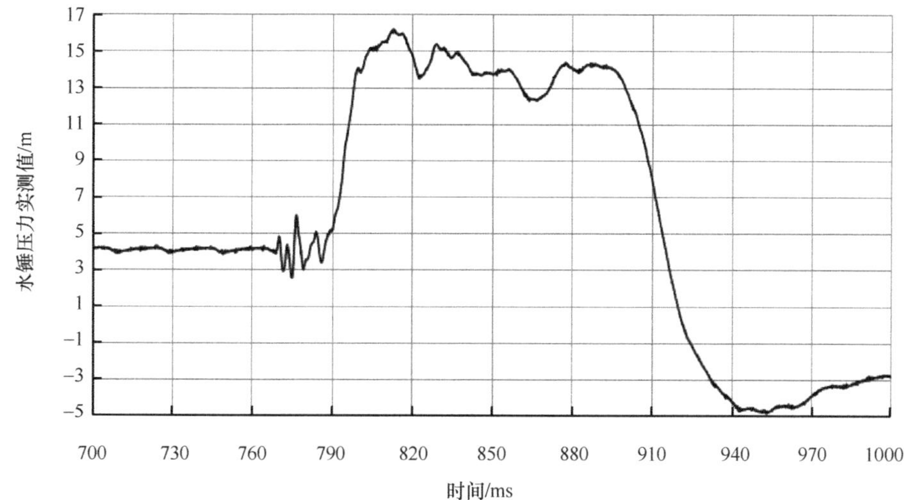

(b) 压力局部放大图

图 B-5　V=0.147m/s 阀门开度 30%关阀压力实测图(二)

V=0.147m/s 阀门开度 30%试验参数统计(二)　　表 B-5

编号	阀门开度	管道流速/(m/s)	关阀时间/ms	周期/s	实测波速/(m/s)	理论升压/m	实测升压/m	实测与理论升压差/m	超出百分比/%
2′-8	30%	0.147	45	0.27	630.5	9.55	12.09	2.54	26.60

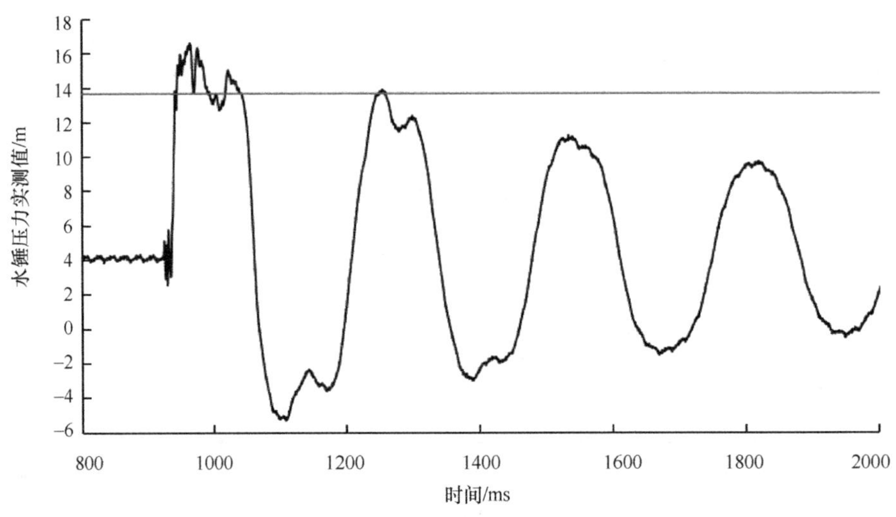

(a) 压力变化图

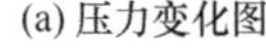

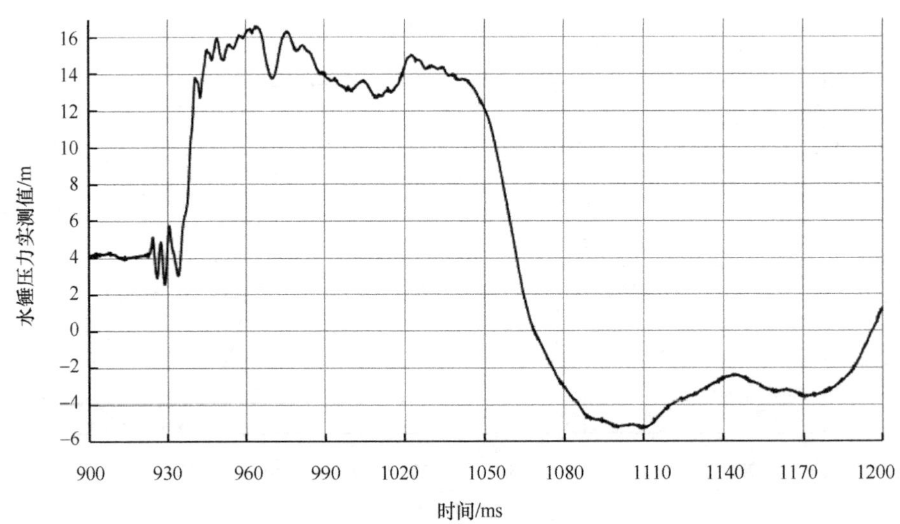

(b) 压力局部放大图

图 B-6　V=0.147m/s 阀门开度 30%关阀压力实测图(三)

V=0.147m/s 阀门开度 30%试验参数统计(三)　　表 B-6

编号	阀门开度	管道流速/(m/s)	关阀时间/ms	周期/s	实测波速/(m/s)	理论升压/m	实测升压/m	实测与理论升压差/m	超出百分比/%
2′-9	30%	0.144	42	0.27	619.9	9.55	12.49	2.94	30.79

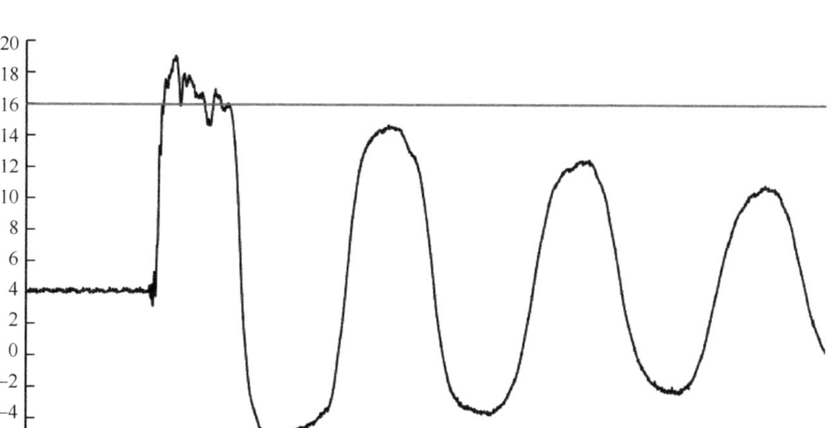

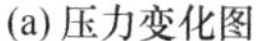
(a) 压力变化图

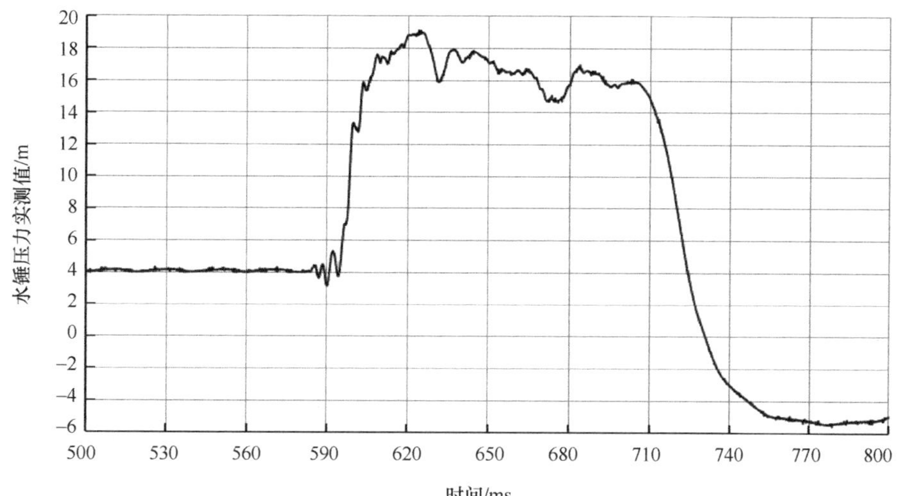

(b) 压力局部放大图

图 B-7　V=0.183m/s 阀门开度 30%关阀压力实测图(一)

V=0.183m/s 阀门开度 30%试验参数统计(一)　　　　**表 B-7**

编号	阀门开度	管道流速/(m/s)	关阀时间/ms	周期/s	实测波速/(m/s)	理论升压/m	实测升压/m	实测与理论升压差/m	超出百分比/%
3′-3	30%	0.183	43	0.27	619.9	11.88	15.01	3.13	26.35

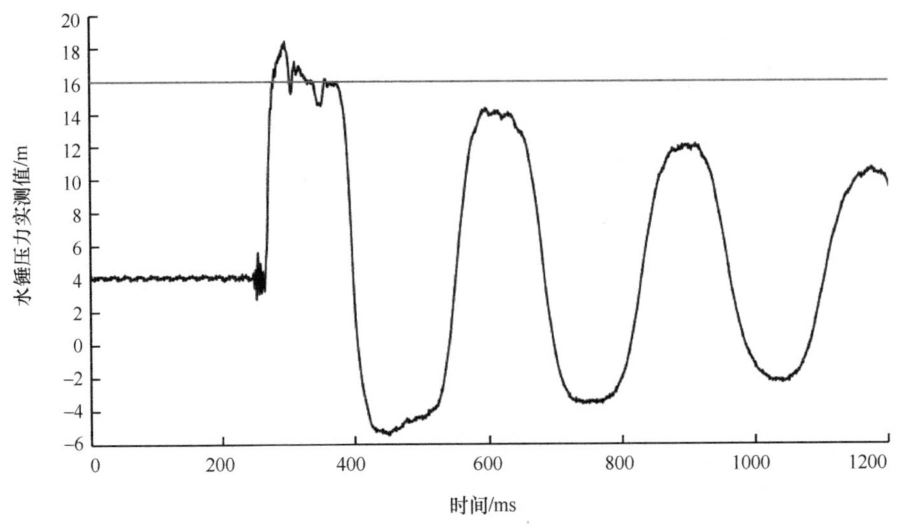

(a) 压力变化图

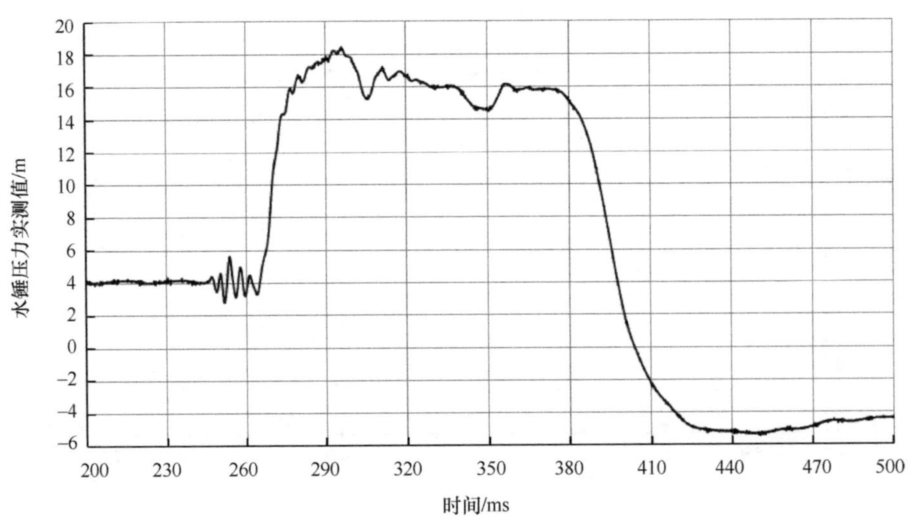

(b) 压力局部放大图

图 B-8 V=0.183m/s 阀门开度 30%关阀压力实测图(二)

V=0.183m/s 阀门开度 30%试验参数统计(二) **表 B-8**

编号	阀门开度	管道流速 /(m/s)	关阀时间 /ms	周期 /s	实测波速 /(m/s)	理论升压 /m	实测升压 /m	实测与理论升压差/m	超出百分比 /%
3′-5	30%	0.183	51	0.28	611.0	11.88	14.33	2.45	20.62

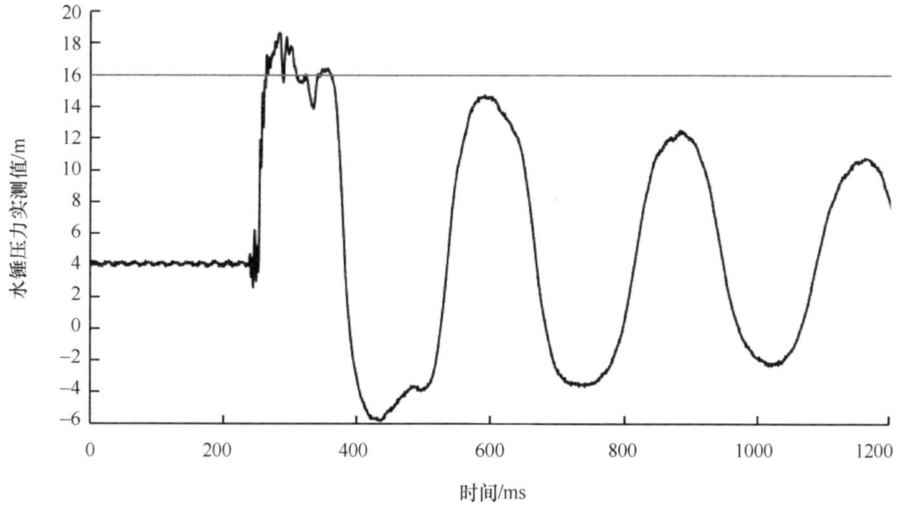

(a) 压力变化图

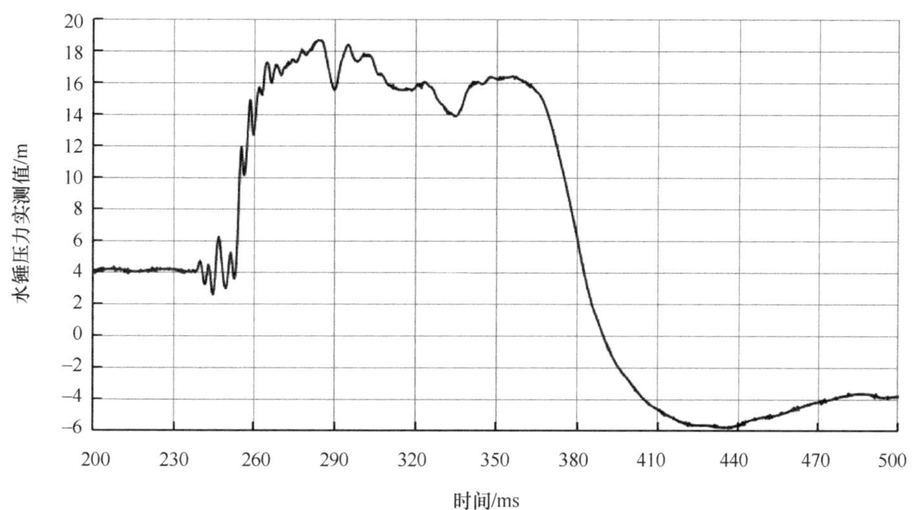

(b) 压力局部放大图

图 B-9　V=0.183m/s 阀门开度 30%关阀压力实测图(三)

V=0.183m/s 阀门开度 30%试验参数统计(三)　　　　表 B-9

编号	阀门开度	管道流速/(m/s)	关阀时间/ms	周期/s	实测波速/(m/s)	理论升压/m	实测升压/m	实测与理论升压差/m	超出百分比/%
3′-7	30%	0.182	47	0.28	615.8	11.88	14.59	2.71	22.81

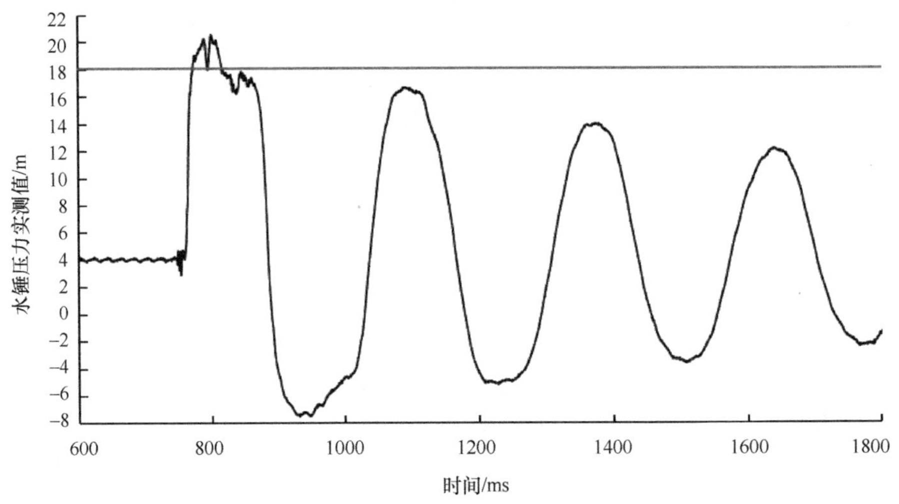

(a) 压力变化图

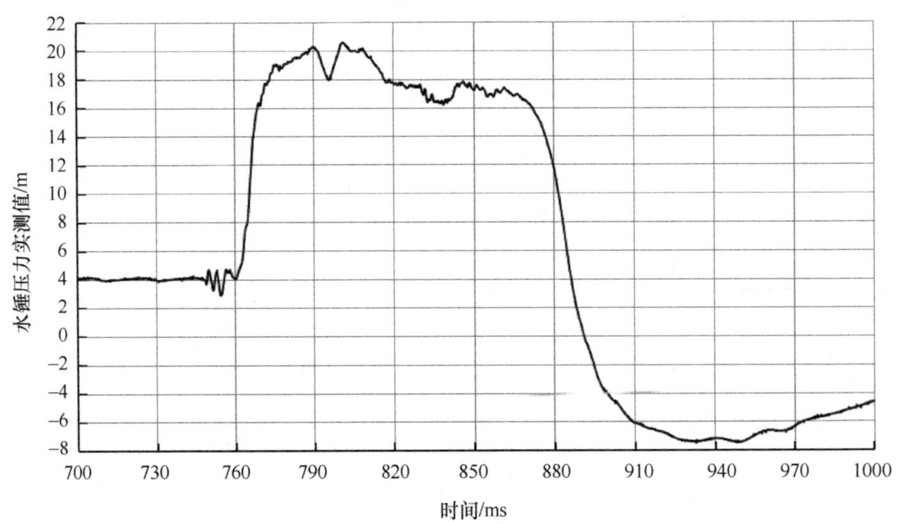

(b) 压力局部放大图

图 B-10　V=0.216m/s 阀门开度 30%关阀压力实测图(一)

V=0.216m/s 阀门开度 30%试验参数统计(一)　　表 B-10

编号	阀门开度	管道流速/(m/s)	关阀时间/ms	周期/s	实测波速/(m/s)	理论升压/m	实测升压/m	实测与理论升压差/m	超出百分比/%
4′-1	30%	0.215	52	0.27	638.1	14.03	16.54	2.51	17.89

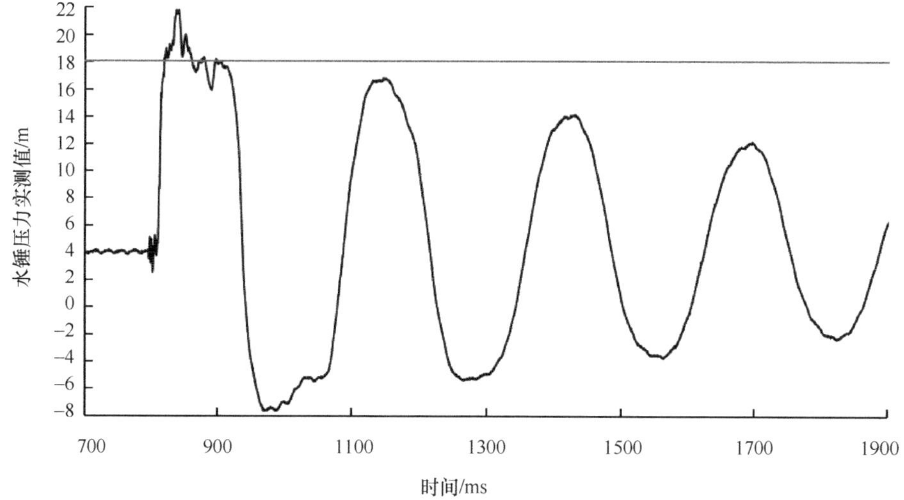

(a) 压力变化图

(b) 压力局部放大图

图 B-11　V=0.216m/s 阀门开度 30%关阀压力实测图(二)

V=0.216m/s 阀门开度 30%试验参数统计(二)　　　　**表 B-11**

编号	阀门开度	管道流速 /(m/s)	关阀时间 /ms	周期 /s	实测波速 /(m/s)	理论升压 /m	实测升压 /m	实测与理论升压差/m	超出百分比 /%
4′-3	30%	0.216	44	0.26	644.4	14.03	17.77	3.74	26.66

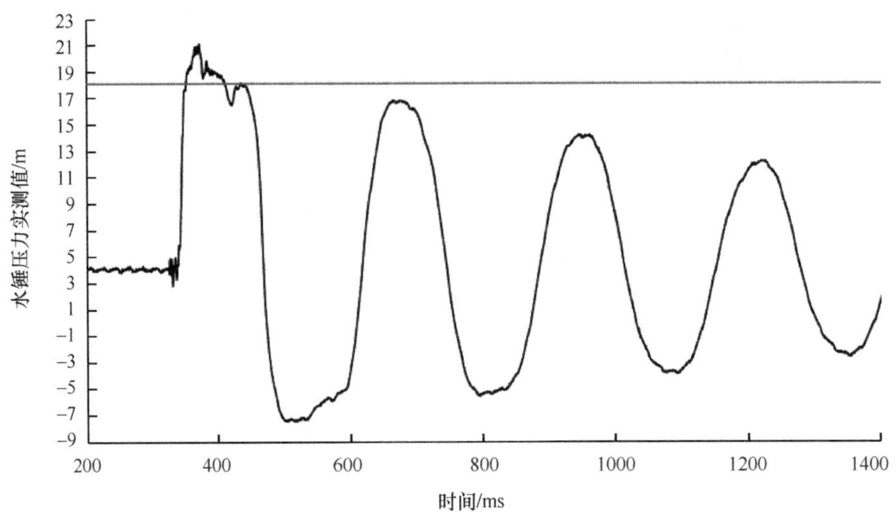

(a) 压力变化图

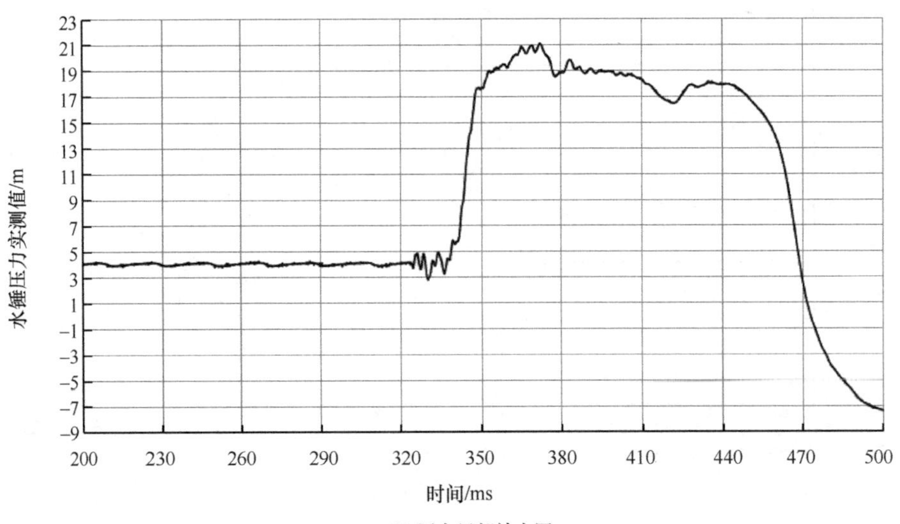

(b) 压力局部放大图

图 B-12　V=0.216m/s 阀门开度 30%关阀压力实测图(三)

V=0.216m/s 阀门开度 30%试验参数统计(三)　　　表 B-12

编号	阀门开度	管道流速/(m/s)	关阀时间/ms	周期/s	实测波速/(m/s)	理论升压/m	实测升压/m	实测与理论升压差/m	超出百分比/%
4′-7	30%	0.216	48	0.26	644.9	14.03	17.06	3.03	21.60

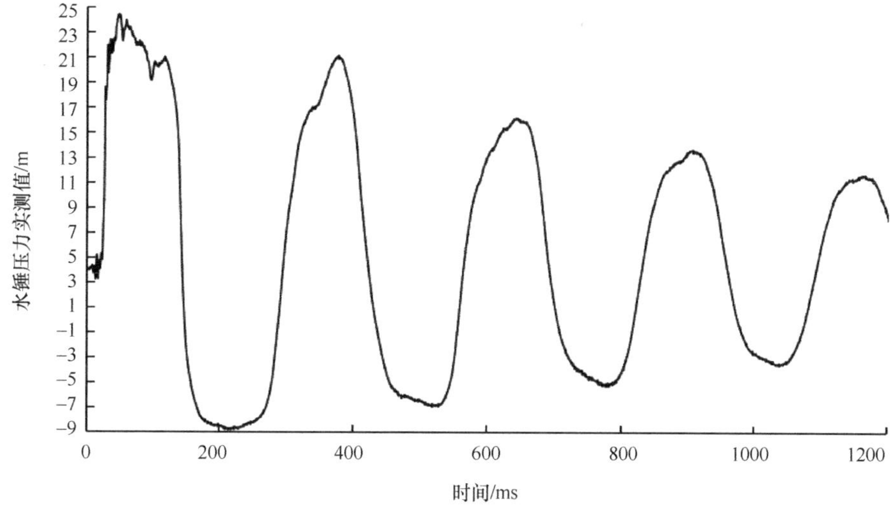

(a) 压力变化图

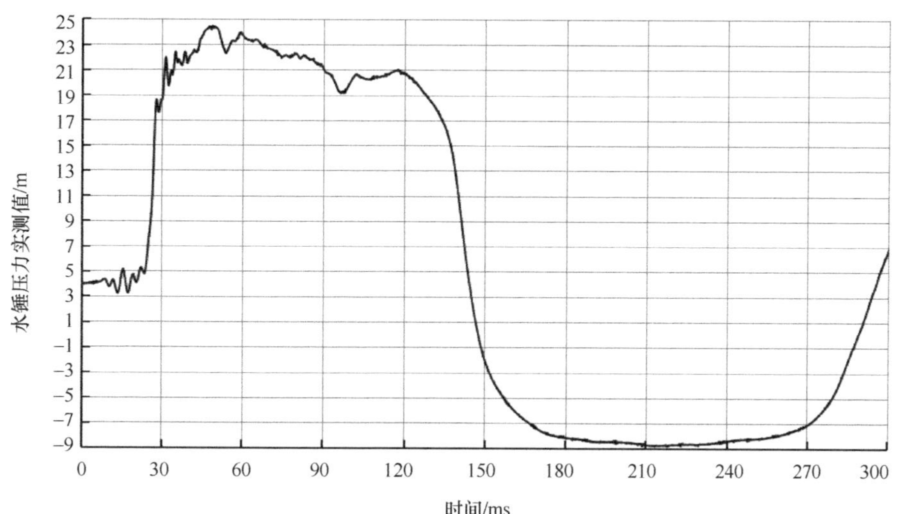

(b) 压力局部放大图

图 B-13　$V=0.247$m/s 阀门开度 30%关阀压力实测图(一)

V=0.247m/s 阀门开度 30%试验参数统计(一)　　　　**表 B-13**

编号	阀门开度	管道流速/(m/s)	关阀时间/ms	周期/s	实测波速/(m/s)	理论升压/m	实测升压/m	实测与理论升压差/m	超出百分比/%
5′-2	30%	0.248	42	0.26	660.0	16.04	20.46	4.42	27.56

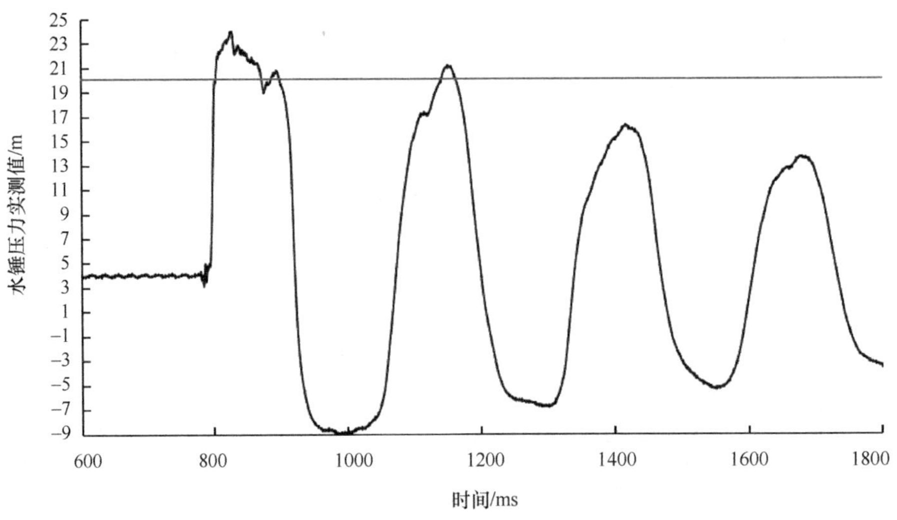

(a) 压力变化图

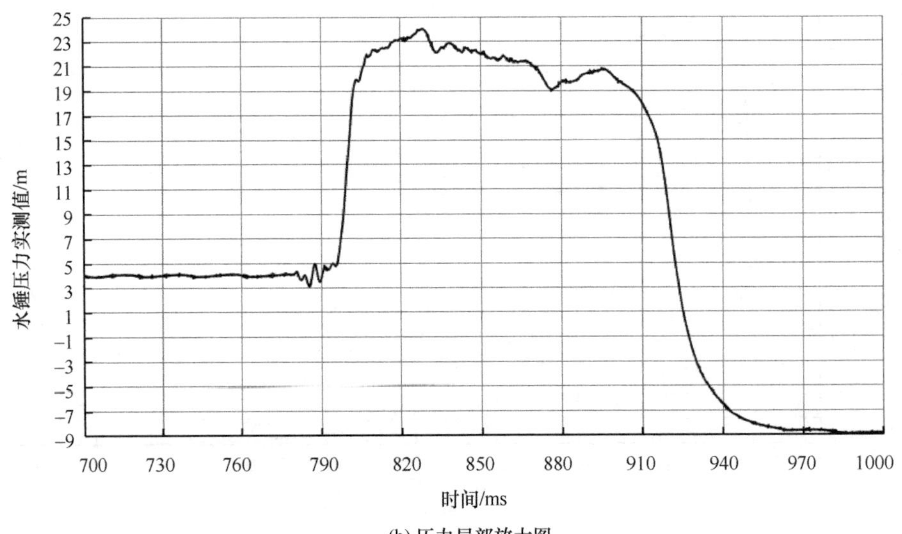

(b) 压力局部放大图

图 B-14 V=0.247m/s 阀门开度 30%关阀压力实测图(二)

V=0.247m/s 阀门开度 30%试验参数统计(二)　　　表 B-14

编号	阀门开度	管道流速/(m/s)	关阀时间/ms	周期/s	实测波速/(m/s)	理论升压/m	实测升压/m	实测与理论升压差/m	超出百分比/%
5′-5	30%	0.247	47	0.26	662.5	16.04	20.00	3.96	24.69

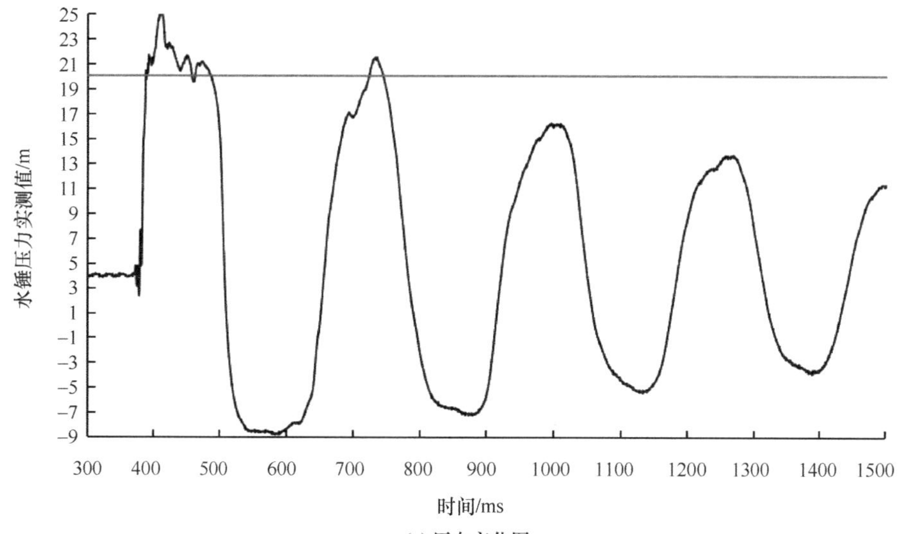

(a) 压力变化图

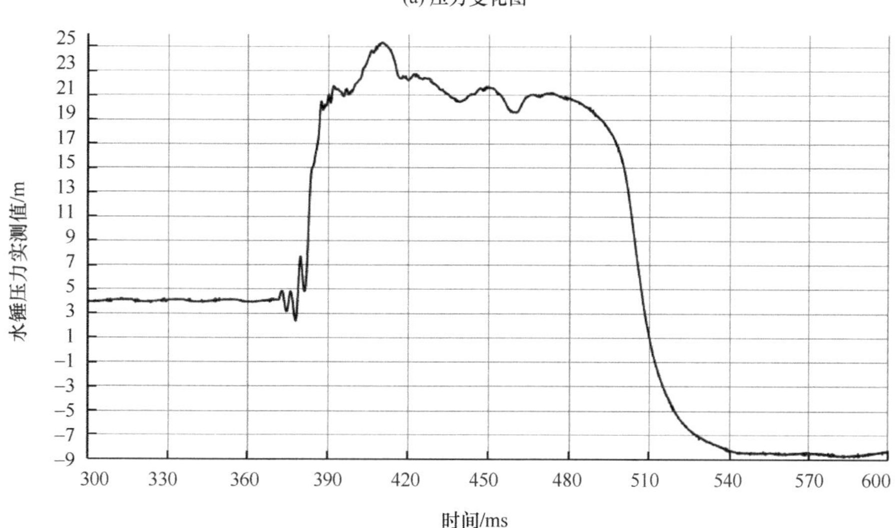

(b) 压力局部放大图

图 B-15　V=0.247m/s 阀门开度 30%关阀压力实测图(三)

V=0.247m/s 阀门开度 30%试验参数统计(三)　　　表 B-15

编号	阀门开度	管道流速/(m/s)	关阀时间/ms	周期/s	实测波速/(m/s)	理论升压/m	实测升压/m	实测与理论升压差/m	超出百分比/%
5′-9	30%	0.247	39	0.27	636.3	16.04	21.29	5.25	32.73

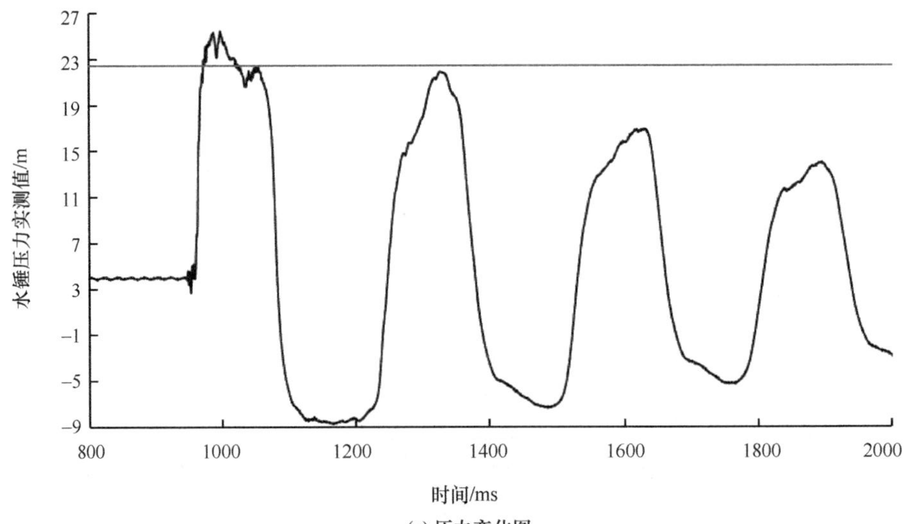

(a) 压力变化图

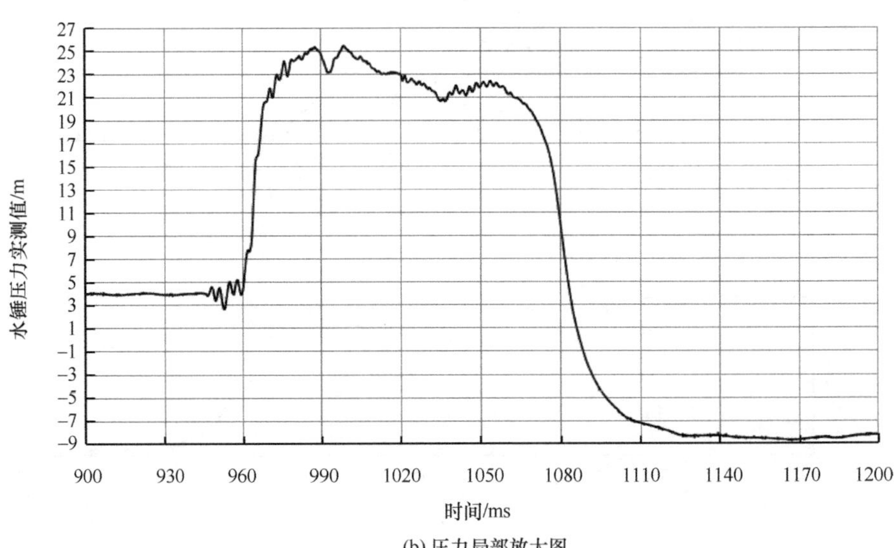

(b) 压力局部放大图

图 B-16 V=0.283m/s 阀门开度 30%关阀压力实测图(一)

V=0.283m/s 阀门开度 30%试验参数统计(一) **表 B-16**

编号	阀门开度	管道流速/(m/s)	关阀时间/ms	周期/s	实测波速/(m/s)	理论升压/m	实测升压/m	实测与理论升压差/m	超出百分比/%
6′-4	30%	0.283	53	0.27	637.6	18.44	21.48	3.04	16.49

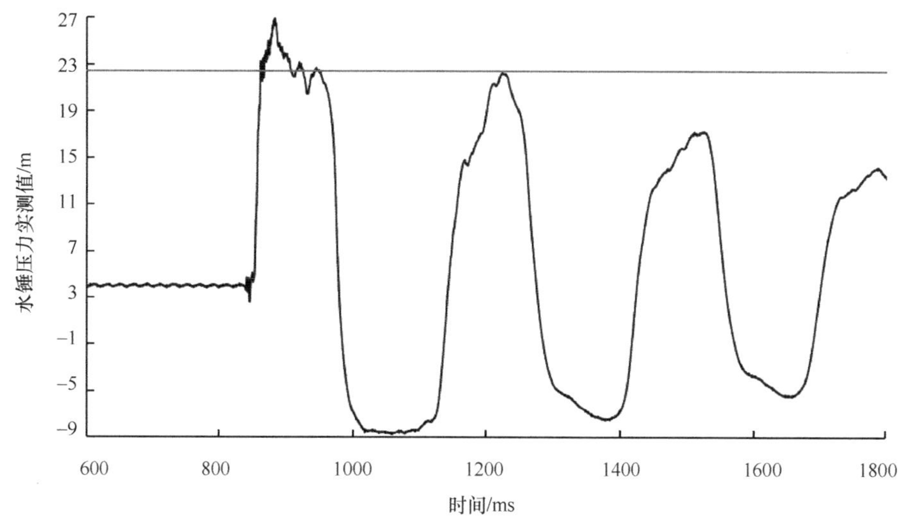

(a) 压力变化图

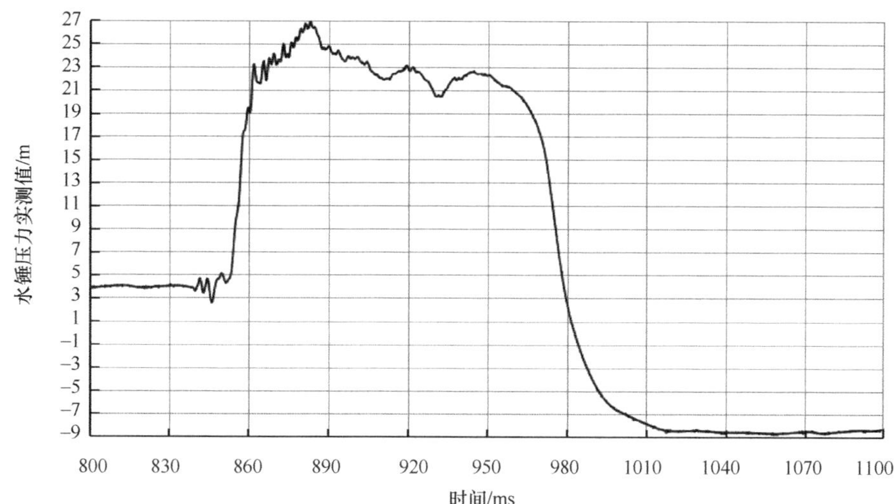

(b) 压力局部放大图

图 B-17　V=0.283m/s 阀门开度 30%关阀压力实测图(二)

V=0.283m/s 阀门开度 30%试验参数统计(二)　　　　表 B-17

编号	阀门开度	管道流速/(m/s)	关阀时间/ms	周期/s	实测波速/(m/s)	理论升压/m	实测升压/m	实测与理论升压差/m	超出百分比/%
6′-5	30%	0.283	45	0.26	640.0	18.44	22.97	4.53	24.57

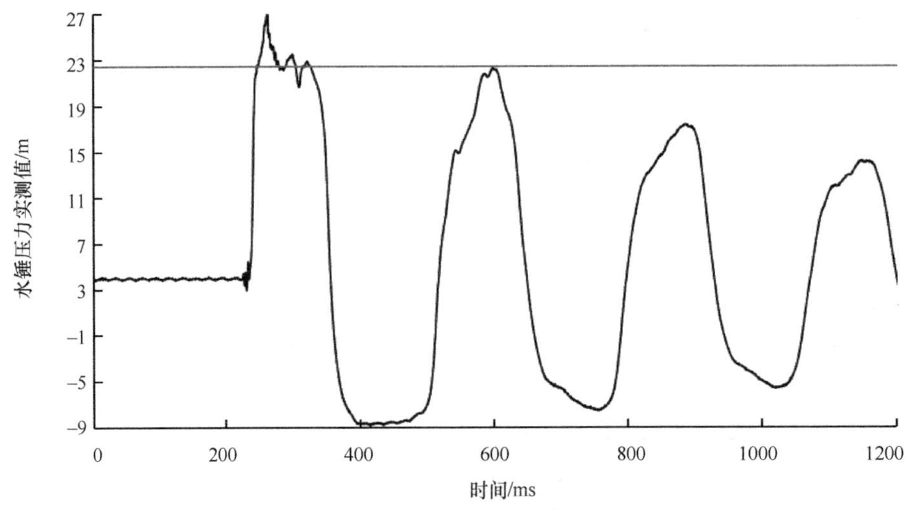

(a) 压力变化图

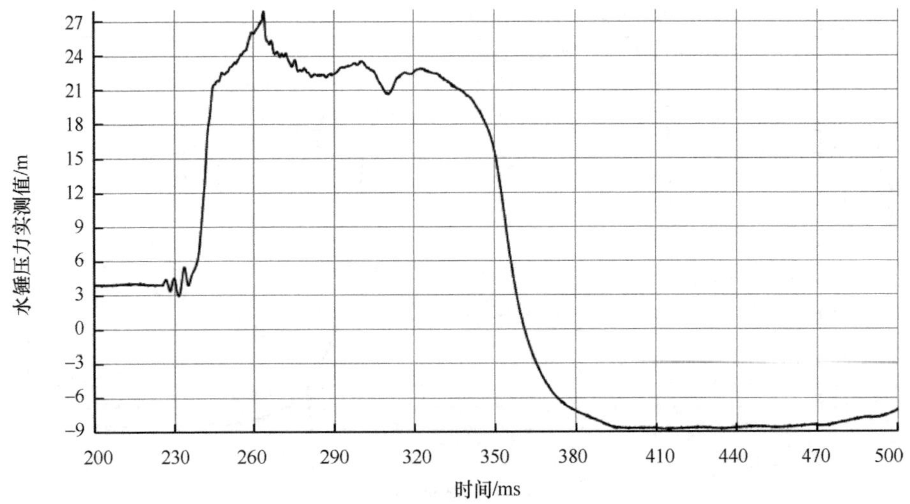

(b) 压力局部放大图

图 B-18　V=0.283m/s 阀门开度 30%关阀压力实测图(三)

V=0.283m/s 阀门开度 30%试验参数统计(三)　　表 B-18

编号	阀门开度	管道流速 /(m/s)	关阀时间 /ms	周期 /s	实测波速 /(m/s)	理论升压 /m	实测升压 /m	实测与理论升压差/m	超出百分比 /%
6′-9	30%	0.284	40	0.26	653.4	18.44	23.95	5.51	29.88